E-Book inside.

Mit folgendem persönlichen Code können Sie die E-Book-Ausgabe dieses Buches downloaden.

4znx6-p56r0-
1860b-6m1w0

Registrieren Sie sich unter
www.hanser-fachbuch.de/ebookinside
und nutzen Sie das E-Book
auf Ihrem Rechner*, Tablet-PC
und E-Book-Reader.

Der Download dieses Buches als E-Book unterliegt gesetzlichen Bestimmungen bzw. steuerrechtlichen Regelungen, die Sie unter www.hanser-fachbuch.de/ebookinside nachlesen können.
* Systemvoraussetzungen: Internet-Verbindung und Adobe® Reader®

W. Chan Kim – Renée Mauborgne

Der Blaue Ozean als Strategie

W. Chan Kim – Renée Mauborgne

Der
BLAUE
OZEAN
als
STRATEGIE

Wie man neue
Märkte schafft

wo es keine
Konkurrenz gibt

Aus dem Amerikanischen von Ingrid Proß-Gill (1. Auflage)
Aus dem Amerikanischen von Helmut Dierlamm
(Erweiterung und Überarbeitung der 2. Auflage)
2., aktualisierte und erweiterte Auflage

HANSER

Titel der Originalausgabe:
Blue Ocean Strategy, Expanded Edition. How to Create Uncontested Market Space and Make the Competition Irrelevant
Boston, Massachusetts, Harvard Business Review Press, 2015

Bibliografische Information der Deutschen Nationalbibliothek:

Die Deutsche Nationalbibliothek verzeichnet diese Publikation in der Deutschen Nationalbibliografie; detaillierte bibliografische Daten sind im Internet über http://dnb.d-nb.de abrufbar.

Dieses Werk ist urheberrechtlich geschützt.

Alle Rechte, auch die der Übersetzung, des Nachdruckes und der Vervielfältigung des Buches, oder Teilen daraus, vorbehalten. Kein Teil des Werkes darf ohne schriftliche Genehmigung des Verlages in irgendeiner Form (Fotokopie, Mikrofilm oder ein anderes Verfahren), auch nicht für Zwecke der Unterrichtsgestaltung – mit Ausnahme der in den §§ 53, 54 URG genannten Sonderfälle –, reproduziert oder unter Verwendung elektronischer Systeme verarbeitet, vervielfältigt oder verbreitet werden.

Original work copyright © 2015 Harvard Business School Publishing Corporation
Published by arrangement with Harvard Business Review Press.

© Carl Hanser Verlag München
unveränderter Nachdruck der 2., aktualisierten und erweiterten Auflage von 2016
www.hanser-fachbuch.de
Lektorat: Lisa Hoffmann-Bäuml
Herstellung: Der Buch*macher*, Arthur Lenner, München
Covergestaltung und -realisierung: Stephan Rönigk
Satz: Kösel Media GmbH, Krugzell
Druck und Bindung: Friedrich Pustet, Regensburg
Printed in Germany

Print-ISBN: 978-3-446-44676-2
E-Book-ISBN: 978-3-446-44847-6

Für die Freundschaft und für unsere Familien,
durch die unsere Welt
mehr Bedeutung hat

Inhalt

Hilfe, mein Ozean färbt sich rot! IX
Vorwort zur ersten Auflage XIX
Dank XXI

Teil 1: Strategien zur Eroberung blauer Ozeane (SEOs)

1 Erschließung blauer Ozeane 3
2 Tools und Formate für die Analyse 23

Teil 2: Formulierung von SEOs

3 Umgestaltung der Marktgrenzen 45
4 Fokussierung auf das Gesamtbild 77
5 Über die vorhandene Nachfrage hinausgreifen 97
6 Die richtige strategische Abfolge einhalten 111

Teil 3: Umsetzung von SEOs

7 Überwindung der entscheidenden Hürden in der Organisation . . 139
8 Integration der Umsetzung in die Strategie 161
9 Die Ausrichtung von Nutzen-, Gewinn- und menschlicher Proposition 179
10 Die Erneuerung blauer Ozeane 191
11 Red Ocean Traps vermeiden 203

Anhang A: Das geschichtliche Muster bei der Eroberung blauer Ozeane 213
Anhang B: Nutzeninnovation 231
Anhang C: Die Marktdynamik der Nutzeninnovation 235

Anmerkungen 239

Bibliografie 251

Register 261

Über die Autoren 267

Hilfe, mein Ozean färbt sich rot!

»Hilfe, mein Ozean färbt sich rot!« ist ein Aufschrei, ist eine Empfindung, von der Manager auf der ganzen Welt heimgesucht werden. Immer mehr Menschen, sowohl Firmenchefs als auch Chefs von gemeinnützigen Organisationen oder Regierungschefs, sind plötzlich von einem roten Ozean blutiger Konkurrenz umgeben und suchen nach einem Ausweg. Vielleicht schrumpfen die Gewinnspannen ihres Geschäfts. Vielleicht wird die Konkurrenz immer schärfer, was die Kommodifizierung ihres Angebots beschleunigt und ihre Kosten in die Höhe treibt. Vielleicht wissen sie schon, dass sie bald das Ausbleiben der nächsten Gehaltserhöhung verkünden müssen. Niemand ist gern in dieser Lage. Und dennoch sind viele genau damit konfrontiert.

Wie kann man mit diesem Problem umgehen? Die Lektionen, Tools und Formate von *Der Blaue Ozean als Strategie* helfen dabei, sich der Herausforderung zu stellen, unabhängig davon, in welcher Branche oder in welchem Teil der Volkswirtschaft man operiert. Unser Strategiemodell weist den Weg, wie man aus einem roten Ozean des Konkurrenzkampfs herauskommen und einen blauen Ozean unerschlossener Märkte erschließen kann – Märkte, die sich durch die Erzeugung von Nachfrage und ein starkes profitables Wachstum auszeichnen.

Als wir *Der Blaue Ozean als Strategie* schrieben, benutzten wir das Bild von einem roten und einem blauen Ozean, weil ein roter Ozean offenbar einer Realität entspricht, mit der immer mehr Unternehmen konfrontiert sind, und ein blauer Ozean für das endlose Meer der Möglichkeiten steht, das Organisationen seit Beginn des industriellen Zeitalters geschaffen haben. Heute, zehn Jahre nach der Publikation unseres Buches, sind mehr als 3,5 Millionen Exemplare verkauft, es ist auf fünf Kontinenten zu einem Bestseller geworden und in rekordverdächtige 43 Sprachen übersetzt worden. Auch hat sich der Begriff »blauer Ozean« in der betriebswirtschaftlichen Fachsprache eingebürgert. Mehr als 40 000 Artikel und Blogposts wurden über das Buch publiziert, und immer noch erscheinen auf der ganzen Welt jeden Tag neue Artikel darüber.

Was diese Artikel erzählen, ist faszinierend. Sie berichten von kleinen Geschäftsleuten und Einzelpersonen rund um den Erdball, deren Weltsicht durch das Buch radikal verändert und deren geschäftlicher Erfolg in ungeahnte Höhen katapultiert wurde. In anderen Artikeln berichten Firmenchefs, wie es ihnen durch Strategien zur Eroberung blauer Ozeane (SEOs) gelang, mit ihrem Geschäft den roten Ozean zu verlassen und eine ganz neue Nachfrage zu erzeugen. Wieder andere Artikel berichten detailgetreu, wie Regierungschefs mit unserem Strategiemodell bei geringen Kosten und schneller Durchführung große Wirkung erzielten, und zwar in Bereichen wie der Steigerung der Lebensqualität auf dem Land und in der Stadt, der Verbesserung der inneren und äußeren Sicherheit oder dem Abbau organisatorischer Barrieren zwischen verschiedenen ministeriellen oder regionalen Zuständigkeitsbereichen.[1]

Seit die erste Auflage unseres Buches publiziert wurde, haben wir mit vielen Unternehmen und Organisationen Kontakt aufgenommen und zum Teil direkt zusammengearbeitet, die unser Strategiemodell in die Praxis umsetzen. Dabei haben wir eine Menge gelernt. Ihre wichtigsten Fragen bei der Anwendung von SEOs sind folgende: Wie können wir all unsere Aktivitäten auf unsere SEO abstimmen? Was sollen wir tun, wenn sich ein blauer Ozean rot gefärbt hat? Wie können wir es vermeiden, der starken Anziehungskraft des Denkens zu entrinnen, das den roten Ozean prägt, und trotz unserer SEO wieder in alte Denk- und Handlungsmuster zu verfallen? Diese Fragen haben uns dazu motiviert, die vorliegende erweiterte Auflage zu publizieren (in der wir den Rückfall in alte Denkweisen und Verhaltensmuster als »Red Ocean Traps« bezeichnen). In diesem neuen Vorwort berichten wir zunächst, was in der zweiten Auflage neu ist. Dann fassen wir kurz die wichtigsten Punkte zusammen, die unser Strategiemodell auszeichnen und von anderen betriebswirtschaftlichen Strategien unterscheiden, und begründen, warum es unserer Ansicht nach heute dringender gebraucht wird und relevanter ist als je zuvor.

Was ist neu in dieser erweiterten Auflage?

In dieser Neuauflage wurde ein Kapitel erweitert und zwei neue wurden hinzugefügt. Folgendes sind die Kernprobleme, die bei der Arbeit mit unserem Strategiemodell in der Führung einer Organisation auftauchen können, und unsere Lösungsvorschläge.

Ausrichtung: Was sie bedeutet, warum sie sehr wichtig ist und wie man sie erreicht. Eine Herausforderung, von der man uns immer wieder berichtet und mit der wir Organisationen kämpfen sehen, besteht darin, ihr Gesamtsystem von Aktivitäten (einschließlich eines potenziellen Netzwerks externer Partner) so auszurichten, dass es in der Praxis eine nachhaltige SEO verfolgt. Gibt es eine einfache, aber umfassende Methode, die wichtigsten Elemente einer Organisation, ihren Nutzen, ihren Gewinn und die Menschen, die an ihr beteiligt sind, alle auszurichten, wie es die Umsetzung einer SEO erfordert? Diese Frage ist deshalb wichtig, weil sich Unternehmen allzu oft nur auf bestimmte Dimensionen ihrer Organisation konzentrieren und anderen Dimensionen zu wenig Aufmerksamkeit schenken, die für den nachhaltigen Erfolg ihrer SEO ebenfalls wichtig sind. In Anerkennung dieser Tatsache behandeln wir in dieser erweiterten Auflage ausdrücklich das Problem der Ausrichtung im Kontext unseres Strategiemodells. Wir stellen erfolgreiche und gescheiterte Versuche von Ausrichtung vor, zeigen also nicht nur, wie sie erreicht, sondern auch, wie sie verfehlt werden kann. Das Problem der Ausrichtung wird in Kapitel 9 behandelt.

Erneuerung: Wann und wie sollte man seine SEO im Laufe der Zeit erneuern? Bei allen Unternehmen beruhen Aufstieg und Fall auf den strategischen Maßnahmen, die sie ergreifen oder nicht ergreifen. Jede Organisation ist nach einer gewissen Zeit mit der Herausforderung konfrontiert, ihre SEO zu erneuern, da jeder blaue Ozean irgendwann nachgeahmt wird und sich in einen roten verwandelt. Nur wer diesen Prozess der Erneuerung richtig verstanden hat, wird erreichen, dass sein blauer Ozean nicht nur eine vorübergehende Erscheinung ist, sondern seine Erneuerung als wiederholbarer Prozess in seiner Organisation institutionalisiert werden kann. In dieser erweiterten Auflage wird behandelt, wie Führungskräfte die Schaffung blauer Ozeane sowohl auf der Ebene des einzelnen Unternehmens als auch in einem Großunternehmen mit vielen Geschäftsbereichen dauerhaft institutionalisieren können. Zu diesem Zweck stellen wir einen dynamischen Erneuerungsprozess vor, den sowohl Einzelunternehmen, die einen blauen Ozean erobert haben, als auch Organisationen mit vielen Geschäftsbereichen einführen können, die sowohl in blauen als auch in roten Ozeanen operieren müssen. Dabei gehen wir auch auf die komplementären Rollen ein, welche die Strategien für blaue und für rote Ozeane spielen müssen, wenn Unternehmen in der Gegenwart Gewinne erwirtschaften und zugleich die Grundlage für ein starkes Wachstum und einen hohen Markenwert in der Zukunft legen müssen. Das Problem der Erneuerung wird in Kapitel 10 behandelt.

Red Ocean Traps: Was sie sind, und warum man nicht hineintappen sollte. Zum Schluss beschreiben wir die zehn häufigsten Red Ocean Traps (Roter-Ozean-Fallen), in die ein Unternehmen bei der Umsetzung unseres Strategiemodells hineintappen kann. Wenn dies geschieht, bleibt es im roten

Ozean hängen, obwohl es einen blauen zu erreichen versucht. Die Auseinandersetzung mit den Red Ocean Traps ist sehr wichtig, wenn man das richtige Format für die Eroberung blauer Ozeane schaffen will. Wer unser Strategiemodell richtig verstanden hat, kann die Fallen vermeiden und die mit dem Modell verbundenen Tools und Methodologien so richtig einsetzen, dass er seine Organisation dank der richtigen strategischen Maßnahmen in klare blaue Gewässer steuert. Kapitel 11 befasst sich mit dem Problem der Red Ocean Traps.

Was sind die wichtigsten Merkmale unseres Strategiemodells?

Das Ziel einer SEO ist einfach: Sie soll jeder (großen oder kleinen, neuen oder etablierten) Organisation ermöglichen, mit minimalen Risiken und maximalen Chancen blaue Ozeane zu erschließen. Das Buch stellt im Bereich der strategischen Planung mehrere alte Gewissheiten infrage. Wenn wir uns für fünf zentrale Merkmale entscheiden müssten, die das Buch lesenswert machen, wären es folgende:

Der Konkurrenzkampf sollte nicht im Zentrum des strategischen Denkens stehen. Bei zu vielen Firmen wird die Strategie vom Wettbewerb bestimmt. Dagegen wird in unserem Buch verdeutlicht, dass eine Fokussierung auf den Wettbewerb allzu häufig dazu führt, dass Unternehmen im roten Ozean bleiben. Sie stellen dann den Wettbewerb und nicht die Kunden ins Zentrum ihrer Strategie, mit der Folge, dass sie den Großteil ihrer Zeit und Aufmerksamkeit darauf verwenden, sich mit ihren Konkurrenten zu vergleichen und auf deren strategische Maßnahmen zu reagieren, anstatt sich darauf zu konzentrieren, wie sie einen Nutzengewinn für die Käufer erzeugen können, was *nicht* dasselbe ist.

Eine SEO sprengt den Würgegriff des Konkurrenzkampfs. Der Kerngedanke unseres Buches ist eine Verlagerung des Schwerpunkts vom Konkurrenzkampf auf die Erschließung neuer Märkte, wo es keine Konkurrenz gibt. Wir formulierten diesen Gedanken schon 1997 in »Value Innovation«, dem ersten von mehreren Artikeln in der *Harvard Business Review,* die die Grundlage dieses Buches bilden.[2] Wir beobachteten, dass Unternehmen, die aus dem Konkurrenzkampf ausbrachen, kaum mehr darauf achteten, ob sie mit Konkurrenten Schritt hielten oder diese überflügelten oder ob sie eine vorteilhafte Wettbewerbsposition errangen. Stattdessen wollten sie einen massiven Nutzengewinn erzielen, der den Konkurrenzkampf irrelevant machte. Die Fokussierung auf die Nutzeninnovation statt auf die Positionierung gegenüber der Konkurrenz bringt ein Unternehmen dazu, alle Faktoren infrage zu stellen, die beim Wettbewerb in einer Branche eine Rolle spielen, und nicht mehr davon auszugehen, dass alles, was die Konkurrenz tut, etwas mit dem Nutzen für den Käufer zu tun hat.

Auf diese Weise gewinnt unser Strategiemodell einem Paradoxon einen Sinn ab, unter dem viele Organisationen zu leiden haben: Je mehr sie sich auf den Kampf mit der Konkurrenz konzentrieren und versuchen, diese einzuholen oder zu überflügeln, desto ähnlicher werden sie ihr. Auf dieses Dilemma reagiert unser Buch mit folgender Empfehlung: Hören Sie auf, sich um die Konkurrenz zu sorgen, und verlegen Sie sich auf die Nutzeninnovation. Dann wird sich die Konkurrenz *Ihretwegen* Sorgen machen.

Die Struktur einer Branche ist nicht vorgegeben, sie kann gestaltet werden. Auf dem Gebiet der Strategieplanung wurde lange davon ausgegangen, dass die Struktur einer Branche etwas Vorgegebenes sei. Wer so denkt, wird seine Strategie auf die Struktur seiner Branche gründen. Deshalb geht jede Strategieplanung im Allgemeinen von einer Strukturanalyse der Branche aus (etwa nach dem Fünf-Kräfte-Modell oder seinem entfernten Vorläufer der SWOT-Analyse) und versucht, die Stärken und Schwächen eines Unternehmens den Chancen und Bedrohungen anzupassen, mit denen bei der aktuellen Branchenstruktur zu rechnen ist. So wird Strategieplanung zu einem Nullsummenspiel, bei dem der Gewinn der einen Firma zwangsläufig der Verlust einer anderen ist, da alle Firmen an den bestehenden Markt gebunden sind.

Im Gegensatz dazu vermittelt unser Buch, wie eine Organisation mit der richtigen Strategie Strukturen zu ihren Gunsten verändern und einen neuen Markt schaffen kann. Es beruht auf der Erkenntnis, dass die Marktgrenzen und Strukturen einer Branche nichts Vorgegebenes sind, sondern durch die Maßnahmen und Überzeugungen ihrer Akteure verändert werden können. Wie die Industriegeschichte zeigt, werden jeden Tag neue Märkte erschlossen und durch Fantasie flüssig gehalten. Die Käufer beweisen dies, indem sie in verschiedenen Branchen aktiv sind und die kognitiven Grenzen, die die Branchen sich selbst auferlegen, weder wahrnehmen noch durch sie behindert werden. Und die Firmen beweisen es auch, indem sie Branchen erfinden und neu erfinden, zusammenfassen und umgestalten oder über bestimmte Branchengrenzen hinausgehen und eine ganz neue Nachfrage erzeugen. Auf diese Weise wird die Strategieplanung zu einem Nicht-Nullsummenspiel, und selbst eine unattraktive Branche kann durch die bewusste Anstrengung bestimmter Firmen attraktiv werden. Mit anderen Worten: Ein roter Ozean muss nicht rot bleiben. Womit wir bei unserem dritten zentralen Merkmal wären.

Strategische Kreativität kann systematisch entfesselt werden. Seit Joseph A. Schumpeter die Vorstellung vom einsamen, kreativen Unternehmer in die Welt setzte, werden Innovation und Kreativität im Wesentlichen als eine Blackbox betrachtet, als regellos und unergründlich.[3] Da man Innovation und Kreativität für unbeeinflussbar hielt, konzentrierte man sich bei der Strategieplanung naturgemäß darauf, in den bestehenden Märkten die Wettbewerbsfähigkeit zu sichern, und entwickelte ein ganzes Arsenal analytischer Tools und Formate, um dies zu erreichen. Aber ist Kreativität wirklich eine Blackbox? Wenn es um künstlerische oder wissenschaftliche Durchbrüche geht (wie zum Beispiel Antoni Gaudis majestätische Kunst oder die Entdeckung des Radiums durch Marie Curie), könnte die Antwort tatsächlich Ja lauten. Aber gilt das auch für die strategische Kreativität, die die Nutzeninnovation vorantreibt, mit der neue Märkte erschlossen werden? Man denke an das Modell T von Ford in der Autoindustrie, an Starbucks beim Kaffee oder an Salesforce.com bei der CRM-Software (Software für Kundenbeziehungsmanagement). Unsere Forschungsergebnisse lassen vermuten, dass diese Art von strategischer Kreativität keine Blackbox ist. Vielmehr liegen der erfolgreichen Erschließung blauer Ozeane bestimmte strategische Muster zugrunde. Dank dieser Muster konnten wir analytische Formate, Tools und Methodologien entwickeln, um Innovation systematisch mit Nutzen zu verknüpfen und um Branchengrenzen so umzustrukturieren, dass die Chancen maximiert und die Risiken minimiert werden. Zwar spielt das Glück wie bei allen Strategien immer noch eine Rolle, aber dennoch bringen unsere Tools (wie zum Beispiel der Schlachtplan, das Vier-Aktionen-Format oder die sechs Suchpfade zur Umgestaltung der Marktgrenzen) Struktur in das traditionell nicht strukturierte Problem der Strategieplanung und versetzen Organisationen in die Lage, systematisch blaue Ozeane zu schaffen.

Die Umsetzung kann in die Strategie integriert werden. Wer unser Strategiemodell richtig umsetzt, verbindet das Analytische mit der menschlichen Dimension einer Organisation. Er anerkennt und respektiert, wie wichtig es ist, Kopf und Herz der Menschen auf eine neue Strategie auszurichten, damit sich jeder Einzelne mit ihr identifiziert und nicht nur gezwungenermaßen kooperiert, sondern gerne bei ihrer Umsetzung mitarbeitet. Um das zu erreichen, ist in unserem Strategiemodell die Formulierung einer Strategie nicht von ihrer Umsetzung getrennt. Zwar wird diese Trennung von den meisten Unternehmen praktiziert, aber unsere Forschungen haben gezeigt, dass sie mit einer langsamen und fragwürdigen Umsetzung und einer bestenfalls mechanischen Befolgung von Anweisungen einhergeht. Stattdessen wird bei einer SEO die Umsetzung von Anfang an in die Strategie integriert, indem deren Entwicklung und Entfaltung in einem gerechten Prozess vollzogen wird.

Wir schreiben seit mehr als 25 Jahren in verschiedenen akademischen und betriebswirtschaftlichen Publikationen darüber, welchen Einfluss gerechte Prozesse auf die Umsetzungsqualität von Entscheidungen haben.[4] Unser Strategiemodell zeigt, dass Prozessgerechtigkeit die Grundlage einer erfolgreichen Umsetzung ist, weil sie die fundamentalsten Handlungsgrundlagen herstellt: Vertrauen, Engagement und freiwillige Mitarbeit der Beteiligten tief in der Organisation. Engagement, Vertrauen und freiwillige Mitarbeit sind nicht nur Haltungen oder Verhaltensweisen. Sie sind immaterielles Kapital, dank dem Unternehmen mit besonderer Geschwindigkeit, Qualität und Konsistenz arbeiten und strategische Veränderungen rasch und mit niedrigen Kosten durchführen können.

Ein Phasenmodell für die Entwicklung einer Strategie. Das Fachgebiet der Strategieplanung verfügt über einen gewaltigen Wissensschatz, was die Inhalte von Strategien betrifft. In Bezug auf die Schlüsselfrage, wie man überhaupt eine Strategie entwickelt, hat es jedoch fast nichts zu bieten. Natürlich wissen wir, wie man Pläne schmiedet, aber bekanntlich entsteht durch einen Planungsprozess nicht automatische eine Strategie. Kurz gesagt, wir haben keine Theorie der Strategieentwicklung.

Viele Theorien erklären zwar, warum Unternehmen scheitern oder Erfolg haben, aber sie sind meistens deskriptiv und nicht präskriptiv. Es gab bisher kein Modell, wie genau ein Unternehmen schrittweise eine Strategie zur Verbesserung seiner Performance entwickeln und durchführen könnte.

Ein solches Modell wird hier im Zusammenhang mit der Erschließung blauer Ozeane vorgestellt. Es zeigt, wie Unternehmen es vermeiden können, auf *bestehenden Märkten zu konkurrieren,* und wie sie stattdessen *marktschaffende* Innovationen realisieren können. Das Format zur Strategieentwicklung, das wir hier vorstellen, beruht auf den Erfahrungen, die wir im Laufe der letzten 20 Jahre mit vielen Unternehmen bei der praktischen Strategieentwicklung gesammelt haben. Es ist eine Hilfe für aktive Manager bei der Entwicklung von Strategien, die innovativ sind und Nutzen generieren.

Warum wird es immer wichtiger, blaue Ozeane zu erschließen?

Schon als im Jahr 2005 die erste Auflage von *Der Blaue Ozean als Strategie* erschien, war es aus vielen Gründen wichtig, blaue Ozeane zu schaffen. Der wichtigste war, dass die Konkurrenz in den bereits bestehenden Branchen immer härter wurde, dass es immer wichtiger wurde, Kosten zu sparen, und immer schwieriger, Gewinne zu erzielen. Das ist nicht besser, sondern schlimmer geworden. Darüber hinaus jedoch sind in den letzten zehn Jahren mehrere neue globale Trends mit einem Tempo wirksam geworden, das sich kaum jemand vorstellen konnte, als unser Buch erstmals erschien. Wir sind der Ansicht, dass es aufgrund dieser Trends in Zukunft strategisch noch wichtiger ist, blaue Ozeane zu erschließen. In dieser Auflage behandeln wir einige der Gründe für unsere Ansicht, ohne Anspruch auf Vollständigkeit zu erheben.

Der wachsende Bedarf an kreativen neuen Lösungen. Man braucht sich nur die Bereiche anzusehen, die einen grundlegenden Einfluss auf unser Leben haben: Gesundheitsversorgung, Ausbildung vom Kindergarten bis zur Hochschulreife, Hochschulausbildung, Finanzdienstleistungen, Energieversorgung, Umweltschutz und den großen Bereich staatlicher Aufgaben, in dem die Anforderungen hoch sind, aber wenig Geld zur Verfügung steht. In den vergangenen zehn Jahren waren all diese Bereiche mit großen Herausforderungen konfrontiert. Vermutlich gab es in der Geschichte noch nie eine Ära, in der die Akteure in so vielen industriellen und staatlichen Bereichen ihre Strategien radikal überdenken mussten. Um relevant zu bleiben, sind all diese Akteure aufgerufen, ihre Strategien so zu erneuern, dass sie mit geringeren Kosten eine Nutzeninnovation erzielen.

Der wachsende Einfluss und Gebrauch öffentlicher Sprachrohre. Es ist kaum zu glauben, aber vor nur einem Jahrzehnt kontrollierten die Unternehmen noch die Mehrheit der Informationen, die in der Öffentlichkeit über ihre Produkte, Dienstleistungen und Angebote verbreitet wurden. Das ist heute Geschichte. Durch die Myriaden von sozialen Netzwerken, Blogs, Mikroblogs, Videoportalen, anwendergesteuerten Inhalten und Bewertungsseiten im Internet, die heute rund um den Erdball allgegenwärtig sind, haben sich die Macht und die Glaubwürdigkeit öffentlicher Aussagen von der Organisation auf das Individuum verlagert. Um in dieser neuen Realität nicht Opfer, sondern Sieger zu sein, benötigt man ein Angebot, das sich mehr denn je von allen anderen unterscheidet. Nur dann werden die Vorzüge und nicht die Fehler eines Produkts gewittert, nur dann bekommt es Fünf-Sterne- und Daumen-hoch-Bewertungen, nur dann wird es in den sozialen Netzwerken als Lieblingsprodukt genannt, und nur dann wird es vielleicht sogar in einem Blog positiv besprochen. Sie können ihr Me-too-Angebot weder verstecken noch durch exzessives Marketing durchsetzen, wenn praktisch jedermann über ein globales Sprachrohr verfügt.

Neue Standorte künftiger Nachfrage und künftigen Wachstums. Wenn von den Wachstumsmärkten der Zukunft die Rede ist, werden Europa und Japan aktuell kaum noch erwähnt. Sogar die Vereinigten Staaten als größte Volkswirtschaft der Welt sind, was die Aussichten auf künftiges Wachstum betrifft, ziemlich ins Hintertreffen geraten. Stattdessen stehen heute China und Indien ganz oben auf der Liste, von Brasilien und ähnlichen Ländern ganz zu schweigen. Im Laufe der letzten zehn Jahre sind diese drei Länder in die Gruppe der zehn größten Volkswirtschaften vorgestoßen. Doch die Newcomer sind anders als die alten großen Volkswirtschaften, an denen sich die Welt bisher orientierte und die die weltweit produzierten Güter und Dienstleistungen konsumierten. Im Gegensatz zu den entwickelten alten Volkswirtschaften mit ihrem relativ großen Pro-Kopf-Einkommen sind die großen Wachstumsmärkte durch ein sehr geringes, wenn auch steigendes Pro-Kopf-Einkommen sehr großer Bevölkerungsteile entstanden. Deshalb ist es heute viel wichtiger als früher, dass Unternehmen erschwingliche Angebote machen. Aber man sollte sich nicht täuschen. Ein niedriger Preis allein reicht nicht aus. Auch Bevölkerungsteile mit niedrigem Pro-Kopf-Einkommen haben mehr und mehr Zugang zum Internet, zu Mobiltelefonen und zu Fernsehen mit globalem Empfang. Deshalb wachsen ihre Ansprüche, Bedürfnisse und Wünsche, und um diese zunehmend gewieften Kunden zu gewinnen, sind sowohl Differenzierung als auch geringe Kosten erforderlich.

Die wachsende Geschwindigkeit und Leichtigkeit, mit der Unternehmen mit globaler Reichweite entstehen. Historisch kamen die international aktiven Unternehmen vorwiegend aus den Vereinigten Staaten, Europa und Japan. Doch das ändert sich mit unglaublicher Geschwindigkeit. In den vergangenen 15 Jahren hat sich die Zahl der chinesischen Unternehmen in den Fortune 500 mehr als verzwanzigfacht, die Zahl der indischen Unternehmen ist etwa um das Achtfache gestiegen, und die der lateinamerikanischen hat sich mehr als verdoppelt. Dies lässt vermuten, dass diese großen aufsteigenden Volkswirtschaften für Ozeane neuer Nachfrage stehen, die es zu erschließen gilt. Sie stehen auch für Ozeane neuer potenzieller Konkurrenten, deren globale Ambitionen denen von Toyota, General Electric oder Unilever in nichts nachstehen.

Aber nicht nur die Unternehmen aus diesen großen Wachstumsmärkten sind im Aufstieg begriffen. Sie sind nur die Spitze des Eisbergs, was die künftige Entwicklung betrifft. Seit etwa einem Jahrzehnt kostet es fast überall auf der Welt viel weniger als früher und ist viel leichter geworden, ein Global Player zu werden. Diesen Trend darf kein Unternehmen unterschätzen. Dazu nur ein Handvoll Fakten: Angesichts der geringen Kosten für das Einrichten einer Website kann sich jedes Unternehmen ein globales Schaufenster anschaffen; heute kann man rund um den Erdball durch Crowdfunding Geld auftreiben; durch Dienste wie Gmail und Skype haben sich die Kommunikationskosten erheblich verringert; geschäftliche Transaktionen können schnell, sicher und ökonomisch mit Diensten wie PayPal abgewickelt werden, und Firmen wie Alibaba.com machen es möglich, auf der ganzen Welt relativ schnell und einfach Lieferanten zu suchen und zu prüfen. Außerdem sind Suchmaschinen (das Äquivalent globaler Firmenverzeichnisse) heute gratis verfügbar, und Twitter und YouTube machen es möglich, Angebote global und kostenfrei zu vermarkten. Angesichts der geringen Kosten eines multinationalen Engagements können heute Akteure aus allen Teilen der Welt immer leichter an den globalen Märkten teilnehmen und dort ihre Waren oder Dienstleistungen anbieten. Trotz dieser Möglichkeiten sind natürlich nicht alle Barrieren verschwunden, die man überwinden muss, wenn man ein Global Player werden will, doch die neuen Trends tragen zweifellos zur Verschärfung des internationalen Konkurrenzkampfs bei. Wer auf den überfüllten Märkten bestehen will, muss sich durch kreative Nutzeninnovation behaupten.

Wir alle stehen heute vor gewaltigen Herausforderungen und haben große Chancen. Indem wir die Methodologien und Tools zur Verfügung stellen, die eine Organisation für die Erschließung blauer Ozeane einsetzen kann, hoffen wir, bei der Bewältigung der Herausforderung und der Nutzung der Chancen so helfen zu können, dass wir am Ende alle besser dastehen. Strategische Planung ist schließlich nicht nur für Unternehmen wichtig. Sie ist für alle da: für die Kunst, für gemeinnützige Organisationen, für die öffentliche Hand, ja sogar für ganze Länder. Wir laden Sie ein, mit uns diese Reise zu machen. Denn eines ist klar: Die Welt braucht blaue Ozeane.

Vorwort zur ersten Auflage

Dieses Buch steht für unsere Freundschaft und unseren Glauben aneinander. Als Freunde brachen wir auf, um die hier präsentierten Ideen zu erforschen, als Freunde schrieben wir das Buch schließlich.

Unsere erste Begegnung fand vor 20 Jahren in einem Seminarraum statt, als Professor und Studentin. Seitdem haben wir zusammengearbeitet – und kamen uns auf unserer Reise oft wie zwei nasse Ratten im Abfluss vor. Dieses Buch ist nicht der Sieg eines Konzepts, sondern einer Freundschaft, die für uns mehr Bedeutung hat als alle Ideen aus der Geschäftswelt. Sie hat unser Leben reich und unsere Welt schöner gemacht. Wir waren nicht allein!

Keine Reise ist leicht, keine Freundschaft nur von Lachen erfüllt. Doch wir fanden jeden Tag unserer gemeinsamen Reise spannend, weil wir auf einer Mission waren, die uns Erkenntnisse und Verbesserungen bringen sollte. Wir glauben leidenschaftlich an die Ideen, die wir in diesem Buch präsentieren. Sie sind allerdings nicht für jene gedacht, deren Ehrgeiz sich darin erschöpft, sich durchzuschlagen oder bloß zu überleben. Daran lag uns nie etwas, und wenn Sie sich damit zufrieden geben können, sollten Sie nicht weiterlesen. Falls Sie für Ihr Unternehmen aber eine Zukunft aufbauen wollen, in der von den Kunden über die Beschäftigten und die Aktionäre bis zur Gesellschaft alle Gewinner sind, sollten Sie weiterlesen. Nein, leicht ist das nicht – aber es lohnt sich!

Unsere Forschungen haben bestätigt, dass es weder Unternehmen noch Branchen mit ständigen Spitzenleistungen gibt. Auf unserem holprigen Weg haben wir selbst erlebt, dass wir alle, wie die Unternehmen, manchmal das Falsche tun. Um unseren Erfolg vergrößern zu können, müssen wir herausfinden, welche unserer Handlungen etwas Positives bewirkt haben und wie wir diese Handlungen systematisch wiederholen können. Die wichtigste dieser klugen strategischen Bewegungen ist die Eroberung blauer Ozeane.

Mit diesem Buch fordern wir die Unternehmen auf, den roten Ozean des ruinösen Wettbewerbs hinter sich zu lassen und neue Märkte zu schaffen, wo es keine Konkurrenz gibt. Statt die vorhandene, oft schrumpfende Nachfrage aufzuteilen und sich an der Konkurrenz zu orientieren, geht es bei Strategien zur Eroberung blauer Ozeane (SEOs) darum, die Nachfrage zu steigern und sich von der Konkurrenz zu lösen. Natürlich erläutern wir auch, wie man das macht. Wir führen zunächst analytische Tools und Formate ein, die Ihnen zeigen, wie man dieser Aufforderung systematisch nachkommen kann. Danach erklären wir, welche Prinzipien solche Strategien definieren und von einem auf den Wettbewerb ausgerichteten strategischen Denken unterscheiden.

Unser Ziel besteht darin, die Formulierung und Umsetzung von Strategien zur Eroberung blauer Ozeane ebenso systematisch und realisierbar zu machen wie den Wettbewerb in den roten Wassern der bekannten Märkte. Nur dann nämlich können die Unternehmen die Eroberung blauer Ozeane so angehen, dass die Chancen maximiert, die Risiken hingegen minimiert werden. Kein Unternehmen – sei es nun groß oder klein, etabliert oder ein Neuling – kann und darf es sich leisten, auf den Zufall oder die Intuition seiner Chefetage zu setzen.

In dieses Buch sind über 15 Jahre Forschung, mehr als ein Jahrhundert zurückreichende Daten und eine Reihe von in der *Harvard Business Review* erschienenen Artikeln sowie wissenschaftlichen Aufsätzen zu verschiedenen Dimensionen dieses Themas eingeflossen. Die hier präsentierten Ideen, Tools und Formate wurden im Laufe der Jahre von Unternehmen in Europa, den USA und Asien in der Praxis erprobt und verfeinert. Unser Buch baut auf dieser Arbeit auf und erweitert sie; es spannt einen Bogen über die Ideen, sodass ein umfassender Rahmen entsteht. Dabei geht es nicht nur um die analytischen Faktoren hinter der Entwicklung von SEOs, sondern auch um die so wichtigen menschlichen Aspekte (wie erzeugt man in einer Organisation und ihren Leuten die Bereitschaft, diese Ideen auszuführen?). Die Unternehmen müssen lernen, wie man Vertrauen und Engagement aufbaut und wie wichtig die intellektuelle und emotionale Anerkennung ist. Genau das wird in den Kern der Strategie gestellt.

Dort draußen hat es schon viele Gelegenheiten zur Eroberung blauer Ozeane gegeben. Mit jeder, die genutzt wurde, dehnte das Marktuniversum sich weiter aus. Wir sind überzeugt, dass dies die Wurzel allen Wachstums ist. Wie man blaue Ozeane systematisch erobern kann, wird jedoch in der Theorie wie in der Praxis noch kaum verstanden. Lesen Sie unser Buch, damit Sie die Ausdehnung der Märkte in Zukunft vorantreiben können!

Dank

Bei der Verwirklichung dieses Buchs bekamen wir viel Hilfe. Das INSEAD bot uns eine einzigartige Umgebung für die Durchführung unserer Forschung. Der Austausch von Theorie und Praxis, der hier stattfindet, und die wirklich kosmopolitische Zusammensetzung unseres Lehrkörpers, der Studentenschaft und der Gastdozenten haben sich als sehr nützlich erwiesen. Die Dekane Antonio Borges, Gabriel Hawawini und Ludo Van der Heyden standen uns von Anfang an mit Ermutigung und institutioneller Unterstützung zur Seite und ermöglichten es uns, Lehre und Forschung eng miteinander zu verzahnen. PricewaterhouseCoopers (PwC) und die Boston Consulting Group (BCG) unterstützten uns bei unserer Forschungsarbeit; besonders Frank Brown und Richard Baird von PwC sowie René Abate, John Clarkeson, George Stalk und Olivier Tardy von BCG waren uns wertvolle Partner.

Im Laufe der Jahre half uns eine Gruppe hoch talentierter Forscher; vor allem unseren beiden engagierten Mitarbeitern Jason Hunter und Ji Mi verdanken wir viel. Ohne ihren unermüdlichen Einsatz und ihr Streben nach Perfektion gäbe es dieses Buch wohl nicht.

Unsere Kollegen am INSEAD trugen zu den hier präsentierten Ideen bei. Eine ganze Reihe von Fakultätsmitgliedern, insbesondere Subramanian Rangan und Ludo Van der Heyden, half uns beim Nachdenken und lieferte nützliche Kommentare. Viele Dozenten am INSEAD verwendeten unsere Ideen und Tools in ihren Vorlesungen und Seminaren und boten uns Feedback. Zahlreiche andere unterstützten uns auf vielfältige Weise. So möchten wir hier unter anderen danken: Ron Adner, Jean-Louis Barsoux, Ben Bensaou, Henri-Claude de Bettignies, Mike Brimm, Laurence Capron, Marco Ceccagnoli, Karel Cool, Arnoud De Meyer, Ingemar Dierickx, Gareth Dyas, George Eapen, Paul Evans, Charlie Galunic, Annabelle Gawer, Javier Gimeno, Dominique Héau, Neil Jones, Philippe Lasserre, Jean-François Manzoni, Jens Meyer, Claude Michaud, Deigan Morris, Quy Nguyen-Huy, Subramanian Rangan, Jonathan Story, Heinz Thanheiser, Ludo Van der Heyden, David Young, Peter Zemsky und Ming Zeng.

Wir hatten das Glück, ein weltweites Netz von Praktikern und Erstellern von Fallstudien nutzen zu können. Sie zeigten uns, wie die hier präsentierten Ideen sich in der Praxis auswirken, und halfen uns, Fallmaterial für unsere Forschung zu entwickeln. Besondere Erwähnung verdient Marc Beauvois-

Coladon, der von Anfang an mit uns zusammenarbeitete und auf Grundlage seiner Erfahrung mit der Anwendung unserer Ideen in Unternehmen einen großen Beitrag zu Kapitel 4 leistete. Außerdem möchten wir danken: Francis Gouillart und seinen Partnern, Gavin Fraser und seinen Partnern, Wayne Mortensen, Brian Marks, Kenneth Lau, Yasushi Shiina, Jonathan Landrey und seinen Partnern, Junan Jiang, Ralph Trombetta und seinen Partnern, Gabor Burt und seinen Partnern, Shantaram Venkatesh, Miki Kawawa und ihren Partnern, Atul Sinha und seinen Partnern, Arnold Izsak und seinen Partnern, Volker Westermann und seinen Partnern, Matt Williamson sowie Caroline Edwards und ihren Partnern. Wir wissen auch die entstehende Zusammenarbeit mit Accenture zu schätzen, die mit Mark Spelman, Omar Abbosh, Jim Sayles und ihrem Team begründet wurde. Schließlich danken wir Lucent Technologies für seine Unterstützung.

Im Laufe unserer Forschungen lernten wir Führungskräfte aus dem öffentlichen Sektor und aus Unternehmen auf der ganzen Welt kennen, die uns bereitwillig ihre Zeit widmeten und uns an ihren Erkenntnissen teilhaben ließen; sie beeinflussten unsere Ideen erheblich. Unsere Vorschläge wurden durch zahlreiche Initiativen in der Privatwirtschaft und im öffentlichen Sektor in die Praxis umgesetzt; das Value Innovation Program (VIP) Center von Samsung Electronics und der Value Innovation Action Tank (VIAT) für die öffentlichen und privaten Sektoren in Singapur waren große Inspirations- und Lernquellen. Jong-Yong Yun von Samsung Electronics und alle ständigen Staatssekretäre der Regierung von Singapur waren besonders wertvolle Partner. Herzlicher Dank gebührt auch den Mitgliedern des Value Innovation Network (VIN) – einer globalen Gemeinschaft, die die Konzepte der Nutzeninnovation in der Praxis anwendet –, vor allem denjenigen, die wir hier nicht namentlich aufführen können.

Schließlich möchten wir unserer Herausgeberin Melinda Merino für ihre klugen Anmerkungen und ihr Feedback danken, dem Team von Harvard Business School Publishing für sein Engagement und die begeisterte Unterstützung und unseren gegenwärtigen und früheren Redakteuren bei der *Harvard Business Review,* insbesondere David Champion, Tom Stewart, Nan Stone und Joan Magretta. Dank schulden wir auch den Studenten am INSEAD, speziell den Teilnehmern an den Strategiekursen und den Kursen der Value Innovation Study Group (VISG). Sie waren sehr geduldig, als wir unsere Ideen ausprobierten, und halfen uns durch ihre Fragen und ihr Feedback, sie zu klären.

In den zehn Jahren seit der Publikation der ersten Auflage unseres Buches haben uns zusätzlich zu den dort genannten Menschen viele weitere unterstützt. Sie verdienen es, ebenfalls genannt zu werden. Dean Frank Brown hatte die Idee, das INSEAD Blue Ocean Strategy Institute (IBOSI) zu gründen, und dessen Dekane Ilian Mihov und Peter Zemsky sorgen dafür, dass es weiter wächst und gedeiht. Dank ihrer Vision und ihrer Unterstützung waren wir in der Lage, viele SEO-Programme für Führungskräfte von INSEAD und für Betriebswirte zu entwickeln. Sie stützen sich auf Filme, die auf unserer Theorie beruhen – ein neuer pädagogischer Ansatz, der darauf abzielt, die konventionellen Referate für den Seminarbetrieb zu ergänzen. Wir sind all unseren Lehrkräften zu Dank verpflichtet, die in den Kursen für MBA-Studenten, Executive-MBA-Kandidaten und Führungskräfte von INSEAD Theorie und Simulation unserer SEO-Programme unterrichten. Zu den Fakultätsmitgliedern des Instituts, die noch nicht erwähnt wurden, gehören die Professoren Andrew Shipilov, Fares Boulos, Guoli Chen, Ji Mi, Michael Shiel, James Costantini und Lauren Mathys. Von den bisher ungenannten Fellows und Forschern haben Zunaira Munir, Oh Young Koo, Katrina Ling, Michael Olenick, Zoë McKay, Jee-eun Lee, Olivier Henry und Kinga Petro eine besondere Erwähnung verdient. Wir danken ihnen für ihre Unterstützung durch die Entwicklung von Unterrichtsmaterial über unser Strategiemodell und die Erstellung von Branchenstudien und Apps. Danken möchten wir auch der Beaucourt Foundation für die großzügige finanzielle Unterstützung unserer Forschungsarbeit.

Unter den vielen öffentlichen und gemeinnützigen Initiativen, die unsere Ideen in die Praxis umsetzen wollen, haben uns insbesondere das Malaysia Blue Ocean Strategy Institute (MBOSI) und die White House Initiative on Historically Black Colleges and Universities von Präsident Barack Obama angeregt und motiviert, unsere SEO-Theorie in weitere Bereiche politischer und wirtschaftlicher Führung und in den gemeinnützigen Bereich hineinzutragen. Wir danken allen Führungskräften in den öffentlichen und privaten Sektoren von Malaysia und dem Board of Advisors on Historically Black Colleges and Universities von Präsident Obama. Dank schulden wir auch Jae Won Park und seinen Fellows am MBOSI sowie Robert Bong, John Riker, Peter Ng und Alessandro Di Fiore und ihren jeweiligen Mitarbeitern. Am MBOSI möchten wir auch unseren Mitarbeiterinnen Kasia Duda und Julie Lee für ihre begeisterte Unterstützung und ihr unermüdliches Engagement für dieses Buch und Craig Wilkie für seine Unterstützung bei den Recherchen herzlich danken. Auch unseren Hilfskräften am IBOSI Mélanie Pipino und Marie-Françoise Piquerez sind wir für ihre unermüdliche Unterstützung und ihr Engagement zu großem Dank verpflichtet.

Teil 1

Strategien zur Eroberung blauer Ozeane (SEOs)

1 Erschließung blauer Ozeane

So kann es gehen: Der einstige Akkordeonspieler, Stelzenakrobat und Feuerschlucker Guy Laliberté ist heute CEO von Cirque du Soleil. Der wohl bekannteste kanadische Kulturexport konnte in den 20 Jahren seit seiner Gründung durch eine Gruppe von Straßenkünstlern (1984) etwa 150 Millionen Zuschauer in mehr als 300 Städten auf der ganzen Welt verbuchen. In weniger als zwei Jahrzehnten nach seiner Gründung erreichte Cirque du Soleil ein Umsatzniveau, für das Ringling Bros. and Barnum & Bailey, der Weltmarktführer in der Zirkusbranche, über ein Jahrhundert brauchte.

Das ist umso bemerkenswerter, weil es sich in einer von der Rezession getroffenen Branche abspielte – also in einem Bereich, dem die klassische strategische Analyse kaum Wachstumsmöglichkeiten einräumte. Auf der einen Seite stand die immense Verhandlungsmacht der Zulieferer (der Stars der Manege), auf der anderen der wachsende Druck von Markt und Kunden, mehr zu liefern als bisher. Andere Formen der Unterhaltung – von Sportveranstaltungen bis zu den Videos, die man sich zu Hause im gemütlichen Sessel ansehen konnte – warfen immer längere Schatten. Die Kinder wollten nicht mehr in den fahrenden Zirkus gehen, sondern lieber Videospiele haben. Daher litt die Branche unter sinkenden Zuschauerzahlen, Umsätzen und Gewinnen. Außerdem kämpften die Tierschützer verstärkt gegen die Dressur im Zirkus. Ringling Bros. and Barnum & Bailey hatten schon lange den Standard gesetzt, und die kleineren Zirkusse hatten mit abgespeckten Versionen nachgezogen. Unter dem Gesichtspunkt einer wettbewerbsbasierten Strategie war die Zirkusbranche somit unattraktiv.

Der Erfolg von Cirque du Soleil war auch deshalb so zwingend, weil die Zuschauergewinne nicht auf Kosten der bereits schrumpfenden Zirkusbranche gingen, deren Hauptkunden ja schon immer die Kinder waren. Cirque du Soleil trat nicht als Konkurrent von Ringling Bros. and Barnum & Bailey auf. Man schuf vielmehr einen neuen Markt, wo es keine Konkurrenz gab. Cirque du Soleil sprach nämlich eine völlig neue Kundengruppe an: Erwachsene und Firmenkunden, die bereit waren, für ein ganz neuartiges Freizeiterlebnis einen Preis zu zahlen, der um ein Mehrfaches über dem der traditionellen Zirkusse lag. Nicht umsonst hieß eine der ersten Produktionen: »Wir erfinden den Zirkus neu!«

Neue Märkte

Cirque du Soleil hatte Erfolg, weil man dort erkannte, dass die Unternehmen in Zukunft nur gewinnen können, wenn sie nicht mehr gegeneinander antreten. Die Konkurrenz lässt sich nur auf eine Weise schlagen: indem man aufhört, es zu *versuchen*.

Um verstehen zu können, was Cirque du Soleil geschafft hat, wollen wir uns ein Marktuniversum vorstellen, das aus zwei Arten von Ozeanen besteht: roten und blauen. Die roten Ozeane repräsentieren alle Branchen, die es heute gibt; sie bilden den bekannten Markt. Die blauen Ozeane dagegen stehen für alle Branchen, die es noch *nicht* gibt, also für die unbekannten Märkte.

In den roten Ozeanen sind die Grenzen der einzelnen Branchen genau definiert und werden akzeptiert; die Regeln für den Wettbewerb sind bekannt.[1] Die Unternehmen versuchen hier, ihre Konkurrenten zu übertreffen, um sich einen größeren Anteil an der vorhandenen Nachfrage zu sichern. Je enger es in diesem Markt wird, desto stärker sinken die Gewinn- und Wachstumschancen. Die Produkte werden zur Massenware, der Konkurrenzkampf wird immer härter.

Die blauen Ozeane dagegen werden durch bisher noch nicht erschlossene Märkte, die Erzeugung von Nachfrage und die Aussicht auf höchst profitables Wachstum definiert. Auch wenn manche weit außerhalb der bisherigen Branchengrenzen erschlossen werden, entstehen die meisten aus roten Ozeanen heraus, durch eine Ausdehnung der existierenden Branchengrenzen – wie bei Cirque du Soleil. In den blauen Ozeanen spielt der Wettbewerb keine Rolle, da die Spielregeln erst noch festgelegt werden müssen.

Es wird immer wichtig bleiben, durch Überflügeln der Konkurrenz erfolgreich im roten Ozean zu schwimmen. Die roten Ozeane werden auch weiterhin zum Leben der Unternehmen gehören. Da das Angebot aber in immer mehr Branchen die Nachfrage übersteigt, reicht es – wenn eine hohe Performance aufrechterhalten werden soll – nicht aus, sich dem Konkurrenzkampf um einen Anteil an den schrumpfenden Märkten zu stellen (obwohl das natürlich nötig ist).[2] Die Unternehmen müssen über den Wettbewerb hinausgehen: Um sich neue Gewinne sichern und neue Wachstumschancen ergreifen zu können, müssen sie außerdem blaue Ozeane erobern.

Die blauen Ozeane sind allerdings größtenteils noch nicht vermessen worden. In den letzten 25 Jahren lag der Hauptfokus der Strategiearbeit auf wettbewerbsbasierten Strategien für die roten Ozeane.[3] Daher wissen wir heute recht gut, wie man sich dort erfolgreich gegen die Konkurrenz behaupten kann – von der Analyse der wirtschaftlichen Grundstruktur existierender Branchen über die Wahl einer strategischen Position mit niedrigen Kosten, ausreichender Differenzierung oder starkem Fokus bis zur Beobachtung der Konkurrenz. Bei den blauen Ozeanen sieht das jedoch anders aus. Es gibt zwar einige Bücher, die sich mit ihnen beschäftigen,[4] aber kaum praktische Anleitungen dafür, wie man sie erobern kann. Ohne analytische Tools für die Erschließung blauer Ozeane und ohne Prinzipien für ein effektives Risikomanagement ist ihre Eroberung bisher weitgehend Wunschdenken geblieben. Sie gilt als zu riskant, um als Strategie verfolgbar zu sein. Unser Buch füllt diese Lücke. Es liefert praktische und analytische Tools und Formate für die systematische Suche nach blauen Ozeanen und ihre Eroberung. Die entsprechenden Strategien bezeichnen wir als SEOs (Strategien zur Eroberung blauer Ozeane).

Blaue Ozeane gestern und morgen

Der Begriff *blaue Ozeane* ist zwar relativ neu, die Existenz dieser Ozeane jedoch nicht. Sie waren schon immer ein Kennzeichen des Wirtschaftslebens. Blicken Sie doch einmal 120 Jahre zurück – wie viele unserer heutigen Branchen kannte man damals? Die Antwort lautet: Viele Branchen, die heute so elementar sind wie die Automobil- und die Tonträgerbranche, die Luftfahrt, die Petrochemie, das Gesundheitswesen und die Managementberatung, steckten allenfalls gerade in den Kinderschuhen. Selbst wenn wir nur um 40 Jahre zurückgehen, stoßen wir auf eine Vielzahl von Branchen, die heute Milliarden-, ja Billionenumsätze machen, damals aber noch ganz am Anfang standen: Internethandel, Handys, Laptops, Router und Netzwerkgeräte, Gaskraftwerke, die Biotechnologie, Discounter, Eilzustellung von Paketen, Minivans, Snowboards und Imbissstuben, um nur einige zu nennen. Vor nur 40 Jahren existierte noch keine dieser Branchen in irgendeinem nennenswerten Ausmaß.

Stellen Sie die Uhr nun um 20 – oder vielleicht auch 50 – Jahre vor. Wie viele heute unbekannte Branchen wird es dann wohl geben? Falls man aus der Vergangenheit auf die Zukunft schließen kann, lautet die Antwort wieder: Viele!

Es ist eine Tatsache, dass die Branchen nie stillstehen. Sie entwickeln sich ständig weiter: Die Verfahren werden besser; die Märkte dehnen sich aus; neue Unternehmen kommen, alte gehen. Die Geschichte lehrt uns, dass wir über eine enorm unterschätzte Fähigkeit zur Schaffung neuer Branchen und zur Umgestaltung alter verfügen. So wurde das vom US-amerikanischen Statistikamt veröffentlichte, mehr als ein halbes Jahrhundert alte System der *Standard Industrial Classification* (SIC) 1997 durch den *North American Industry Classification Standard* (NAICS) ersetzt. Das neue System erweiterte die zehn Branchensektoren des SIC auf 20, um den entstehenden neuen Territorien Rechnung zu tragen.[5] Dabei wurde beispielsweise der Dienstleistungsbereich des alten Systems in sieben Wirtschaftsbereiche aufgegliedert, von der Information über das Gesundheitswesen bis zum Sozialwesen.[6] Da solche Systeme mit dem Blick auf eine Standardisierung und Kontinuität entworfen werden, zeigt die Abschaffung des alten, wie groß die Ausdehnung der blauen Ozeane war.

Trotzdem war das strategische Denken bisher fast ausschließlich auf den Wettbewerb in den roten Ozeanen fokussiert – nicht zuletzt, weil die Strategie der Unternehmen stark durch ihre Wurzeln in der Militärstrategie beeinflusst wird. Schon die englische Sprache der Strategie ist von militärischen Begriffen durchzogen, es gibt *chief executive officers* in *headquarters* und *troops* an den *front lines*. Wenn man Strategien so beschreibt, geht es darum, sich einem Gegner zu stellen und um ein Stück Land zu kämpfen, dessen Größe beschränkt ist und sich nicht ändert.[7] Im Gegensatz zum Krieg zeigt uns die Geschichte der Branchen aber, dass das Marktuniversum noch nie konstant geblieben ist; im Laufe der Zeit wurden immer wieder blaue Ozeane erschlossen. Die Fokussierung auf die roten Ozeane bedeutet daher, die einschränkenden Schlüsselfaktoren des Krieges – begrenztes Terrain und die Notwendigkeit, den Feind zu schlagen – zu akzeptieren und gerade jenen Faktor zu verneinen, der in der Wirtschaft die besondere Stärke ist: die Fähigkeit, neue Märkte zu schaffen, die noch niemand für sich beansprucht.

Wie die Eroberung blauer Ozeane sich auswirkt

Um quantifizieren zu können, wie die Eroberung blauer Ozeane sich auf das Umsatz- und Gewinnwachstum der Firmen auswirkt, untersuchten wir die neuen Angebote von 108 Unternehmen (siehe Abbildung 1.1). Dabei stellten wir fest, dass 86 Prozent dieser Angebote Erweiterungen der vorhandenen Paletten waren, also inkrementelle Verbesserungen innerhalb des roten Ozeans des existierenden Marktes. Auf sie entfielen aber lediglich 62 Prozent des Gesamtumsatzes und 39 Prozent des Gesamtgewinns. Nur 14 Pro-

1 Erschließung blauer Ozeane

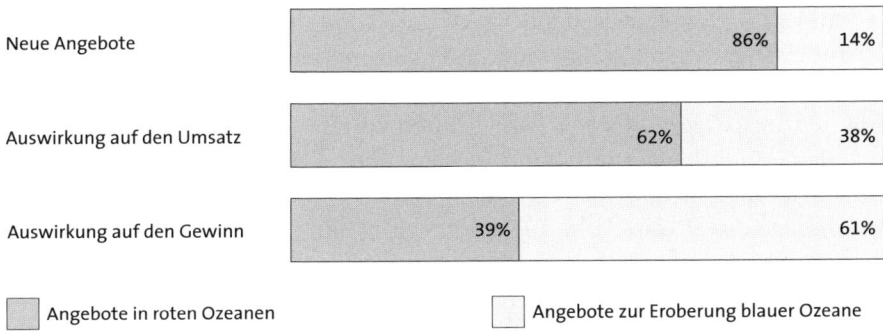

Abb. 1.1: Auswirkung der Eroberung blauer Ozeane auf Gewinn und Wachstum

zent der neuen Angebote zielten auf die Eroberung blauer Ozeane ab. Sie erzeugten jedoch 38 Prozent des Gesamtumsatzes und 61 Prozent des Gesamtgewinns. Da die neuen Angebote die gesamten Investitionen in Strategien für rote und blaue Ozeane beinhalteten (unabhängig davon, wie sie sich auf Umsatz und Gewinn auswirkten, also einschließlich von Misserfolgen), ist es offensichtlich enorm profitabel, blaue Ozeane zu erschließen. Wir verfügen zwar nicht über Daten zur Erfolgsquote der Versuche, sich in roten Ozeanen zu behaupten beziehungsweise blaue Ozeane zu erobern, doch die Unterschiede bei der Gesamtperformance sind erheblich.

Weshalb es heute so wichtig ist, blaue Ozeane zu erobern

Blaue Ozeane zu erschaffen wird von Tag zu Tag wichtiger. Dafür gibt es mehrere Gründe. Die schnelleren Fortschritte bei der Technologie haben die Branchenproduktivität erheblich verbessert und es den Herstellern ermöglicht, eine viel größere Palette von Produkten und Dienstleistungen anzubieten als je zuvor. Dadurch übersteigt in immer mehr Branchen das Angebot die Nachfrage.[8] Der Trend zur Globalisierung verschärft die Lage noch. Durch den Abbau der Handelsschranken zwischen den Ländern und Regionen und die sofortige weltweite Verfügbarkeit von Informationen über die Produkte und Preise verschwinden immer mehr Nischenmärkte und Monopol-Oasen.[9] Das Angebot nimmt ebenso zu wie der globale Wettbewerb, doch es gibt keine klaren Anzeichen für einen Anstieg der globalen Nachfrage im Verhältnis zum Angebot – die Statistiken deuten sogar auf einen Bevölkerungsschwund in vielen Industrieländern hin.[10]

All das hat zu einer schnelleren Vermassung der Produkte und Dienstleistungen, härteren Preiskriegen und schrumpfenden Gewinnspannen geführt. Neue branchenweite Untersuchungen zu großen amerikanischen Marken bestätigen diesen Trend.[11] Ihnen zufolge werden die Marken sich bei den Hauptkategorien der Produkte und Dienstleistungen allgemein immer ähnlicher, und die Verbraucher treffen ihre Wahl zunehmend auf Grundlage des Preises.[12] Im Gegensatz zu früher bestehen die Leute heute nicht mehr darauf, nur mit Persil zu waschen. Auch ihrer alten Zahnpasta halten sie nicht unbedingt die Treue, wenn es eine neue im Angebot gibt. In Branchen, wo die Konkurrenten sich praktisch gegenseitig auf die Füße treten, wird es für die Unternehmen bei Auf- wie bei Abschwüngen in der Wirtschaft immer schwieriger, ihre eigenen Marken von denen der Konkurrenz abzuheben.

Mit anderen Worten: Die wirtschaftliche Umgebung, in der die meisten Strategie- und Managementverfahren des 20. Jahrhunderts entstanden sind, verschwindet allmählich. Da der Wettbewerb in den roten Ozeanen immer ruinöser wird, müssen die Manager sich stärker als bisher mit den blauen Ozeanen beschäftigen.

Vom Unternehmen und der Branche zur strategischen Bewegung

Wie können Unternehmen sich aus dem roten Ozean des ruinösen Wettbewerbs befreien? Wie können sie einen blauen Ozean erobern? Gibt es dafür ein systematisches Verfahren, durch das sich eine hohe Performance aufrechterhalten lässt?

Bei unserer Suche nach einer Antwort auf diese Fragen mussten wir zunächst die analytische Grundeinheit für unsere Forschungen definieren. Wenn es um die Wurzeln hoher Performance geht, wird in der Wirtschaftsliteratur gewöhnlich das Unternehmen als Grundeinheit benutzt. Man hat sich gefragt, durch welche besonderen strategischen, operativen und betrieblichen Charakteristika Firmen für ein starkes, profitables Wachstum sorgen können. Unsere Frage aber lautete: Gibt es *auf Dauer* »herausragende« oder »visionäre« Unternehmen, die kontinuierlich eine bessere Performance erreichen als der Markt und immer wieder blaue Ozeane erobern?

Nehmen wir beispielsweise die Bücher *Auf der Suche nach Spitzenleistungen* und *Immer erfolgreich*.[13] Der Bestseller *Auf der Suche nach Spitzenleistungen* erschien vor etwa 30 Jahren, doch schon zwei Jahre danach begann für einige der untersuchten Unternehmen der Abstieg in die Bedeutungslosigkeit: Atari, Chesebrough-Pond's, Data General, Fluor, National Semiconductor. Wie in *Managen auf Messers Schneide* dokumentiert, waren fünf Jahre nach dem Erscheinen des Buches zwei Drittel der dort als Musterfirmen identifizierten Unternehmen als Branchenführer entthront worden.[14]

Immer erfolgreich ging den gleichen Weg. Die Autoren suchten nach den »Erfolgsgewohnheiten visionärer Unternehmen«, nach den »Strategien der Topunternehmen«, die über einen langen Zeitraum eine herausragende Performance vorweisen konnten. Um die Schwierigkeiten zu umgehen, denen *Auf der Suche nach Spitzenleistungen* begegnet war, dehnte man den Forschungszeitraum bei *Immer erfolgreich* auf die gesamte Lebenszeit der Unternehmen aus; gleichzeitig beschränkte man die Analyse auf Firmen, die älter als 40 Jahre waren. Dieses Buch wurde ebenfalls ein Bestseller.

Inzwischen sind jedoch auch bei einigen der in *Immer erfolgreich* hervorgehobenen »visionären« Unternehmen Schwächen und Mängel zutage getreten. *Schöpfen und zerstören* (im Original 2001 erschienen) zufolge war der manchen der Musterunternehmen in *Immer erfolgreich* zugeschriebene Erfolg zu einem großen Teil auf die Performance des Branchensektors zurückzuführen, nicht auf die eigene Leistung der Firmen.[15] So erfüllte Hewlett-Packard (HP) die Kriterien von *Immer erfolgreich*, da es die Performance des Marktes langfristig übertraf. Das galt damals aber für die gesamte Branche der Computer-Hardware. HP übertraf nicht einmal die Konkurrenz in jener Branche! Aufgrund solcher Beispiele bezweifelten die Autoren von *Schöpfen und zerstören*, dass es »visionäre« Unternehmen, die die Performance des Marktes fortwährend übertrafen, jemals gegeben hatte.

Wenn es aber keine Unternehmen mit ständigen Spitzenleistungen gibt, wenn ein und dasselbe Unternehmen im einen Augenblick brillant sein, im nächsten aber schon falschliegen kann, scheint das Unternehmen für die Erforschung der Wurzeln hoher Performance und blauer Ozeane nicht die geeignete Analyseeinheit zu sein.

Andererseits zeigt die Geschichte ja, dass im Laufe der Zeit immer wieder neue Branchen entstehen und alte sich ausdehnen; die Bedingungen in den Branchen und ihre Grenzen sind also nicht unveränderlich, sondern können durch individuelle Akteure beeinflusst und gestaltet werden. Die Unternehmen brauchen nicht in einem gegebenen Branchenraum frontal gegeneinander anzutreten; Cirque du Soleil beispielsweise schuf einen neuen Markt im Unterhaltungssektor und erzeugte dadurch ein starkes, profitables Wachstum. Für die Erforschung der Wurzeln profitablen Wachstums scheint somit auch die Branche keine gute Analyseeinheit zu sein.

Unsere Untersuchung hat das bestätigt: Wenn man die Eroberung blauer Ozeane und die Aufrechterhaltung einer hohen Performance erklären will, ist weder das Unternehmen noch die Branche die richtige Grundeinheit, sondern die *strategische Bewegung*. Darunter verstehen wir die Gesamtheit der Handlungen und Entscheidungen, durch die Manager ein großes marktschaffendes Angebot machen können. So wurde Compaq 2001 von Hewlett-Packard übernommen und war fortan kein eigenständiges Unternehmen mehr. Daher könnte man Compaq zu den erfolglosen Firmen zählen. Die strategischen Bewegungen zur Eroberung blauer Ozeane, durch die Compaq die Serverbranche schuf, werden dadurch jedoch nicht entwertet. Sie gehörten nicht nur zum schwungvollen Comeback des Unternehmens Mitte der 1990er-Jahre, sondern erschlossen auch einen gigantischen neuen Markt bei den Computern.

Im Anhang A, »Das geschichtliche Muster bei der Eroberung blauer Ozeane«, skizzieren wir unter Rückgriff auf unsere Datenbank die Geschichte dreier repräsentativer US-Branchen: der Autos (wie wir zur Arbeit kommen), der Computer (was wir bei der Arbeit benutzen) und der Kinos (wohin wir nach der Arbeit zur Unterhaltung gehen). Wie wir im Anhang A zeigen, ließ sich weder ein Unternehmen noch eine Branche mit ständigen Spitzenleistungen finden. Bei den strategischen Bewegungen, durch die blaue Ozeane erschlossen wurden und neues starkes, profitables Wachstum entstand, scheint es jedoch eine auffallende Gemeinsamkeit zu geben.

Die von uns besprochenen strategischen Bewegungen lieferten Produkte und Dienstleistungen, die neue Märkte schufen und eroberten, wobei es zu einem steilen Anstieg der Nachfrage kam. Neben den großartigen Geschichten von profitablem Wachstum stehen nachdenklich stimmende von Unternehmen, die in roten Ozeanen feststeckten und ihre Chancen verpassten. Wir haben unsere Studie um diese strategischen Bewegungen aufgebaut, um herausfinden zu können, nach welchem Muster die Eroberung blauer Ozeane und das Erreichen von Spitzenleistungen ablaufen. Für die Erstauflage unseres Buches untersuchten wir mehr als 150 strategische Bewegungen, die von 1880 bis 2000 in mehr als 30 Branchen gemacht wurden, und befassten uns jeweils eingehend mit den beteiligten Unternehmen. Die Branchen reichten von der Hotellerie, dem Kino und dem Einzelhandel über Luftfahrt, Energie, Computer, Rundfunk/Fernsehen und Bau bis zum Stahl und den Autos. Wir analysierten nicht nur die Gewinner, denen es gelang, blaue Ozeane zu erobern, sondern auch ihre nicht so erfolgreichen Konkurrenten.

Wir suchten sowohl im Rahmen der einzelnen strategischen Bewegungen als auch übergreifend nach Gemeinsamkeiten bei den Unternehmen, die blaue Ozeane erobern konnten, und bei jenen, die im roten Ozean feststeckten. Außerdem suchten wir in beiden Gruppen nach Unterschieden. So konnten wir einerseits die Faktoren ermitteln, die zur Erschließung blauer Ozeane führen, andererseits die wichtigen Unterschiede, durch die sich die Gewinner von den bloßen Überlebenden und den Verlierern, die im roten Ozean treiben, abheben.

Unsere Analyse von über 30 Branchen bestätigt, dass der Unterschied zwischen den beiden Gruppen sich weder durch branchen- noch durch unternehmenstypische Charakteristika erklären lässt. Bei der Untersuchung der branchen- und unternehmenstypischen sowie der strategischen Variablen stellten wir fest, dass es ganz unterschiedlichen Unternehmen gelang, blaue Ozeane zu erschließen und zu erobern: kleinen und großen, mit jungen und mit alten Managern, in attraktiven und unattraktiven Branchen, Neulingen und Etablierten, Familienunternehmen und Publikumsgesellschaften, Firmen im Business-to-Business- (B2B) und Business-to-Customer-Bereich (B2C) sowie Firmen verschiedenen nationalen Ursprungs.

Wir fanden weder ein Unternehmen noch eine Branche mit ständigen Spitzenleistungen. Hinter den scheinbar einzigartigen Erfolgsgeschichten entdeckten wir jedoch ein durchgängiges gemeinsames Muster bei den strategischen Bewegungen zur Erschließung und Eroberung blauer Ozeane. Ford mit dem Modell T im Jahre 1908, GM mit seinen die Emotionen ansprechenden Autos 1924, CNN ab 1980 mit den Nachrichten in Echtzeit rund um die Uhr, sieben Tage in der Woche, Compaq, Starbucks, Southwest Airlines, Cirque du Soleil oder, in jüngerer Zeit, Salesforce.com – bei allen von uns untersuchten Bewegungen zur Eroberung blauer Ozeane stimmte das strategische Vorgehen über die Zeit gesehen überein, unabhängig von der Branche. Wir befassten uns auch mit berühmten strategischen Bewegungen bei Turnarounds im öffentlichen Bereich und fanden dort ein ganz ähnliches Muster. Auch als sich unsere Datenbasis in den zehn Jahren seit der Publikation der ersten Auflage unseres Buches weiter vergrößerte, stellten wir ähnliche Muster fest.

Nutzeninnovation: Der Grundpfeiler von SEOs

Der Faktor, durch den sich die Gewinner bei der Eroberung blauer Ozeane durchgängig von den Verlierern unterschieden, war das strategische Vorgehen. Die im roten Ozean feststeckenden Unternehmen gingen konventionell vor: Sie versuchten, die Konkurrenz zu schlagen, indem sie sich innerhalb der existierenden Branchenordnung eine Position aufbauten, die sie verteidigen konnten.[16] Die Eroberer blauer Ozeane hingegen benutzten erstaunlicherweise nicht die Konkurrenz als Bezugspunkt.[17] Sie folgten vielmehr einer anderen strategischen Logik, die wir als *Nutzeninnovation* bezeichnen. Sie ist der Grundpfeiler aller SEOs. Von einer Nutzeninnovation sprechen wir, weil der Fokus nicht darauf liegt, die Konkurrenz zu schlagen, sondern ihr auszuweichen – durch die Erzeugung eines Nutzengewinns für die Käufer *und* für das Unternehmen, sodass ein neuer, bisher von niemandem beanspruchter Markt erschlossen wird.

Bei Nutzeninnovationen sind der Nutzen und die Innovation gleich wichtig. Nutzen ohne Innovation bedeutet meist eine Konzentration auf eine inkrementelle *Wertschöpfung*, was zwar den Wert und damit den Nutzen verbessert, aber nicht ausreicht, damit ein Unternehmen im Markt hervorsticht.[18] Und *Innovationen* ohne Nutzen sind gewöhnlich technologiebasiert, futuristisch oder Marktpioniertum und schießen oft über das hinaus, was die Käufer zu akzeptieren und zu bezahlen bereit sind.[19] Deshalb muss man zwischen Nutzeninnovationen einerseits und technologischen Innovationen oder Marktpioniertum andererseits unterscheiden. Unsere Studie zeigt, dass der wesentliche Unterschied zwischen den Gewinnern bei der Erschließung blauer Ozeane und den Verlierern weder nagelneue Technologie noch das richtige Timing beim Einstieg in den Markt ist. Diese Faktoren sind zwar manchmal vorhanden, meist aber nicht. Zu einer Nutzeninnovation kommt es nur, wenn die Innovation mit Nutzen-, Preis- und Kostenpositionen verknüpft wird. Falls technologische Neuerer und Marktpioniere die Innovation nicht auf diese Weise im Nutzen verankern, werden die von ihnen gelegten Eier oft von anderen Unternehmen ausgebrütet.

Die Nutzeninnovation ist ein neues Konzept für Strategien, die zur Eroberung blauer Ozeane und zum Abschütteln der Konkurrenz führen. Zu beachten ist, dass die Nutzeninnovation im Widerspruch zu einem weithin akzeptierten Dogma der wettbewerbsbasierten Strategie steht: dass zwischen Nutzen und Kosten ein direkter Zusammenhang existiert.[20] Der klassischen Ansicht zufolge können die Unternehmen nämlich entweder einen größeren Nutzen für die Kunden bei höheren Kosten oder einen annehmbaren Nutzen bei niedrigeren Kosten erzeugen. Hier wird die Strategie somit als Entscheidung zwischen einer Differenzierung und niedrigen Kosten betrachtet.[21] Jene Unternehmen aber, die blaue Ozeane erschließen wollen, streben gleichzeitig eine Differenzierung und niedrige Kosten an.

Zurück zu Cirque du Soleil: Im Kern des von ihm geschaffenen Unterhaltungserlebnisses liegt eben die gleichzeitige Verfolgung einer Differenzierung und niedriger Kosten. Zur Zeit seines Debüts konzentrierten die anderen Zirkusse sich auf das gegenseitige Benchmarking, jeder wollte sich durch das Aufpeppen traditioneller Nummern einen möglichst großen Anteil an der bereits sinkenden Nachfrage sichern. Dazu gehörte, die berühmtesten Clowns und Löwenbändiger zu engagieren. Durch diese Strategie wurde natürlich die Kostenstruktur nach oben gedrückt, ohne dass das Zirkuserlebnis sich wesentlich verändert hätte. Das Ergebnis waren steigende Kosten ohne entsprechende Umsätze und eine Abwärtsspirale bei der Gesamtnachfrage.

Cirque du Soleil entzog diesen Bemühungen den Boden. Das Unternehmen, weder ein normaler Zirkus noch eine klassische Theaterproduktion, interessierte sich nicht dafür, was die Konkurrenz machte. Es hielt sich nicht an die traditionelle Logik, die Konkurrenz durch eine bessere Lösung für das vorhandene Problem – die Erschaffung eines Zirkus, der den Leuten noch mehr Spaß und Sensationen bot – auszustechen. Man wollte den Leuten vielmehr den Spaß und die Sensationen des Zirkus *und* die für das Theater typische intellektuelle Anregung und künstlerische Fülle bieten. Mit anderen Worten: Man definierte das Problem als solches neu.[22] Cirque du Soleil durchbrach also die Marktgrenzen des Theaters und des Zirkus und verstand sowohl die Kunden der Zirkusbranche als auch ihre Nichtkunden – die erwachsenen Theaterbesucher – anders.

So entstand ein ganz neues Zirkuskonzept, das den direkten Zusammenhang zwischen Nutzen und Kosten aushebelte und einen blauen Ozean erschloss. Die Unterschiede sind offensichtlich: Während die anderen Zirkusse sich darauf konzentrierten, Tiernummern anzubieten, Starartisten zu engagieren, mehrere Manegen (in Form von drei Ringen) zu präsentieren und den Verkauf von Getränken, Knabbereien und »Fanartikeln« zu forcieren, schaffte Cirque du Soleil all das ab. In der traditionellen Zirkusbranche waren diese Faktoren lange als selbstverständlich betrachtet worden; niemand hatte angezweifelt, dass sie auch weiterhin wichtig sein würden.

Der Verkauf von Getränken, Knabbereien und »Fanartikeln« schien zwar eine gute Möglichkeit zur Erwirtschaftung von Umsätzen zu sein, doch die Zirkusbesucher wurden durch die hohen Preise abgeschreckt; sie hatten das Gefühl, dass man ihnen das Geld aus der Tasche ziehen wollte.

Die Anziehungskraft, die der traditionelle Zirkus so lange ausübte, beruhte letztendlich auf nur drei Schlüsselfaktoren: dem Zelt, den Clowns und den klassischen Akrobatiknummern. Daher blieb Cirque du Soleil bei den Clowns, verlagerte ihren Witz aber vom Klamauk zu einem anspruchsvolleren, mehr auf Verzauberung ausgerichteten Stil. Außerdem machte man das

Zelt glitzernder und prachtvoller. Ironischerweise hatten viele Zirkusse inzwischen begonnen, auf dieses Element zu verzichten und Veranstaltungsorte zu mieten. Bei Cirque du Soleil aber erkannte man, dass gerade das Zelt den Zauber des Zirkus symbolisch einfing. Daher stattete man es mit mehr äußerem Glanz und höherem Komfort aus, sodass es an die Zelte der großen Zirkusse der Vergangenheit erinnerte. Kein Sägemehl mehr, keine harten Bänke! Die Akrobaten und die anderen Sensationen wurden zwar beibehalten, doch ihre Rolle wurde reduziert, und man veredelte die Nummern, indem man auf künstlerisches Flair und geistige Anreize achtete.

Cirque du Soleil blickte außerdem über die Marktgrenze des Theaters hinaus – das ja ebenfalls Liveunterhaltung bietet – und übernahm von dort neue, dem Zirkus bis dahin fremde Faktoren: eine die einzelnen Programmteile verbindende Geschichte sowie intellektuellen Gehalt, künstlerische Musik und Tanz und Mehrfachproduktionen.

Im Gegensatz zu den traditionellen Zirkusvorstellungen mit lauter isolierten Nummern gibt es bei allen Produktionen von Cirque du Soleil ein Thema und eine durchgehende Geschichte, ähnlich wie bei Theateraufführungen. Das Thema ist zwar bewusst vage gehalten, bringt aber Harmonie und ein intellektuelles Element in die Show, ohne das Potenzial für die Nummern einzuschränken. Cirque du Soleil übernimmt auch Ideen aus Broadway-Shows. So bevorzugt man statt der traditionellen Einheitsshows Mehrfachproduktionen. Außerdem gibt es bei jeder Produktion von Cirque du Soleil eine eigene Choreografie; die Musik bestimmt die visuelle Darbietung, die Beleuchtung und das Timing der Nummern, nicht umgekehrt. Die Shows beinhalten auch abstrakten und spirituellen Tanz, was man sich vom Theater und vom Ballett abguckte. Die Einführung dieser neuen Faktoren machte die Produktionen von Cirque du Soleil anspruchsvoller und kultivierter. Durch das Konzept der Mehrfachproduktionen und dadurch, dass man den Leuten einen Grund gab, öfter in den Zirkus zu gehen, konnte die Nachfrage enorm gesteigert werden.

Kurz gesagt: Cirque du Soleil bietet das Beste von Zirkus *und* Theater – alles andere wurde eliminiert oder doch zumindest reduziert. Mit seinem Angebot eines ganz neuen Nutzens erschloss das Unternehmen einen blauen Ozean und erfand eine Form der Liveunterhaltung, die sich sowohl vom traditionellen Zirkus als auch vom traditionellen Theater deutlich unterscheidet. Durch die Eliminierung eines großen Teils der kostspieligsten Zirkuselemente gelang es gleichzeitig, die Kostenstruktur erheblich zu drücken und neben einer Differenzierung auch niedrige Kosten zu erreichen. Bei der Preisgestaltung nahm man sich das Theater zum Maßstab; Cirque du

1 Erschließung blauer Ozeane

Soleil hob den Preispunkt der Zirkusbranche um ein Vielfaches an. Man wählte die Preise für seine Produktionen strategisch geschickt so, dass sie die Masse der erwachsenen Zuschauer, die an Theaterpreise gewöhnt waren, anzogen.

Die Dynamik von Differenzierung und niedrigen Kosten als Unterbau für eine Nutzeninnovation wird in Abbildung 1.2 dargestellt.

Wie Abbildung 1.2 zeigt, geht es bei der Erschließung blauer Ozeane darum, den Nutzen für die Käufer zu erhöhen und gleichzeitig die eigenen Kosten zu reduzieren. So erreicht man einen Nutzengewinn für das Unternehmen *und* für die Käufer. Da einerseits der Nutzen für die Käufer vom Preis abhängt, andererseits der Nutzen für das Unternehmen aus dem Preis und der Kostenstruktur erzeugt wird, kann eine Nutzeninnovation nur gelingen, wenn das ganze System der Nutzen-, Preis- und Kostenaktivitäten des Unternehmens aufeinander abgestimmt ist. Erst durch dieses auf das Gesamtsystem gerichtete Vorgehen wird die Eroberung blauer Ozeane zu einer nachhaltigen Strategie. SEOs beinhalten daher die Integration der

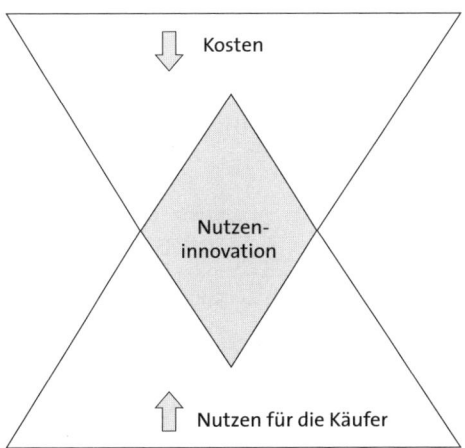

Dynamik von Differenzierung und niedrigen Kosten

Zu einer Nutzeninnovation kommt es in jenem Bereich, wo die Aktionen eines Unternehmens sich sowohl auf seine eigene Kostenstruktur als auch auf den Nutzen seines Angebots für die Käufer vorteilhaft auswirken. Die Kosteneinsparungen erfolgen durch die Eliminierung oder Reduzierung derjenigen Faktoren, auf denen der Wettbewerb in der Branche beruht. Der Nutzen für die Käufer wird dadurch erhöht, dass Elemente, die die Branche bisher kaum oder gar nicht geboten hat, gesteigert beziehungsweise kreiert werden. Im Laufe der Zeit sinken die Kosten aufgrund des großen Umsatzvolumens, das ein besonderer Nutzen erzeugt, weiter.

Abb. 1.2: Nutzeninnovation: der Grundpfeiler von SEOs

gesamten funktionellen und operativen Aktivitäten der Unternehmen. Erst durch diesen auf das ganze System bezogenen Ansatz wird eine Nutzeninnovation *strategisch* und nicht nur *operativ* oder *funktionell*.

Andere Innovationen dagegen, zum Beispiel bei der Produktion, lassen sich auf der Ebene der Teilsysteme erreichen, ohne Auswirkungen auf die Gesamtstrategie des Unternehmens. So können Firmen ihre Kostenstruktur durch Innovationen beim Produktionsprozess drücken, um ihre vorhandene Strategie der Führung bei den Kosten zu verstärken, ohne den Nutzen ihres Angebots für die Käufer zu ändern. Natürlich können Innovationen dieser Art dazu beitragen, die Position eines Unternehmens im existierenden Markt zu festigen und sogar zu verbessern, doch durch ein lediglich Teilsysteme betreffendes Vorgehen lassen sich nur selten blaue Ozeane und damit neue Märkte erschließen.

In diesem Sinne ist eine Nutzeninnovation ein originäres Konzept. Sie ist eine *Strategie*, die das ganze System der Aktivitäten umfasst.[23] Nutzeninnovationen zwingen die Firmen, das gesamte System darauf auszurichten, sowohl für die Käufer *als auch* für sie selbst einen *Nutzengewinn* zu erreichen. Ohne diese ganzheitliche Vorgehensweise bleibt die Innovation immer vom Kern der Strategie getrennt.[24] Abbildung 1.3 zeigt die Hauptcharakteristika der Strategien für rote und blaue Ozeane.

Die wettbewerbsbasierte Strategie für rote Ozeane geht davon aus, dass die strukturellen Bedingungen der Branchen feststehen und die Firmen im

Strategien für rote Ozeane	Strategien zur Eroberung blauer Ozeane
Wettbewerb im vorhandenen Markt	Schaffung neuer Märkte
Die Konkurrenz schlagen	Der Konkurrenz ausweichen
Die existierende Nachfrage nutzen	Neue Nachfrage erschließen
Direkter Zusammenhang zwischen Nutzen und Kosten	Aushebelung des direkten Zusammenhangs zwischen Nutzen und Kosten
Ausrichtung des Gesamtsystems der Unternehmensaktivitäten an der strategischen Entscheidung für Differenzierung oder niedrige Kosten	Ausrichtung des Gesamtsystems der Unternehmensaktivitäten auf Differenzierung und niedrige Kosten

Abb. 1.3: Strategien für rote und blaue Ozeane

Rahmen dieser Bedingungen gegeneinander antreten müssen; diese Annahme ergibt sich aus der *strukturalistischen* Sichtweise, dem *Umgebungsdeterminismus*.[25] Die Nutzeninnovation dagegen beruht auf der Ansicht, dass die Marktgrenzen und die Branchenstruktur nicht feststehen, sondern durch die Aktionen und Überzeugungen der Unternehmen umgestaltet (rekonstruiert) werden können. Das bezeichnen wir als *rekonstruktivistische* Auffassung. In den roten Ozeanen ist eine Differenzierung mit Kosten verbunden, da die Unternehmen mit der gleichen Best-Practice-Regel konkurrieren. Hier müssen die Firmen eine strategische Entscheidung zwischen Differenzierung *oder* niedrigen Kosten treffen. In der rekonstruktivistischen Welt dagegen besteht das strategische Ziel darin, durch Aushebeln des direkten Zusammenhangs zwischen Nutzen und Kosten neue Best-Practice-Regeln zu erzeugen und dadurch einen blauen Ozean zu erschließen. (Im Anhang B, »Nutzeninnovation: Rekonstruktivistische Betrachtung der Strategie«, besprechen wir das ausführlicher.)

Cirque du Soleil setzte die Best-Practice-Regel der Zirkusbranche außer Kraft – durch die Umgestaltung von Elementen über die bestehenden Branchengrenzen hinweg konnte man sowohl eine Differenzierung als auch niedrige Kosten erreichen. Ist Cirque du Soleil angesichts von all dem, was man dort eliminierte, reduzierte, steigerte und kreierte, denn überhaupt noch ein Zirkus? Oder ist es Theater, und zu welchem Genre gehört es dann – Oper, Broadway-Show, Ballett? Das lässt sich eben nicht sagen. Cirque du Soleil gestaltete Elemente quer über diese Unterscheidungen hinweg um und ist letztendlich ein bisschen von allem und nichts davon ganz. Das Unternehmen erschloss einen blauen Ozean – einen neuen, bisher von niemand beanspruchten Markt, für den es noch keine allgemein anerkannte Branchenbezeichnung gibt.

Formulierung und Umsetzung von SEOs

Die wirtschaftlichen Umstände deuten darauf hin, dass die Eroberung blauer Ozeane immer wichtiger wird. Andererseits herrscht allgemein die Überzeugung, dass die Erfolgschancen niedriger sind, wenn Firmen sich aus dem existierenden Branchenraum hinauswagen.[26] Die große Frage ist, wie Unternehmen in blauen Ozeanen Erfolg haben können. Wie können sie die Chancen systematisch maximieren und gleichzeitig die mit der Formulierung und Umsetzung von SEOs verbundenen Risiken minimieren? Wenn ein Unternehmen die Prinzipien der Chancenmaximierung und der Risikominimierung nicht gut genug versteht, verschlechtern sich die Erfolgschancen für seine Initiative zur Eroberung eines blauen Ozeans.

Eine Strategie, die mit keinerlei Risiko behaftet wäre, gibt es natürlich nicht.[27] Strategien sind immer sowohl mit Chancen als auch mit Risiken verbunden, ob es nun um den Erfolg in einem existierenden roten Ozean geht oder um die Eroberung eines blauen Ozeans. Im Augenblick besteht jedoch ein starkes Ungleichgewicht zugunsten von Tools und analytischen Formaten für die roten Ozeane. Solange sich das nicht ändert, werden die strategischen Agenden der Unternehmen weiter von den roten Ozeanen beherrscht werden, obwohl die Erschließung von blauen immer dringlicher wird. Vielleicht ist das die Erklärung dafür, dass die Unternehmen den Rat, sich nicht auf den existierenden Branchenraum zu beschränken, bisher nicht ernsthaft befolgt haben.

In diesem Buch wollen wir uns mit jenem Ungleichgewicht befassen und eine Methodologie zur Unterstützung unserer These einführen. Wir werden hier die Prinzipien und die analytischen Hilfsmittel präsentieren, die man braucht, wenn man in blauen Ozeanen Erfolg haben will.

In Kapitel 2 stellen wir die wichtigsten analytischen Tools und Formate für die Erschließung und Eroberung blauer Ozeane vor. Wir werden sie dann das ganze Buch hindurch benutzen, in den späteren Kapiteln aber noch ergänzende Tools einführen. Wenn Unternehmen diese Tools und Formate, die auf der Problematik der Chancen und Risiken beruhen, bei der Erschließung blauer Ozeane gezielt anwenden, können sie Grundfaktoren der Branche oder des Marktes proaktiv verändern. In den restlichen Kapiteln geht es dann um die Prinzipien für eine erfolgreiche Formulierung und Umsetzung von SEOs und ihre Anwendung – zusammen mit der Analytik – in der Praxis.

Die erfolgreiche Formulierung einer SEO muss auf vier Grundprinzipien beruhen, die in den Kapiteln 3 bis 6 behandelt werden. In Kapitel 3 befassen wir uns mit der systematischen Schaffung neuer Märkte unter Überschreitung von Branchengrenzen, also mit der Verringerung des *Suchrisikos*. Wir zeigen Ihnen, wie Sie der Konkurrenz ausweichen und lohnende blaue Ozeane erschließen können, indem Sie über die sechs traditionellen Wettbewerbsgrenzen hinwegblicken: über alternative Branchen, strategische Gruppen, Käufergruppen, komplementäre Produkt- und Dienstleistungsangebote, die funktionale oder emotionale Orientierung der Branche und über nachhaltige Trends.

In Kapitel 4 erläutern wir, wie Unternehmen den Prozess der strategischen Planung so gestalten können, dass nicht nur inkrementelle Verbesserungen erreicht werden, sondern Nutzeninnovationen. Wir präsentieren eine Alternative zum existierenden Prozess der strategischen Planung, der nicht zu Unrecht als reine Rechnerei kritisiert wird, durch die die Unternehmen auf inkrementelle Verbesserungen beschränkt werden. Dieses Prinzip befasst sich mit dem *Planungsrisiko*. Wir setzen dabei stark auf Visualisierung (sodass Sie sich auf das Gesamtbild konzentrieren können und müssen, statt in Zahlen und Fachsprache unterzugehen) und beschreiben einen aus vier Schritten bestehenden Planungsprozess, durch den Sie eine SEO entwickeln können.

Wie kann man die Größe blauer Ozeane maximieren? Darum geht es in Kapitel 5. Wer einen möglichst großen neuen Markt schaffen will, darf nicht auf eine weitere Segmentierung abzielen, um die Vorlieben der existierenden Kunden zu befriedigen. Das ist zwar das klassische Verfahren, führt aber oft zu einer ständigen Verkleinerung der Zielmärkte. Wir zeigen Ihnen, wie Sie die Nachfrage bündeln können: nicht durch eine Fokussierung auf die Unterschiede zwischen den Kunden, sondern indem Sie die starken Gemeinsamkeiten der Nichtkunden nutzen. So können Sie die Größe Ihres entstehenden blauen Ozeans und der neuen Nachfrage maximieren und damit das *Größenrisiko* minimieren.

In Kapitel 6 erläutern wir, wie eine Strategie aussehen muss, durch die Sie nicht nur der Masse der Käufer einen Nutzengewinn bieten, sondern auch ein Geschäftsmodell entwickeln können, das Ihnen ein profitables Wachstum sichert – Ihr Unternehmen muss von dem blauen Ozean, den es erschließt, ja auch profitieren können. Dieses Kapitel befasst sich also mit dem *Risiko des Geschäftsmodells*. Wenn Sie sicher sein wollen, dass das neue Terrain sowohl Ihrem Unternehmen als auch Ihren Kunden Gewinne bringt, müssen Sie Ihre Strategie in einer bestimmten Abfolge aufbauen: Nutzen, Preis, Kosten und Annahme.

Thema von Kapitel 7 und 8 sind die Prinzipien für die effektive Umsetzung von SEOs. In Kapitel 7 stellen wir die *Tipping-Point-Führung* vor. Durch diese Art der Führung können die Manager die größten Hürden für die Umsetzung einer SEO in der Organisation überwinden und das *betriebliche Risiko* verringern. Wir erläutern, wie die Manager die Hürden beim Bewusstsein, bei den Ressourcen, der Motivation und der Firmenpolitik trotz der Begrenztheit der zur Verfügung stehenden Zeit und Ressourcen nehmen können.

Damit alle in der Organisation dazu motiviert werden, die SEO auf nachhaltige Weise auszuführen, muss die Umsetzung in die Strategieentwicklung integriert werden. In Kapitel 8 besprechen wir den *gerechten Prozess*. SEOs bedeuten ja stets eine Abkehr vom Status quo. Durch einen gerechten Prozess kann man die Leute zu der freiwilligen Mitarbeit motivieren, die für die Umsetzung einer SEO erforderlich ist, und sowohl die Entwicklung der Strategie als auch ihre Umsetzung erleichtern. Mit anderen Worten: Es geht um das mit der Einstellung und dem Verhalten der Leute verbundene *Managementrisiko*, und zwar um interne und externe Stakeholder, also Kräfte, die in einem Unternehmen und für ein Unternehmen arbeiten.

Kapitel 9 ist neu in dieser erweiterten Auflage und behandelt das übergreifende Konzept der Ausrichtung und die wichtige Rolle, die es bei der nachhaltigen Umsetzung einer Strategie spielt. In diesem Kapitel stellen wir ein einfaches, aber umfassendes Format vor, um die drei zentralen strategischen Propositionen eines Unternehmens – Nutzen, Gewinn und Menschen – vollständig zu entwickeln und auszurichten. Thema des Kapitels ist es, wie man mit dem *Risiko mangelnder Nachhaltigkeit umgeht*. Zunächst wird darauf hingewiesen, wie wichtig bei jeder Strategie die Ausrichtung ist, gleichgültig, ob es sich um eine Strategie für einen roten oder einen blauen Ozean handelt. Dies wird durch Darstellung und Vergleich erfolgreicher und nicht erfolgreicher Fälle verdeutlicht.

Kapitel 10 behandelt das Thema der Erneuerung von SEOs und deren dynamische Aspekte sowohl auf der Ebene von Einzelunternehmen als auch auf der Ebene von Unternehmen mit vielen Geschäftsbereichen. In diesem Kapitel erweitern wir unser ursprüngliches Thema, wie man Einzelunternehmen oder ein Konzernportfolio auf lange Zeit managt und überwacht, um eine kontinuierlich gute Leistung zu erzielen. Dabei behandeln wir auch den wichtigen Aspekt, wie man mit dem Erneuerungsrisiko so umgeht, dass eine SEO institutionalisiert wird und nicht immer wieder von Neuem in Angriff genommen werden muss. Das Kapitel behandelt außerdem, wie Strategien für blaue und rote Ozeane beim langfristigen Management eines Konzernportfolios zusammenpassen und einander ergänzen können.

Abbildung 1.4 zeigt, welche Risiken durch die acht Prinzipien für die erfolgreiche Formulierung und Umsetzung von SEOs verringert werden.

Am Schluss der erweiterten Auflage steht ein neues Kapitel, das die zehn häufigsten Red Ocean Traps (Roter-Ozean-Fallen) behandelt, die ein Unternehmen daran hindern, einen roten Ozean zu verlassen und einen blauen zu erobern. Hier gehen wir direkt darauf ein, wie jede dieser Fallen zu vermeiden ist. Wir analysieren und korrigieren die falschen Vorstellungen, die ihnen zugrunde liegen, und sorgen dafür, dass die Tools der SEOs im richtigen Format situationsadäquat eingesetzt werden, um praktische Erfolge zu erzielen.

Prinzipien für die Formulierung	Risikofaktor, der verringert wird
Umgestaltung der Marktgrenzen	↓ Suchrisiko
Fokussierung auf das Gesamtbild, nicht auf Details	↓ Planungsrisiko
Über die vorhandene Nachfrage hinausgreifen	↓ Größenrisiko
Die richtige strategische Abfolge einhalten	↓ Modellrisiko
Prinzipien für die Umsetzung	**Risikofaktor, der verringert wird**
Die entscheidenden Hürden in der Organisation überwinden	↓ Betriebliches Risiko
Die Umsetzung in die Strategie integrieren	↓ Managementrisiko
Nutzen-, Gewinn- und menschliche Proposition ausrichten	↓ Nachhaltigkeitsrisiko
Blaue Ozeane erneuern	↓ Erneuerungsrisiko

Abb. 1.4: Die acht Prinzipien von SEOs

In dem nun folgenden zweiten Kapitel geht es um die wichtigsten analytischen Tools und Formate, die wir im ganzen Buch für die Formulierung und Umsetzung von SEOs benutzen werden.

2 Tools und Formate für die Analyse

Um die Formulierung und Umsetzung von Strategien zur Eroberung blauer Ozeane so systematisch und realisierbar zu machen wie den Wettbewerb in den bekannten Märkten, haben wir im Verlauf von zehn Jahren eine Reihe analytischer Tools und Formate entwickelt. Sie schließen eine zentrale Lücke bei den Strategien, wo zwar eine beeindruckende Palette von Tools und Formaten für den Wettbewerb in den roten Ozeanen bereitgestellt wurde – beispielsweise die fünf Kräfte für die Analyse der bestehenden Branchenbedingungen und die drei generischen Strategien –, aber so gut wie nichts darüber gesagt wurde, durch welche praktischen Tools Unternehmen sich in den blauen Ozeanen hervortun können. Stattdessen wurden die Führungskräfte aufgerufen, mutig zu sein und Unternehmergeist zu zeigen, aus Misserfolgen zu lernen und nach Revolutionären zu suchen. Das alles regt zum Nachdenken an, kann aber analytische Tools für die Navigation in blauen Gewässern nicht ersetzen. Solange solche Tools fehlen, kann man von den Führungskräften jedoch nicht erwarten, dass sie sich tatsächlich aus dem existierenden Wettbewerb lösen. Bei einer effektiven SEO muss es um die Minimierung der Risiken gehen, nicht um das Eingehen von Risiken.

Daher analysierten wir Unternehmen auf der ganzen Welt und entwickelten praktische Methodologien für die Suche nach blauen Ozeanen und ihre Erschließung. Wir erprobten diese in der Praxis, erweiterten und verfeinerten sie, indem wir Unternehmen bei diesem Prozess begleiteten. Die Tools und Formate, die wir hier präsentieren, werden wir immer wieder benutzen, wenn wir die sechs Prinzipien für die Formulierung und Umsetzung von SEOs besprechen. Wir wollen sie nun anhand der US-amerikanischen Weinbranche vorstellen, um zu zeigen, wie man sie bei der Eroberung blauer Ozeane anwenden kann.

Bis zum Jahr 2000 lagen die USA mit einem Umsatz von schätzungsweise 20 Milliarden Dollar beim Gesamtverbrauch von Wein weltweit an dritter Stelle. Trotz ihrer Größe herrschte ein sehr harter Konkurrenzkampf in der Branche. Zwei Drittel des Gesamtumsatzes beim einheimischen Wein entfielen auf die kalifornischen Weine. Sie mussten sich im direkten Wettbewerb gegen Importweine aus Frankreich, Italien und Spanien sowie Ländern der Neuen Welt wie Chile, Australien und Argentinien – die den US-Markt immer stärker ins Visier nahmen – behaupten. Gleichzeitig wurde auch in den Bundesstaaten Oregon, Washington und New York immer mehr Wein angebaut und wuchs das Volumen der kalifornischen Weine durch neue Anbauflächen weiter, sodass die Zahl der Weine förmlich explodierte. Doch die US-amerikanische Verbraucherbasis wurde kaum größer. Beim Pro-Kopf-Konsum von Wein belegten die USA weltweit nur den 31. Platz.

Der scharfe Wettbewerb führte zu einer stetigen Branchenkonsolidierung. Auf die acht Unternehmen an der Spitze entfielen damals über 75 Prozent der US-amerikanischen Weinproduktion, auf die etwa 1600 anderen die restlichen 25 Prozent. Durch ihre marktbeherrschende Stellung konnten die acht Schlüsselunternehmen Druck auf die Großhändler ausüben, um sich möglichst viel Regalfläche zu sichern, und Millionen von Dollars in die Verkaufsförderung durch normale Werbemaßnahmen stecken. Gleichzeitig erfolgte landesweit eine Konsolidierung bei den Einzel- und Großhändlern, sodass deren Verhandlungsstärke gegenüber der Vielzahl der Weinhersteller wuchs. Um den Einzel- und Großhandelsraum wurden gigantische Schlachten ausgefochten. Da konnte es nicht überraschen, dass schwache, schlecht geführte Firmen zunehmend beiseitegefegt wurden und die Weinpreise immer stärker unter Druck gerieten.

Zusammenfassend kann man sagen: Die US-amerikanische Weinbranche war im Jahr 2000 durch scharfen Wettbewerb, steigenden Preisdruck, wachsende Verhandlungsmacht der Einzel- und Großhändler und eine trotz riesiger Auswahl praktisch stagnierende Nachfrage geprägt. Der klassischen strategischen Denkweise zufolge war die Branche also unattraktiv. Die entscheidende Frage für die Strategen lautete: Wie können Unternehmen sich aus diesem roten Ozean des knallharten Wettbewerbs befreien und der Konkurrenz ausweichen? Anders ausgedrückt: Wie kann man einen blauen Ozean, also einen bisher von niemand beanspruchten Markt, erschließen und erobern?

Die Antwort liefert die *strategische Kontur*, ein analytisches Format, das für Nutzeninnovationen und die Eroberung blauer Ozeane von zentraler Bedeutung ist.

Die strategische Kontur

Die strategische Kontur ist ein diagnostisches *und* praktisches Format für die Entwicklung zwingender SEOs. Sie hat zwei Zwecke. Zum einen erfasst sie den gegenwärtigen Stand im bekannten Markt. Dadurch können Sie erkennen, wo die Konkurrenz derzeit investiert, welche Faktoren bei den Produkten, den Dienstleistungen und der Lieferung gegenwärtig die Grundlage

2 Tools und Formate für die Analyse

für den Wettbewerb in Ihrer Branche bilden und was die Kunden durch die vorhandenen Konkurrenzangebote auf dem Markt bekommen. In Abbildung 2.1 werden diese Informationen grafisch dargestellt. Die waagerechte Achse erfasst diejenigen Faktoren, auf denen der Wettbewerb in der Branche zurzeit beruht und in die investiert wird.

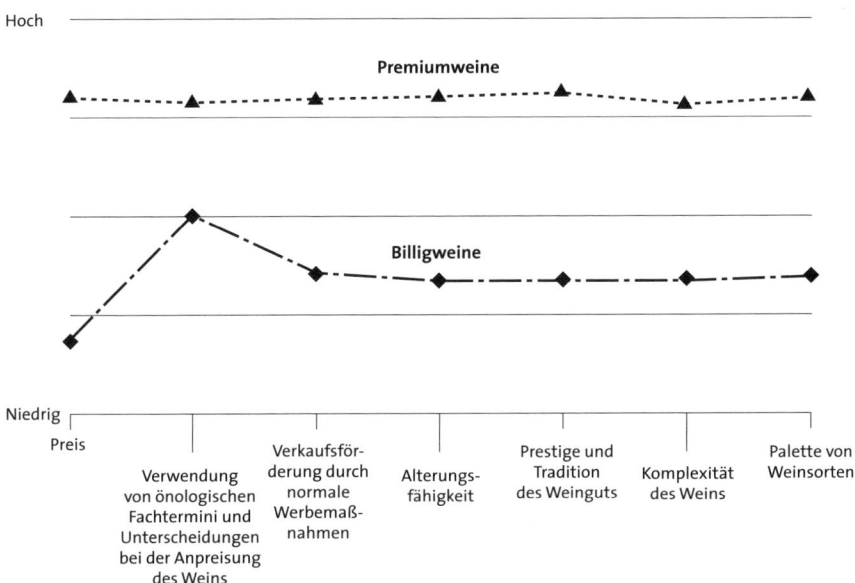

Abb. 2.1: Strategische Kontur der US-amerikanischen Weinbranche Ende der 1990er-Jahre

Bei der US-amerikanischen Weinbranche erstreckte sich der Wettbewerb lange auf sieben Hauptfaktoren:

- Preis pro Flasche;

- eine edle, erlesene Aufmachung – mit Etiketten, auf denen die erhaltenen Prämierungen aufgeführt werden, und unter Verwendung einer nur für Kenner verständlichen Fachsprache, um zu betonen, dass die Weinherstellung Kunst und Wissenschaft zugleich ist;

- Verkaufsförderung durch normale Werbemaßnahmen, um in dem überfüllten Markt das Verbraucherbewusstsein zu heben und dem Groß- und Einzelhandel einen Anreiz zu geben, einen bestimmten Weinhersteller in den Vordergrund zu rücken;

- Alterungsfähigkeit des Weins;

- Prestige und Tradition des Weinguts (daher die Nennung der Lagen und Châteaus und die Hinweise auf deren Geschichte);

- Komplexität und Ausgereiftheit des Geschmacks, unter Einschluss von Faktoren wie Tannine und Eiche;

- eine vielfältige Palette von Weinsorten, die die verschiedensten Trauben und Vorlieben der Verbraucher, vom Chardonnay bis zum Merlot, umfasst.

Diese Faktoren gelten als entscheidend, wenn Wein als einzigartiges Getränk für den Kenner, das besonderer Anlässe würdig ist, angepriesen werden soll.

So sah im Wesentlichen die Grundstruktur der US-amerikanischen Weinbranche aus der Marktperspektive aus. Nun zur senkrechten Achse der strategischen Kontur: Sie zeigt, welche Angebotsebene die Käufer bei diesen Schlüsselfaktoren des Wettbewerbs erhalten. Ein hoher Wert bedeutet, dass das Unternehmen dem Käufer bei dem betreffenden Faktor mehr bietet und somit auch mehr in ihn investiert. Jetzt können wir das aktuelle Angebot der Weinhersteller bei allen Faktoren und damit ihre strategischen Profile oder Nutzenkurven abbilden. Die *Nutzenkurve*, die Hauptkomponente der strategischen Kontur, ist eine grafische Darstellung der relativen Performance eines Unternehmens bei den Wettbewerbsfaktoren seiner Branche.

Abbildung 2.1 zeigt: Obwohl sich in der US-amerikanischen Weinbranche im Jahr 2000 mehr als 1600 Hersteller tummelten, gab es vom Standpunkt des Käufers aus gesehen bei ihren Nutzenkurven eine sehr starke Konvergenz. Trotz der Vielzahl der Konkurrenten sahen wir, dass die Premiumweine aus der Marktperspektive betrachtet im Wesentlichen alle das gleiche strategische Profil aufwiesen: Sie boten einen hohen Preis und bei allen Schlüsselfaktoren des Wettbewerbs eine hohe Angebotsebene. Ihr Profil folgte zwar einer klassischen Differenzierungsstrategie, doch vom Standpunkt des Marktes aus unterschieden sie sich alle auf die gleiche Weise. Auch die Billigweine hatten ein im Wesentlichen identisches strategisches Profil: Ihr Preis und ihr Angebot bei allen Schlüsselfaktoren des Wettbewerbs waren niedrig – es handelte sich um die klassischen preiswerten Anbieter. Außerdem hatten die Nutzenkurven der Premium- und der Billigweine die gleiche Grundform. Die Strategien dieser beiden Gruppen waren auf einer unterschiedlichen Höhe der Angebotsebene angesiedelt, aber parallel.

2 Tools und Formate für die Analyse

Unter solchen Bedingungen sind der Vergleich mit der Konkurrenz und der Versuch, sie auszustechen, indem man ein bisschen mehr für ein bisschen weniger bietet, nicht das geeignete Mittel, um ein Unternehmen auf einen Kurs mit starkem, profitablem Wachstum zu bringen. Dadurch lassen sich die Umsätze vielleicht geringfügig steigern, doch den Unternehmen wird es nicht gelingen, einen neuen Markt zu erschließen. Eine eingehende Kundenforschung ist allerdings auch nicht der Weg zu blauen Ozeanen. Unsere Untersuchungen haben nämlich ergeben, dass die Kunden sich kaum vorstellen können, wie sich ein neuer Markt schaffen lässt. Ihre Vorschläge gehen ebenfalls in Richtung des bekannten »mehr für weniger bieten«. Und das »Mehr«, was die Kunden wollen, bezieht sich typischerweise auf diejenigen Produkt- und Dienstleistungsmerkmale, die die Branche gegenwärtig offeriert.

Um die strategische Kontur ihrer Branche grundlegend verändern zu können, müssen die Unternehmen zunächst den Fokus ihrer Strategie verlagern – von der *Konkurrenz zu den Alternativen* und von den *Kunden* der Branche zu den *Nichtkunden*.[1] Auf Nutzen und Kosten können sie nur aus sein, wenn sie sich von der alten Denkweise – Benchmarking der Konkurrenten im existierenden Feld und Entscheidung zwischen Differenzierung und Führung bei den Kosten – lösen. Durch die Verschiebung ihres strategischen Fokus vom gegenwärtigen Wettbewerb auf die Alternativen und Nichtkunden können sie wichtige Erkenntnisse gewinnen: wie sie das Problem, auf das die Branche sich konzentriert, neu definieren und dadurch Elemente des Nutzens für die Käufer, die die Branchengrenzen übergreifen, umgestalten können. Die traditionelle strategische Logik dagegen bringt die Unternehmen dazu, für existierende, durch ihre Branche definierte Probleme bessere Lösungen anzubieten als die Konkurrenz.

Im Fall der US-amerikanischen Weinbranche führte die traditionelle Denkweise dazu, dass die Hersteller sich darauf konzentrierten, beim Prestige und bei der Qualität des Weins am gegebenen Preispunkt zu viel zu liefern: Der Wein wurde aufgrund von Geschmacksprofilen, die alle Hersteller für wichtig hielten und die durch das Prämierungssystem verstärkt wurden, komplexer gemacht. Die Weinproduzenten, die Juroren bei der Prämierung und die Kenner unter den Weintrinkern waren sich darin einig, dass die Qualität eines Weins durch seine Komplexität – eine vielschichtige Persönlichkeit und Charakteristika, die die Einzigartigkeit des Bodens, die Jahreszeit und das Können des Herstellers im Hinblick auf Tannine, Eiche und Alterungsprozesse widerspiegeln – bestimmt wird.

Eines Tages aber wurde die Branche auf den Kopf gestellt. Die australische Kellerei Casella Wines betrachtete die Alternativen und definierte das Problem neu: Wie konnte man einen nicht traditionellen Wein produzieren, der für jeden leicht zu trinken war und Spaß machte? Bei der Untersuchung der Nachfrageseite der Alternativen Bier, Spirituosen und Fertigcocktails, auf die in den USA damals dreimal so viele Konsumentenkäufe entfielen wie auf Wein, hatte man nämlich herausgefunden, dass die meisten erwachsenen Amerikaner sich von Wein nicht angesprochen fühlten. In ihren Augen war er einschüchternd und dünkelhaft; die Komplexität des Weingeschmacks überforderte den Durchschnittsverbraucher einfach – obwohl doch gerade das die Grundlage war, auf der die Branche sich auszuzeichnen versuchte. Aufgrund dieser Erkenntnis erforschte Casella, wie man das strategische Profil der US-amerikanischen Weinbranche neu zeichnen und einen blauen Ozean erobern konnte. Dabei stützte man sich auf das zweite analytische Grundformat für blaue Ozeane: das Diagramm mit den vier Aktionen zur Erzeugung einer neuen Nutzenkurve.

Das Vier-Aktionen-Format

Zur Erzeugung einer neuen Nutzenkurve müssen die Elemente, die den Nutzen für die Käufer bestimmen, rekonstruiert, also umgestaltet werden. Wir haben ein Format entwickelt, durch das man die vier entscheidenden Aktionen untersuchen und beurteilen kann. Wie Abbildung 2.2 zeigt, gibt es vier Schlüsselfragen, um die strategische Logik und das Geschäftsmodell einer Branche auf den Prüfstand zu stellen; dadurch können Unternehmen bei niedrigen Kosten eine Differenzierung erreichen und eine neue Nutzenkurve erzeugen.

- Welche der Faktoren, die die Branche als selbstverständlich betrachtet, müssen *eliminiert* werden?
- Welche Faktoren müssen *bis weit unter* den Standard der Branche *reduziert* werden?
- Welche Faktoren müssen *bis weit über* den Standard der Branche *gesteigert* werden?
- Welche Faktoren, die bisher noch nie von der Branche geboten wurden, müssen *kreiert* werden?

2 Tools und Formate für die Analyse

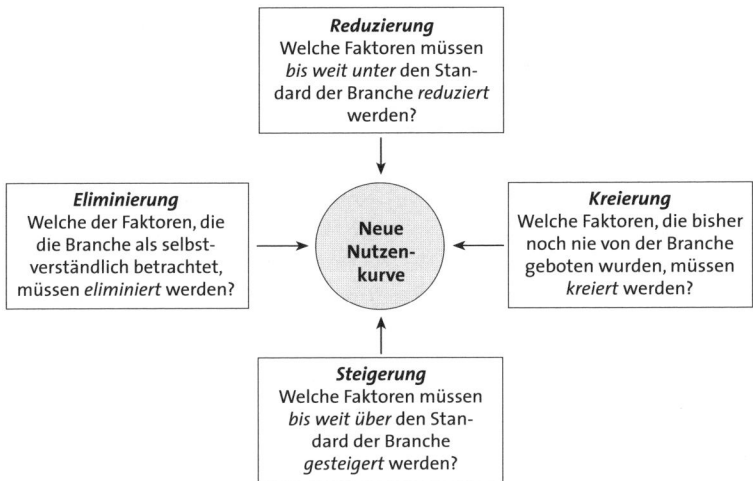

Abb. 2.2: Das Vier-Aktionen-Format

Die erste Frage zwingt Sie, über die Eliminierung von Faktoren, auf denen der Wettbewerb in Ihrer Branche seit Langem beruht, nachzudenken. Diese Faktoren werden oft auch dann noch als selbstverständlich betrachtet, wenn sie keinen Nutzen mehr haben oder den Nutzen sogar verringern. Was den Käufern etwas wert ist, ändert sich manchmal grundlegend, ohne dass die Unternehmen, die sich auf das gegenseitige Benchmarking konzentrieren, das merken oder gar entsprechend handeln.

Durch die zweite Frage müssen Sie untersuchen, ob bei dem Rennen zwischen den Konkurrenten Produkte oder Dienstleistungen zu stark verfeinert wurden. Dann bieten die Unternehmen den Kunden zu viel und erhöhen dadurch ihre Kostenstruktur, ohne dass sich das auszahlt.

Die dritte Frage bringt Sie dazu, herauszufinden, welche Kompromisse Ihre Branche den Kunden aufzwingt, und sie zu beseitigen. Die vierte Frage schließlich hilft Ihnen, völlig neue Quellen von Nutzen für die Käufer zu entdecken, neue Nachfrage zu erzeugen und die strategische Preisgestaltung Ihrer Branche zu verändern.

Durch die Beschäftigung mit den ersten beiden Fragen (zur Eliminierung und Reduzierung) erkennen Sie, wie Sie Ihre Kostenstruktur gegenüber der Konkurrenz drücken können. Bei unseren Forschungen haben wir festgestellt, dass die Manager sich kaum systematisch mit diesem Punkt befassen; nur die wenigsten bemühen sich ernsthaft, ihre Investitionen in jene Faktoren, auf denen der Wettbewerb in ihrer Branche basiert, zu eliminieren und zu reduzieren. Das führt aber zu steigenden Kostenstrukturen und komplexen Geschäftsmodellen. Die letzten beiden Fragen (zur Steigerung und Kreierung) hingegen liefern Ihnen Erkenntnisse darüber, wie Sie den Nutzen für die Käufer erhöhen und neue Nachfrage erzeugen können.

Auf Grundlage aller vier Fragen können Sie systematisch untersuchen, wie Sie Elemente des Nutzens für die Käufer über alternative Branchen hinweg so umgestalten können, dass den Kunden eine völlig neue Erfahrung geboten wird, und gleichzeitig Ihre Kostenstruktur niedrig halten können. Besonders wichtig sind die Eliminierung und die Kreierung. Sie treiben die Unternehmen nämlich dazu, sich nicht auf Übungen zur Nutzenmaximierung mit den existierenden Wettbewerbsfaktoren zu beschränken, sondern die Faktoren selbst zu ändern und dadurch die bestehenden Wettbewerbsregeln irrelevant zu machen.

Wenn man das Vier-Aktionen-Format auf die strategische Kontur seiner Branche anwendet, sehen alte »Wahrheiten« plötzlich ganz anders aus. So kreierte Casella – das die bisherige Branchenlogik aufgab, über die mit den vier Aktionen verbundenen Fragen nachdachte und die Alternativen und Nichtkunden betrachtete – einen Wein, dessen strategisches Profil sich aus dem Wettbewerb löste und einen blauen Ozean erschloss: [yellow tail]. Er wurde nicht als Wein angeboten, sondern als Getränk für gesellige Anlässe, das alle ansprach: Biertrinker, Cocktailliebhaber und die Konsumenten anderer alkoholischer Getränke. Innerhalb von nur zwei Jahren wurde [yellow tail] – das Getränk, das Spaß macht und zur Geselligkeit einlädt – die am schnellsten wachsende Marke in der Geschichte der australischen wie der US-amerikanischen Weinbranche und vor den französischen und italienischen Weinen der Importwein Nummer eins in den USA. Im August 2003 war er bei den in 0,75-Liter-Flaschen abgefüllten Rotweinen der meistverkaufte in den USA, übertraf also die kalifornischen Weine. Mitte 2003 belief sich der (ständig weiter steigende) durchschnittliche Jahresabsatz von [yellow tail] auf 4,5 Millionen Kartons. Obwohl der Weinmarkt weltweit übersättigt war, konnte Casella die Nachfrage nach [yellow tail] kaum befriedigen. Heute, zehn Jahres später, ist [yellow tail] in mehr als 50 Ländern erhältlich, und rund um den Erdball werden täglich mehr als 2,5 Millionen Gläser [yellow tail] getrunken. Binnen eines Jahrzehnts entwickelte sich [yellow tail] zu einer der fünf stärksten Weinmarken der Welt.[2]

Die großen Unternehmen in der Branche hatten ihre starken Marken durch jahrzehntelanges teures Marketing entwickelt; Casella gelang es in den Anfangsjahren mit [yellow tail], diesen Konkurrenten ohne Promotion-Kampagne, Werbung in den Massenmedien und Verbraucherwerbung davonzuziehen. Man jagte aber nicht nur den Konkurrenten Marktanteile ab, sondern vergrößerte den Markt. [yellow tail] holte Leute, die bisher keinen Wein getrunken hatten – die Konsumenten von Bier und Fertigcocktails – in den Weinmarkt. Außerdem begannen neue Trinker von Tafelwein, häufiger Wein zu trinken, die Trinker von Billigweinen stiegen um, und auch die Konsumenten teurerer Weine wechselten zu [yellow tail].

Abbildung 2.3 zeigt, wie stark Casella sich durch diese vier Aktionen mit [yellow tail] von der Konkurrenz in der US-amerikanischen Weinbranche absetzen konnte. Hier können wir die SEO von Casella grafisch mit der Strategie der über 1600 konkurrierenden Weinhersteller in den USA vergleichen. Die Nutzenkurve von [yellow tail] hebt sich deutlich von den anderen ab. Casella führte alle vier Aktionen – Eliminierung, Reduzierung, Steigerung und Kreierung – für die Erschließung eines bisher von niemand beanspruchten Marktes aus und gab der US-amerikanischen Weinbranche innerhalb von nur zwei Jahren ein völlig neues Gesicht.

Durch die Betrachtung der Alternativen Bier und Fertigcocktails und die Berücksichtigung der Wünsche der Nichtkunden kreierte Casella in der US-amerikanischen Weinbranche drei neue Faktoren: leichte Trinkbarkeit, ein-

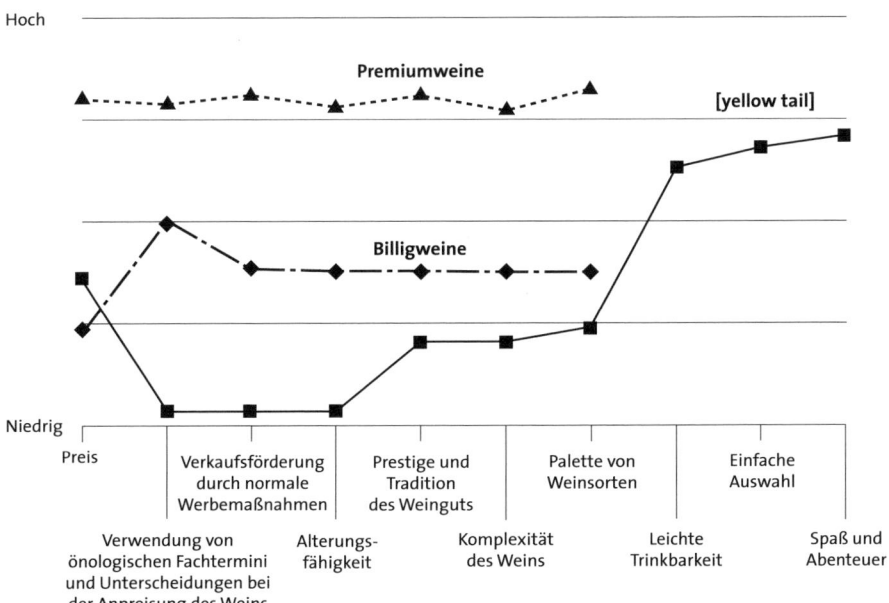

Abb. 2.3: Strategische Kontur von [yellow tail]

fache Auswahl sowie Spaß und Abenteuer. Alles andere wurde eliminiert oder reduziert. Man hatte festgestellt, dass die Masse der Amerikaner Wein ablehnte, weil es schwierig war, seinen komplizierten Geschmack zu würdigen. Bier und Fertigcocktails zum Beispiel waren viel süßer und leichter zu trinken. Daher war [yellow tail] eine völlig neue Kombination von Weinmerkmalen, sodass eine unkomplizierte Weinstruktur entstand, die die Masse der Alkoholtrinker sofort ansprach. Der Wein hatte einen weichen Geschmack und wies unverdeckte, primäre Aromen sowie deutliche Fruchtaromen auf. Seine fruchtige Süße weckte außerdem Appetit auf mehr, sodass die Leute sich ein weiteres Glas gönnten, ohne darüber nachzudenken. Das Ergebnis war ein leicht zu trinkender Wein, den man nicht erst nach jahrelanger Gewöhnung schätzen konnte.

Im Einklang mit dieser schlichten fruchtigen Süße nahm Casella bei [yellow tail] eine Eliminierung oder sehr starke Reduzierung all jener Faktoren vor, auf denen der Wettbewerb zur Erzeugung edler Weine bis dahin sowohl beim Premium- als auch beim Billigsegment beruht hatte: Tannine, Eiche, Komplexität und Alterung. Da man die Notwendigkeit der Alterung eliminiert hatte, sank das für diesen Prozess benötigte Betriebskapital, sodass der produzierte Wein schneller Geld brachte. Die Branche bemängelte die fruchtige Süße von [yellow tail] – sie mindere die Weinqualität erheblich und verhindere eine angemessene Würdigung edler Trauben und der historischen Winzerkunst. Das mag gestimmt haben, doch die Kunden liebten diesen Wein.

Die Weinhandlungen in den USA boten den Käufern die verschiedensten Weine, doch diese Riesenauswahl machte dem Normalverbraucher die Entscheidung schwer und schüchterte ihn ein. Die Flaschen sahen alle gleich aus, und auf den Etiketten wimmelte es von Fachbegriffen, die nur der Weinkenner oder -liebhaber verstehen konnte. Selbst die Verkäufer hatten Mühe, alles zu begreifen – ganz zu schweigen davon, verwirrten Kaufinteressenten einen Wein zu empfehlen. Einen Wein auszuwählen war für die normalen Kunden anstrengend und demotivierend, ein schwieriger Prozess, der sie verunsicherte.

[yellow tail] aber machte die Auswahl leicht. Die Palette der angebotenen Weine wurde anfangs drastisch reduziert, nämlich auf zwei: Chardonnay, den in den USA beliebtesten Weißwein, und Shiraz, einen Rotwein. Die Etiketten waren völlig frei von der önologischen Fachsprache – sie waren auffällig, einfach und unkonventionell und zeigten ein Känguru in leuchtenden Orange- und Gelbtönen vor einem schwarzen Hintergrund. Die Kartons waren in den gleichen Farben gehalten, und auf den Seiten prangte der

Name [yellow tail]; so fungierten sie nicht nur als Transportbehälter, sondern auch als ins Auge springende, freundliche Präsentation des Weins.

Bei seinen Bemühungen, die Auswahl zu erleichtern, gelang Casella ein Volltreffer: Man machte die Verkäufer in den Weinhandlungen zu Botschaftern für [yellow tail], indem man ihnen für ihre Arbeit die typische Kleidung des australischen Outbacks zur Verfügung stellte, einschließlich der Hüte und Öljacken. Die Verkäufer waren von dieser ungewöhnlichen Kleidung (und von der Tatsache, dass es jetzt einen Wein gab, von dem sie sich nicht eingeschüchtert fühlten) begeistert. Daher empfahlen sie ihren Kunden [yellow tail] wärmstens – einfach, weil es ihnen Spaß machte.

Da anfangs nur zwei Weine – ein roter und ein weißer – angeboten wurden, war das Geschäftsmodell von Casella sehr rationell. Die Minimierung der Artikelpositionen führte zu einer Maximierung des Lagerumschlags und geringen Lagerkosten. Bei der Reduzierung der Vielfalt machte man nicht einmal vor den Flaschen Halt. [yellow tail] verstieß auch hier gegen die Tradition der Branche: Casella war das erste Unternehmen, das Rot- und Weißwein in Flaschen der gleichen Form abfüllte. So erreichte man eine noch stärkere Vereinfachung bei der Herstellung und beim Einkauf – und eine Präsentation von beeindruckender Schlichtheit.

Die Weinbranche auf der ganzen Welt war stolz darauf, Wein als erlesenes Getränk mit einer langen Geschichte und Tradition anbieten zu können. Das zeigt sich auch an ihrem Zielmarkt in den USA: gebildete Berufstätige aus den oberen Einkommensschichten. Dadurch erklärt sich die ständige Fokussierung auf die Qualität der Lage, die Geschichte des Châteaus oder Weinguts und die errungenen Prämierungen. Die großen Unternehmen in der US-amerikanischen Weinbranche zielten mit ihren Wachstumsstrategien auf das Premium-Ende des Marktes ab und gaben viele Millionen Dollars für Markenwerbung aus, um dieses Image zu stärken. Casella aber erkannte durch die Beschäftigung mit den Konsumenten von Bier und Fertigcocktails, dass dieses elitäre Image bei der breiten Öffentlichkeit keinen Widerhall fand, sondern als einschüchternd erlebt wurde. Daher brach man mit der Tradition und kreierte für [yellow tail] eine Persönlichkeit, die die Kennzeichen der australischen Kultur verkörperte: Verwegenheit, Lockerheit, Spaß und Abenteuer. Leichte Zugänglichkeit war die Zauberformel: »Der Charakter eines großen Landes ... Australien«. Es gab kein traditionelles Kellerei-Image. Die Kleinschreibung des Namens, die Kombination mit den leuchtenden Farben und dem Känguru-Motiv, das alles fing Australien ein – und brachte Menschen zum Lächeln. Und auf der Flasche fand sich kein Hinweis auf das Weingut – der Wein sollte wie ein Känguru aus dem Glas hüpfen.

So erreichte Casella, dass [yellow tail] einen breiten Querschnitt der Konsumenten alkoholischer Getränke ansprach. Aufgrund dieses Nutzengewinns konnte das Unternehmen den Preis seiner Weine über den Billigmarkt heben; er wurde bei 6,99 US-Dollar pro Flasche und damit doppelt so hoch angesetzt. Von dem Augenblick an, als [yellow tail] in die Regale des Einzelhandels kam (im Juli 2001), stieg der Umsatz unaufhörlich. Heute, mehr als ein Jahrzehnt später, kostet eine Flasche in den Vereinigten Staaten 7,49 Dollar.

Das ERSK-Quadrat

Ein weiteres wichtiges Tool für die Erschließung blauer Ozeane ist eine analytische Ergänzung zum Vier-Aktionen-Format: das *Quadrat für die Eliminierung, Reduzierung, Steigerung und Kreierung* (ERSK-Quadrat, siehe Abbildung 2.4). Es zwingt die Unternehmen dazu, sich nicht nur mit den vier Fragen zu den Schlüsselaktionen zu befassen, sondern auch bei allen vier zu *handeln*, um eine neue Nutzenkurve zu erzeugen. Das ERSK-Quadrat bringt den Unternehmen vier unmittelbare Vorteile:

- Sie werden dazu getrieben, gleichzeitig eine Differenzierung und niedrige Kosten anzustreben und so den direkten Zusammenhang zwischen Nutzen und Kosten auszuhebeln.

- Sie sehen gegebenenfalls sofort, dass sie sich nur auf die Schritte Steigerung und Kreierung konzentrieren, also ihre Kostenstruktur nach oben drücken und bei ihren Produkten und Dienstleistungen zu viel bieten (was leider oft zutrifft).

- Das Quadrat ist von Managern aller Ebenen leicht zu verstehen und erzeugt daher sehr viel Engagement, wenn es angewendet wird.

- Die Unternehmen werden dazu gebracht, alle Faktoren, auf denen der Wettbewerb in ihrer Branche beruht, genau zu untersuchen; so entdecken sie, von welchen impliziten Annahmen im Hinblick auf den Wettbewerb sie unbewusst ausgehen.

Eliminierung Önologische Fachtermini und Unterscheidungen Alterungsfähigkeit Verkaufsförderung durch normale Werbemaßnahmen	**Steigerung** Preisliche Orientierung an den Billigweinen
Reduzierung Komplexität des Weins Palette von Weinsorten Prestige des Weinguts	**Kreierung** Leichte Trinkbarkeit Einfache Auswahl und Unterstützung durch das Verkaufspersonal Spaß und Abenteuer

Abb. 2.4: ERSK-Quadrat für [yellow tail]

Auch das in Abbildung 2.5 dargestellte ERSK-Quadrat für Cirque du Soleil zeigt, wie man dieses Tool anwenden und welche Erkenntnisse man dadurch gewinnen kann. Man sieht, dass die Unternehmen viele der Faktoren, auf denen der Wettbewerb in ihrer Branche seit Langem beruht, eliminieren und reduzieren können. Cirque du Soleil eliminierte mehrere Faktoren der traditionellen Zirkusse, zum Beispiel die Tiernummern, die Stars und die Manegen mit drei Ringen. Diese Faktoren waren in der traditionellen Zirkusbranche lange als selbstverständlich betrachtet worden; niemand hatte angezweifelt, dass sie auch weiterhin wichtig sein würden. Doch die Tiernummern wurden von der Öffentlichkeit zunehmend abgelehnt. Außerdem gehören sie zu den teuersten Elementen, denn die Tiere müssen ja nicht nur gefüttert, sondern auch ausgebildet, medizinisch versorgt, untergebracht, versichert und transportiert werden. Bei den Artisten und Clowns sah es ganz ähnlich aus. In den Augen der potenziellen Besucher verblassten die sogenannten Zirkusstars völlig neben den Filmstars oder berühmten Sängern. Auch diese mit hohen Kosten verbundene Komponente fand bei den Zuschauern also nur wenig Anklang. Die aus drei Ringen bestehenden Manegen sind inzwischen ebenfalls verschwunden. Ganz abgesehen davon, dass die Zuschauer Angst bekamen, wenn sie ständig von einem Ring zum anderen blickten, wurden für diese Manegen natürlich auch mehr Darsteller benötigt, sodass die Kosten stiegen.

Eliminierung Stars Tiernummern Verkauf von Getränken, Knabbereien und »Fanartikeln« Manegen mit mehreren Ringen	**Steigerung** Einzigartiger Veranstaltungsort Preis
Reduzierung Spaß und Humor Sensationen und Gefahr	**Kreierung** Thema Kultiviertere Umgebung Mehrfachproduktionen Künstlerische Musik und Tanz

Abb. 2.5: ERSK-Quadrat für Cirque du Soleil

Die drei Kennzeichen guter Strategien

Wie Cirque du Soleil erzeugte auch Casella mit [yellow tail] eine einzigartige, außergewöhnliche Nutzenkurve, um einen blauen Ozean zu erschließen. Die strategische Kontur zeigt, dass die Nutzenkurve von [yellow tail] *fokussiert* ist; Casella verteilte seine Bemühungen nicht gleichmäßig auf alle Schlüsselfaktoren des Wettbewerbs. Die Form der Nutzenkurve *divergiert* von denen der Konkurrenten, da Casella sich nicht die Konkurrenz zum Maßstab nahm, sondern die Alternativen untersuchte. Der *Slogan* des strategischen Profils von [yellow tail] ist klar: ein einfacher Wein, der Spaß macht und den man sich jeden Tag gönnen sollte.

Effektive SEOs – wie die von Casella bei [yellow tail] – haben somit, wenn sie durch Nutzenkurven ausgedrückt werden, drei sich ergänzende Kennzeichen: Fokus, Divergenz und einen überzeugenden Slogan. Strategien ohne diese Kennzeichen werden fast immer unklar, undifferenziert, schwer zu kommunizieren und mit einer hohen Kostenstruktur verbunden sein. Die vier Aktionen zur Erzeugung einer neuen Nutzenkurve müssen also gut darauf ausgerichtet sein, dass ein strategisches Profil mit diesen Kennzeichen entsteht – sie sind nämlich der erste Prüfstein für die Tragfähigkeit von Ideen zur Erschließung blauer Ozeane.

Das strategische Profil von Southwest Airlines (Abbildung 2.6) zeigt, dass auch die erfolgreiche Strategie dieser Fluggesellschaft, bei der die Kurz-

2 Tools und Formate für die Analyse

streckenflüge durch eine Nutzeninnovation neu erfunden wurden, die drei Kennzeichen aufweist: Southwest Airlines erschloss einen blauen Ozean, indem man es den Kunden ersparte, sich zwischen der Schnelligkeit des Flugzeugs und der Ökonomie und Flexibilität des Autos zu entscheiden. Man bot nämlich einen sehr schnellen Transport mit häufigen und flexiblen Abflügen zu Preisen, die für die Masse der Käufer attraktiv waren. Man eliminierte und reduzierte bestimmte Wettbewerbsfaktoren der traditionellen Flugbranche, steigerte andere und kreierte außerdem neue Faktoren, die man aus der alternativen »Branche« des Reisens im Auto übernahm. So konnte Southwest Airlines den Flugreisenden einen ganz neuen Nutzen bieten und durch ein Geschäftsmodell mit niedrigen Kosten auch selbst einen Nutzengewinn erreichen.

Die Nutzenkurve von Southwest Airlines unterscheidet sich in der strategischen Kontur auf charakteristische Weise von denen der Konkurrenten. Das Profil der Fluggesellschaft ist ein typisches Beispiel für eine zwingende SEO.

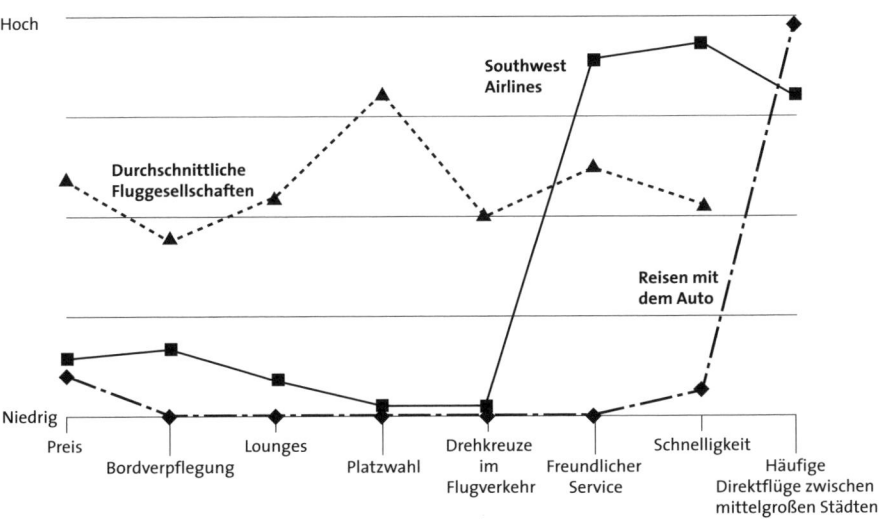

Abb. 2.6: Strategische Kontur von Southwest Airlines

Fokus

Alle großen Strategien sind fokussiert; das strategische Profil des betreffenden Unternehmens, seine Nutzenkurve, sollte das deutlich zeigen. Wenn wir uns das Profil von Southwest ansehen, erkennen wir sofort, dass man dort nur drei Faktoren betont: freundlichen Service, Schnelligkeit und häufige Flüge von Punkt zu Punkt. Dank dieser Fokussierung konnte Southwest sich bei der Preisgestaltung das Auto zum Maßstab nehmen; für Bordverpflegung, Lounges und die Platzwahl wird kein zusätzliches Geld ausgegeben. Die traditionellen Konkurrenten dagegen investieren in alle Wettbewerbsfaktoren der Branche und können daher bei den Preisen kaum mit Southwest mithalten. Durch ihre pauschalen Investitionen in die ganze Palette der Wettbewerbsfaktoren lassen diese Unternehmen zu, dass ihre Agenden von den Bewegungen der Konkurrenz bestimmt werden – und das führt zu teuren Geschäftsmodellen.

Divergenz

Wird die Strategie eines Unternehmens reaktiv entwickelt, aus dem Bemühen heraus, mit der Konkurrenz mitzuhalten, verliert sie ihre Einzigartigkeit. Denken Sie nur daran, wie sehr sich die Bordverpflegung und die Lounges für die Businessclass bei den meisten Fluggesellschaften ähneln. Daher gleichen sich die Profile solcher Unternehmen in der strategischen Kontur sehr. Im Fall von Southwest sind die Nutzenkurven der Konkurrenten sogar praktisch identisch und können daher zu einer einzigen Kurve zusammengefasst werden.

Die Nutzenkurven von Unternehmen, die eine SEO verfolgen, heben sich dagegen immer ab. Durch die vier Aktionen Eliminierung, Reduzierung, Steigerung und Kreierung sorgen diese Unternehmen dafür, dass ihre eigenen Profile sich vom Durchschnittsprofil der Branche unterscheiden. So war Southwest ein Pionier bei den Direktflügen zwischen mittelgroßen Städten – bis dahin hatte die Branche mit Drehkreuzen operiert.

Überzeugender Slogan

Zu einer guten Strategie gehört ein einprägsamer, überzeugender Slogan. »Die Schnelligkeit des Flugzeugs zum Preis des Autos – immer, wenn Sie das brauchen.« Das ist der Slogan von Southwest Airlines – zumindest könnte er so lauten. Was könnten die Konkurrenten sagen? Selbst die kreativste Werbe-

2 Tools und Formate für die Analyse

agentur hätte Schwierigkeiten, aus dem konventionellen Angebot von Mahlzeiten, Platzwahl, Lounges und Flügen von den Zentren aus, mit Standardservice, geringerer Schnelligkeit und höheren Preisen, einen einprägsamen Slogan herauszufiltern. Gute Slogans müssen nicht nur eine klare Botschaft übermitteln, sondern das Angebot auch wahrheitsgemäß wiedergeben; sonst werden die Kunden nämlich das Vertrauen und das Interesse verlieren. Es ist ein guter Prüfstein für die Effektivität und Stärke einer Strategie, sich anzusehen, ob sie einen überzeugenden, authentischen Slogan beinhaltet.

Wie Abbildung 2.7 zeigt, erfüllt auch das strategische Profil von Cirque du Soleil die drei entscheidenden Kriterien für SEOs: Fokus, Divergenz und überzeugender Slogan. Über die strategische Kontur von Cirque du Soleil können wir dessen Profil mit denen der Hauptkonkurrenten vergleichen. So wird deutlich, wie weit Cirque du Soleil sich von der traditionellen Logik der Zirkusbranche entfernt hat. Man sieht auch, dass die Nutzenkurve von Ringling Bros. and Barnum & Bailey die gleiche Grundform wie die der kleineren regionalen Zirkusse hat. Der Hauptunterschied ist, dass die regionalen Zirkusse aufgrund ihrer begrenzten Ressourcen bei den Wettbewerbsfaktoren jeweils weniger bieten.

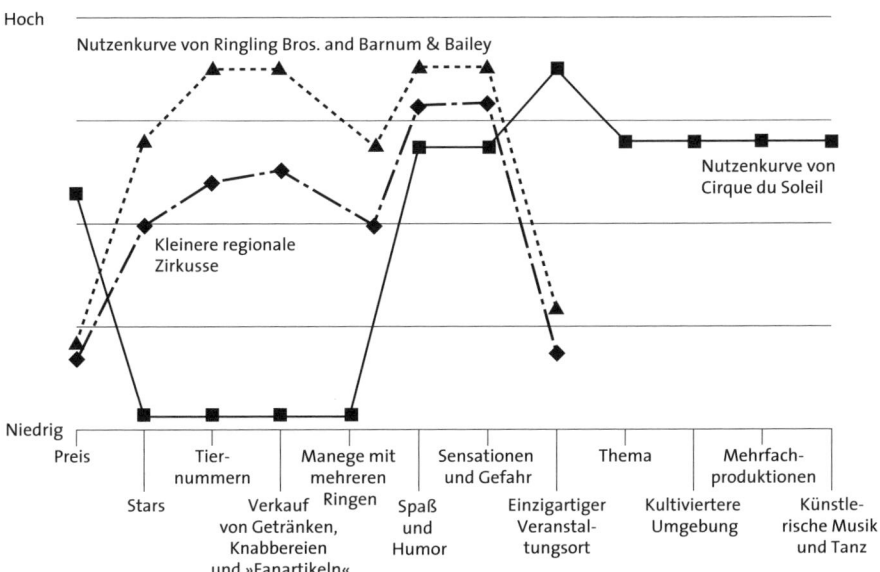

Abb. 2.7: Strategische Kontur von Cirque du Soleil

Die Nutzenkurve von Cirque du Soleil dagegen hebt sich deutlich ab. Sie enthält dem Zirkus bis dahin fremde Faktoren wie ein Thema, Mehrfachproduktionen, eine kultiviertere Umgebung für die Zuschauer und künstlerische Musik und Tanz. Diese in der Zirkusbranche ganz neuen Faktoren guckte man sich beim Theater ab, einer alternativen Branche, die ebenfalls Liveunterhaltung bietet. Die strategischen Konturen zeigen also sowohl die traditionellen Faktoren, die sich auf den Wettbewerb innerhalb der Branche auswirken, als auch die neuen Faktoren, die zur Erschließung eines neuen Marktes führen und die strategische Kontur der Branche verändern.

Casella, Cirque du Soleil und Southwest Airlines erschlossen in ganz unterschiedlichen Situationen und Branchenkontexten blaue Ozeane. Doch ihre strategischen Profile weisen drei gemeinsame Charakteristika auf: Fokus, Divergenz und einen überzeugenden Slogan. Nur wenn die Unternehmen sich beim Umgestaltungsprozess von diesen drei Kriterien leiten lassen, können sie einen Durchbruch beim Nutzen – sowohl für die Käufer als auch für sie selbst – erreichen.

Interpretation der Nutzenkurven

Die strategische Kontur ermöglicht es den Unternehmen, in der Gegenwart die Zukunft zu sehen. Voraussetzung ist natürlich, dass sie die Nutzenkurven richtig interpretieren können. In den Nutzenkurven einer Branche steckt ungeheuer viel strategisches Wissen über den gegenwärtigen Zustand und die Zukunft.

Strategien zur Eroberung blauer Ozeane

Die erste Frage, die Nutzenkurven beantworten, lautet: Hat das Unternehmen es verdient, ein Gewinner zu werden? Wenn die Nutzenkurve die drei Kriterien erfüllt, die eine gute SEO definieren – Fokus, Divergenz und ein überzeugender Slogan, der den Markt anspricht –, ist man auf dem richtigen Kurs. Diese drei Kriterien sind ein erster Prüfstein für die Tragfähigkeit von Ideen zur Eroberung blauer Ozeane.

Weist die Nutzenkurve jedoch keine Fokussierung auf, dürfte die Kostenstruktur hoch und das Geschäftsmodell schwierig anzuwenden und umzusetzen sein. Mangelt es der Nutzenkurve an Divergenz, ist die Strategie des Unternehmens eine Nachahmung, die nicht im Markt hervorsticht. Fehlt schließlich ein überzeugender Slogan, der die Käufer anspricht, dürfte die

Strategie auf operativen Überlegungen beruhen oder ein klassisches Beispiel für Innovation um der Innovation willen sein – ohne großes wirtschaftliches Potenzial und natürliche Lebensfähigkeit.

Unternehmen, die im roten Ozean feststecken

Konvergiert die Nutzenkurve mit denen der Konkurrenten, dürfte das Unternehmen im roten Ozean des knallharten Wettbewerbs feststecken. Seine explizite oder implizite Strategie besteht dann wahrscheinlich darin, die Konkurrenz auf Grundlage der Kosten oder der Qualität auszustechen. Das signalisiert ein langsames Wachstum – es sei denn, das Unternehmen hat das Glück, dass seine Branche von sich aus wächst. Dann verdankt es sein Wachstum aber nicht seiner Strategie.

Ein Überangebot, das sich nicht auszahlt

Wenn die Nutzenkurve eines Unternehmens zeigt, dass bei allen Faktoren ein hohes Niveau geliefert wird, stellt sich die Frage, ob diese Ausgaben sich bei seinem Marktanteil und seiner Profitabilität niederschlagen. Andernfalls bietet das Unternehmen seinen Kunden zu viel von jenen Elementen, die den Käufern nur inkrementelle Nutzensteigerungen bringen. Um eine Nutzeninnovation erreichen zu können, muss man dann entscheiden, welche Faktoren zu eliminieren und zu reduzieren sind – nicht nur, welche gesteigert und kreiert werden müssen –, damit eine divergierende Nutzenkurve entsteht.

Strategische Widersprüche

Gibt es strategische Widersprüche – Bereiche, in denen das Unternehmen bei einem der Wettbewerbsfaktoren eine hohe Ebene bietet, andere Faktoren, die ihn flankieren, aber ignoriert? Ein Beispiel sind hohe Ausgaben, um seine Website benutzerfreundlich zu machen, ohne etwas gegen ihr Schneckentempo zu tun. Auch auf der Ebene des Angebots und des Preises kann es strategische Ungereimtheiten geben. So bot eine Tankstellenkette »weniger für mehr«: weniger Service als der beste Konkurrent, und das zu einem höheren Preis. Kein Wunder, dass diese Kette schnell an Marktanteil verlor!

Eine Perspektive von innen nach außen

Wie bezeichnet ein Unternehmen die Wettbewerbsfaktoren der Branche in seiner strategischen Kontur? Spricht man von *Megahertz* statt von *Geschwindigkeit*, von der *thermischen Wassertemperatur* statt von *Heißwasser*? Werden die Wettbewerbsfaktoren so angegeben, dass die Käufer sie verstehen und bewerten können, oder in technischem Jargon? Aus der bei der strategischen Kontur benutzten Sprache lässt sich ersehen, ob die strategische Vision des Unternehmens auf einer Perspektive »von außen nach innen« aufgebaut ist, also von der Nachfrageseite ausgeht, oder auf einer Perspektive »von innen nach außen«, die auf operativen Überlegungen beruht. Durch die Analyse der bei ihrer strategischen Kontur verwendeten Sprache können die Unternehmen erkennen, wie weit sie davon entfernt sind, Branchennachfrage zu erzeugen.

Die hier besprochenen Tools und Formate sind wichtige analytische Hilfsmittel, die wir das ganze Buch hindurch benutzen und an gegebener Stelle noch ergänzen werden. Wenn Unternehmen diese Analysetechniken zusammen mit den sechs Prinzipien für die Formulierung und Umsetzung von SEOs anwenden, können sie sich von der Konkurrenz lösen und brachliegende Märkte erschließen.

Nun kommen wir zum ersten Prinzip, der Umgestaltung der Marktgrenzen. Im nächsten Kapitel befassen wir uns mit der zur Eroberung blauer Ozeane erforderlichen Maximierung der Chancen und Minimierung der Risiken.

Teil 2

Formulierung von SEOs

3 Umgestaltung der Marktgrenzen

Das erste Prinzip von Strategien zur Eroberung blauer Ozeane ist die Umgestaltung der Marktgrenzen, um der Konkurrenz ausweichen zu können. Dabei geht es um das Suchrisiko, das vielen Unternehmen schwer zu schaffen macht. Der entscheidende Punkt ist nämlich, im Heuhaufen der existierenden Möglichkeiten die richtige Stecknadel zu finden – eine wirtschaftlich tragfähige Gelegenheit zur Erschließung eines blauen Ozeans. Dieser Punkt ist so wichtig, weil die Manager es sich nicht leisten können, bei ihrer Strategie auf ihre Intuition oder den Zufall zu setzen.

Wir wollten herausfinden, ob es für die zur Eroberung blauer Ozeane erforderliche Umgestaltung der Marktgrenzen systematische Muster gibt. Falls es sie gibt, wollten wir außerdem wissen, ob sie für alle Branchensektoren gelten – von den Verbrauchsgütern über die Industrieprodukte, die Finanzdienstleistungen und die Pharmazie bis zur IT und dem Mobilfunk – oder nur für bestimmte Branchen.

Wir entdeckten, dass es tatsächlich klare Muster für die Eroberung blauer Ozeane gibt – insbesondere sechs grundlegende Verfahren zur Umgestaltung der Marktgrenzen, die wir als die *sechs Suchpfade* bezeichnen. Diese Suchpfade sind in allen Branchensektoren anwendbar und führen die Unternehmen in den Bereich der wirtschaftlich tragfähigen Ideen zur Eroberung blauer Ozeane. Keiner von ihnen erfordert großen Weitblick oder eine spezielle Vision für die Zukunft – sie beruhen alle darauf, dass man bekannte Daten aus einer neuen Perspektive betrachtet.

Unsere sechs Suchpfade stehen im Widerspruch zu den sechs Grundannahmen, auf denen viele Unternehmen ihre Strategie wie hypnotisiert aufbauen. Gerade deshalb können diese Unternehmen sich nicht aus dem ruinösen Konkurrenzkampf in den roten Ozeanen befreien. Im Einzelnen neigen die Unternehmen dazu,

- ihre Branche ähnlich zu definieren und sich darauf zu konzentrieren, in dieser Branche das beste Unternehmen zu werden,
- ihre Branche unter dem Gesichtspunkt allgemein akzeptierter strategischer Gruppen (wie spritsparende, Luxus- und Familienautos) zu betrachten und sich zu bemühen, in ihrer strategischen Gruppe hervorzuragen,

- sich auf die gleiche Käufergruppe zu konzentrieren, sei es nun der Erwerber (wie bei den Büroartikeln), der Benutzer (wie bei der Bekleidung) oder der Beeinflusser (wie bei den Pharmazeutika),
- die Palette der von ihrer Branche angebotenen Produkte und Dienstleistungen auf ähnliche Weise zu definieren,
- die funktionale oder emotionale Orientierung ihrer Branche zu akzeptieren,
- sich bei der Formulierung ihrer Strategie auf den gleichen Zeitpunkt – und oft auf die gegenwärtige Bedrohung durch die Konkurrenz – zu konzentrieren.

Je stärker die Unternehmen sich auf diese traditionellen Ansichten über den Wettbewerb stützen, desto größer ist ihre Konvergenz im Konkurrenzkampf.

Wenn Unternehmen die roten Ozeane hinter sich lassen wollen, müssen sie die akzeptierten Grenzen, die ihren Wettbewerb definieren, durchbrechen. Statt sich innerhalb dieser Grenzen umzusehen, müssen die Manager systematisch über sie hinausblicken: Sie müssen über alternative Branchen, strategische Gruppen, Käufergruppen, komplementäre Produkt- und Dienstleistungsangebote, die funktionale oder emotionale Orientierung der Branche und auch über nachhaltige Trends hinweg suchen. So können sie wichtige Erkenntnisse darüber gewinnen, wie sie die Gegebenheiten des Marktes umgestalten und blaue Ozeane erobern können. Wir wollen uns diese sechs Suchpfade nun im Einzelnen ansehen.

Erster Suchpfad: Betrachtung der Alternativbranchen

Im weitesten Sinn konkurrieren Unternehmen nicht nur mit den anderen Firmen in ihrer eigenen Branche, sondern auch mit den Firmen in jenen anderen Branchen, die alternative Produkte oder Dienstleistungen anbieten. Alternativen sind kein bloßer Ersatz. Produkte oder Dienstleistungen, die unterschiedliche Form haben, aber die gleiche Funktionalität oder den gleichen Kernnutzen bieten, sind oft ein *Ersatz* füreinander. Die *Alternativen* dagegen umfassen auch Produkte oder Dienstleistungen, die eine andere Form und Funktion haben, aber dem gleichen Ziel dienen.

Um beispielsweise ihre persönlichen Finanzen in Ordnung zu bringen, können die Leute ein entsprechendes Softwarepaket kaufen und installieren,

3 Umgestaltung der Marktgrenzen

sich an einen Wirtschaftsberater wenden oder schlicht Papier und Bleistift benutzen. Und heute gibt es außerdem noch Apps, die dabei helfen. Die Software, der Berater, der Bleistift und finanztechnische Apps können sich größtenteils gegenseitig ersetzen. Sie haben eine zwar eine unterschiedliche Form, aber die gleiche Funktion: den Leuten zu helfen, ihre finanzielle Situation in den Griff zu bekommen.

Andererseits können Produkte oder Dienstleistungen von unterschiedlicher Form und Funktion dem gleichen Ziel dienen. Nehmen wir als Beispiel die Kinos und die Restaurants. Die Restaurants haben kaum physische Merkmale mit den Kinos gemeinsam und erfüllen auch eine andere Funktion: den Leuten gutes Essen und ein angenehmes Gesprächsklima zu bieten. Dieses Erlebnis unterscheidet sich stark von der visuellen Unterhaltung, die das Kino liefert. Trotz der Unterschiede bei Form und Funktion gehen die Leute aber mit dem gleichen Ziel in ein Restaurant und ins Kino: um einen schönen Abend außer Haus zu verbringen. Restaurant und Kino sind also kein Ersatz füreinander, sondern Alternativen, zwischen denen die Leute wählen können.

Bei jeder Kaufentscheidung wägen die Käufer, oft unbewusst, die Alternativen gegeneinander ab. Sie wollen sich zwei Stunden lang etwas Gutes gönnen? Was sollten Sie tun, um das zu erreichen? Ins Kino gehen, sich massieren lassen oder im Café um die Ecke ein interessantes Buch lesen? Der Denkprozess ist bei den Einzelkunden wie bei den gewerblichen Abnehmern intuitiv.

Wenn wir aber selbst etwas verkaufen wollen, geben wir dieses intuitive Denken oft auf. Die Verkäufer denken nur selten bewusst darüber nach, auf welcher Grundlage ihre Kunden sich zwischen den alternativen Branchen entscheiden. Eine Änderung beim Preis oder beim Modell, sogar eine neue Werbekampagne kann bei den Konkurrenten in der Branche eine ungeheuer starke Reaktion hervorrufen; passiert das Gleiche jedoch in einer alternativen Branche, wird es gewöhnlich gar nicht bemerkt. Die Fachzeitschriften, Fachmessen und Verbraucheranalysen verstärken die Mauern zwischen den einzelnen Branchen noch. Dabei bietet gerade der Raum zwischen alternativen Branchen oft die Chance zu einer Nutzeninnovation.

Nehmen wir NetJets, das den blauen Ozean des Timesharings bei den Flugzeugen eroberte. In nicht einmal 20 Jahren nach seiner Gründung wurde NetJets größer als viele Fluggesellschaften, mit über 500 Flugzeugen, die mehr als 250 000 Flüge in über 140 Länder absolvieren. Heute sind diese Zahlen sogar noch größer: Eine Flotte von mehr als 700 Flugzeugen fliegt mehr als 170 Länder an. 1998 wurde NetJets von Berkshire Hathaway aufgekauft. Heute liegt es im Milliarden-Dollar-Bereich und verfügt über die weltweit größte Flotte von Privatjets. Man hat den Erfolg des Unternehmens einer ganzen Reihe von Faktoren zugeschrieben: seiner Flexibilität, der kürzeren Reisezeit, dem unproblematischen Reisen, der größeren Zuverlässigkeit und der strategischen Preisstellung. Tatsächlich aber gestaltete NetJets zur Eroberung dieses blauen Ozeans die Marktgrenzen um und betrachtete die Alternativbranchen.

Die lukrativste große Kundengruppe der Fluggesellschaften sind die Geschäftsreisenden. NetJets untersuchte die vorhandenen Alternativen und stellte fest, dass Geschäftsreisende, wenn sie fliegen müssen, gewöhnlich zwei Möglichkeiten haben: Sie können mit einer kommerziellen Fluggesellschaft in der Businessclass oder der ersten Klasse fliegen; das betreffende Unternehmen kann aber auch selbst Flugzeuge kaufen. Die strategische Frage lautet: Weshalb ziehen die Unternehmen die eine Branche der anderen vor? NetJets konzentrierte sich dann auf die Schlüsselfaktoren, auf denen die Entscheidung der Unternehmen beruht, und eliminierte oder reduzierte alles andere. So entstand seine erfolgreiche SEO.

Weshalb entscheiden Unternehmen sich dafür, ihre Leute mit kommerziellen Fluggesellschaften fliegen zu lassen? Doch sicher nicht wegen der langen Schlangen beim Einchecken und bei der Sicherheitskontrolle, der hektischen Transfers, der Übernachtungen unterwegs oder der verstopften Flughäfen. Nein, die Entscheidung für die kommerziellen Fluggesellschaften beruht auf einem einzigen Faktor: den Kosten. Auf diese Weise lassen sich nämlich einerseits die hohen Anschaffungskosten für einen eigenen Jet vermeiden und andererseits die Folgekosten senken (da das Unternehmen lediglich die pro Jahr benötigten Flugtickets erwirbt); außerdem fällt so kaum ungenutzte Reisezeit (ein häufiger Nachteil beim Besitz von Firmenjets) an.

Daher entwickelte NetJets das Konzept, Anteile an seinen Flugzeugen zu verkaufen. Sie müssen mindestens ein Sechzehntel betragen und berechtigen den Käufer zu 50 Flugstunden pro Jahr. Für etwas mehr als 400 000 Dollar (plus Pilot, Wartung und andere monatliche Kosten) kann man Mitbesitzer eines sieben Millionen Dollar teuren Flugzeugs werden.[1] So können die Kunden die Annehmlichkeiten eines Privatjets zum Preis von Flugreisen in der ersten Klasse oder Businessclass einer kommerziellen Fluggesellschaft genießen. Die National Business Aviation Association verglich das Fliegen in der ersten Klasse mit dem in Privatflugzeugen und kam zu dem Ergebnis, dass Ersteres bei Berücksichtigung der direkten und der indirekten – Hotel, Essen, Reisezeit, Spesen – Kosten erheblich teurer war.[2] Die Fixkosten, die

die kommerziellen Airlines wieder hereinzuholen versuchen, indem sie immer größere Flugzeuge füllen, entfallen bei NetJets. Durch die kleineren Maschinen, die Benutzung von Regionalflughäfen und weniger Personal kann das Unternehmen die Kosten niedrig halten.

Um das Erfolgsrezept von NetJets ganz verstehen zu können, müssen wir uns auch die Kehrseite der Medaille ansehen: Weshalb ziehen manche Unternehmen Firmenjets den Linienflügen vor? Doch sicher nicht, weil sie mehrere Millionen Dollars für den Kauf eines Flugzeugs ausgeben möchten. Auch nicht, um eine Flugabteilung einzurichten, die sich um die Flugpläne und andere Verwaltungsangelegenheiten kümmert, oder um die Kosten für die Leerflüge der Maschine von ihrem Heimatflughafen zu dem Airport, wo sie benötigt wird, zu zahlen. Firmen und Einzelpersonen kaufen vielmehr Privatjets, um die Gesamtreisezeit drastisch zu verkürzen, den mit überlaufenen Flughäfen verbundenen Problemen aus dem Weg zu gehen, Direktflüge vom Ausgangs- zum Bestimmungsort zu ermöglichen und sich den Vorteil zu sichern, dass ihre Leute produktiver und frischer sind und nach der Landung gleich mit der Arbeit beginnen können. Genau darauf setzte man bei NetJets. Während 70 Prozent der Linienflüge zu nur 30 Flughäfen in den USA führen, hat NetJets Zugang zu mehr als 2000 Flughäfen in den Vereinigten Staaten und 5000 auf der ganzen Welt, das alles in günstiger Lage zu Geschäftszentren und an beliebten Bestimmungsorten. Bei Auslandsflügen rollen die Flugzeuge sogar bis zur Zollkontrolle.

Aufgrund der Direktflüge und der viel größeren Zahl der Flughäfen, die angeflogen werden können, entfallen die Flugtransfers; Reisen, die sonst Übernachtungen erfordern würden, können innerhalb eines Tages abgeschlossen werden. Die Zeit vom Auto bis zum Abheben beläuft sich auf Minuten, nicht auf Stunden. So dauert der Flug von Washington DC nach Sacramento mit einer kommerziellen Fluggesellschaft 10,5 Stunden, bei NetJets hingegen nur 5,2; von Palm Springs nach Cabo San Lucas braucht man mit einer kommerziellen Airline sechs Stunden, mit NetJets lediglich 2,1. Durch die kürzere Gesamtreisezeit bietet NetJets natürlich erhebliche Kosteneinsparungen.

Der verlockendste Vorteil aber ist wohl, dass Ihr Jet Ihnen immer innerhalb von vier Stunden zur Verfügung steht. Falls NetJets gerade kein Flugzeug frei hat, wird eines für Sie gechartert. Schließlich – und auch das ist ja nicht unwichtig – nimmt die Sicherheitskontrolle erheblich weniger Zeit in Anspruch, und NetJets bietet einen kundenspezifischen Bordservice (man hält beispielsweise Ihre bevorzugten Speisen und Getränke für Sie bereit).

NetJets kombinierte also die größten Vorteile der kommerziellen Flüge mit denen der Privatjets; alles andere wurde eliminiert oder reduziert. Dadurch konnte man einen blauen Ozean im Wert von Milliarden von Dollars erobern, in dem die Kunden einerseits den Komfort und die Schnelligkeit eines Privatjets bekommen, andererseits die niedrigeren Fix- und sonstigen Kosten, die mit Linienflügen in der ersten Klasse oder der Businessclass verbunden sind (siehe Abbildung 3.1). Und die Konkurrenz? Heute, fast 30 Jahre nach seiner Gründung, ist der Anteil von NetJets an dem blauen Ozean, den das Unternehmen erschlossen hat, immer noch fünfmal größer als der seines schärfsten Konkurrenten.[3]

Auch der seit den 1980er-Jahren größte Erfolg bei der Telekommunikation in Japan beruht auf dem ersten Suchpfad. Wir sprechen vom i-Modus von NTT DoCoMo, der 1999 auf den Markt gebracht wurde und die Art und Weise, wie die Japaner kommunizieren und sich Informationen beschaffen, veränderte. Dass man hier einen blauen Ozean erobern konnte, erkannte man bei NTT DoCoMo, als man darüber nachdachte, warum die Leute die Alternativen Handy und Internet benutzten. Nach der Deregulierung der Telekommunikation in Japan drängten neue Konkurrenten in den Markt; Wettbewerb über den Preis und technologische Wettrennen gehörten zum Alltag. Dadurch stiegen die Kosten, während anderseits der durchschnitt-

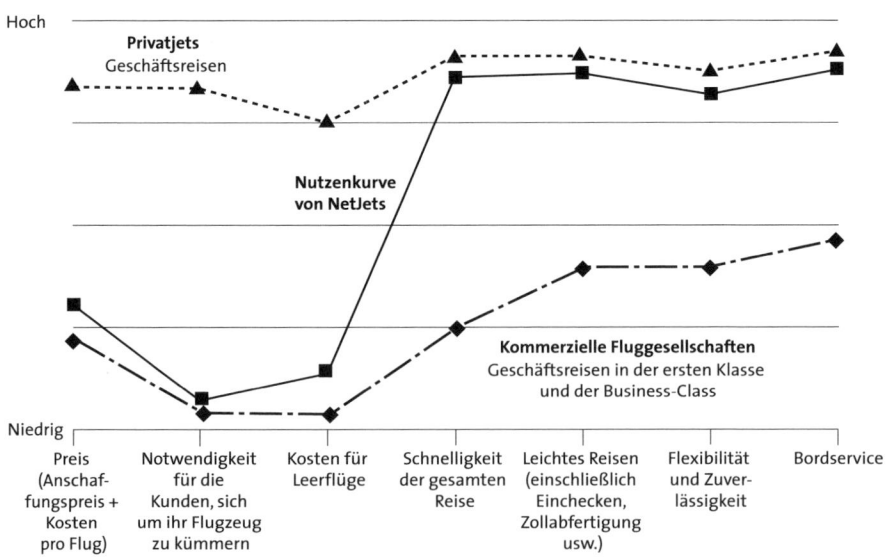

Abb. 3.1: Strategische Kontur von NetJets

liche Umsatz pro Benutzer sank. NTT DoCoMo löste sich aus diesem roten, vom Wettbewerb geprägten Ozean und eroberte den blauen Ozean der drahtlosen Übertragung, der die Handybranche und das Internet umstrukturierte.

NTT DoCoMo untersuchte die jeweiligen Stärken des Internets und des Handys. Obwohl das Internet unendlich viele Informationen und Dienste bietet, waren vor allem die E-Mail, einfache Informationen (wie Nachrichten, die Wettervorhersage und ein Telefonverzeichnis) und Unterhaltung (einschließlich von Spielen, Events und Musik) gefragt. Die Hauptnachteile des Internets waren der viel höhere Preis der Hardware, mit der man damals Zugang zum Internet bekam, die schiere Informationsfülle, das lästige Einloggen und die Angst davor, auf elektronischem Weg Informationen im Zusammenhang mit den Kreditkarten zu geben. Die Hauptvorteile des Handys dagegen waren seine Mobilität, die Sprachübertragung und die leichte Bedienung.

NTT DoCoMo verband die damaligen Vorteile dieser beiden Alternativen miteinander – nicht durch eine neue Technologie, sondern durch die Fokussierung auf die entscheidenden Vorteile des Internets gegenüber dem Handy und umgekehrt. Alles andere wurde eliminiert oder reduziert. Das benutzerfreundliche Interface hat einen einfachen Knopf für den i-Modus (das i steht für interaktiv, Internet, Informationen und das englische Pronomen *I*, »ich«); durch ihn bekommen die Benutzer direkten Zugang zu den wirklich gefragten Anwendungen des Internets.

Der Knopf für den i-Modus überschüttet den Benutzer aber im Gegensatz zum Internet nicht mit Informationen, sondern fungiert wie die Rezeption in einem Hotel: Er verbindet ihn nur mit bestimmten Websites für die beliebtesten Internetanwendungen. Dadurch ist die Navigation schnell und leicht. Obwohl das Telefon mit dem i-Modus 25 Prozent mehr kostete als ein normales Handy, lag sein Preis weit unter dem der PCs oder Laptops, die damals der dominierende Zugang zum Internet waren, und seine Mobilität war hoch.

Der i-Modus ermöglichte nicht nur die Sprachübertragung, sondern bot auch einen einfachen Verrechnungsdienst; statt einer Vielzahl von Rechnungen erhielt der Benutzer für alle Dienste, die er über den i-Modus im Web genutzt hatte, nur eine Rechnung pro Monat. Außerdem war es nicht mehr nötig, Details zu den Kreditkarten anzugeben. Und da der i-Modus automatisch aktiviert wurde, wenn das Telefon eingeschaltet wurde, waren die Benutzer immer verbunden und brauchten sich nicht erst einzuloggen.

Mit der divergierenden Nutzenkurve des i-Modus konnten weder das Standardhandy noch der PC noch der Laptop mithalten. Im Jahr 2009, zehn Jahre nach seiner Einführung, betrug die Zahl der Nutzer beinahe 50 Millionen, und der Umsatz aus der Übermittlung von Daten, Bildern und Text war von 295 Millionen Yen (2,1 Millionen Euro) im Jahre 1999 auf 1589 Milliarden Yen (ca. 12,5 Milliarden Euro) gestiegen. Das Handy mit dem i-Modus war das erste Smartphone der Welt, das in einem Land massenweise angenommen wurde. Erst 2007 wurde das iPhone eingeführt. Es war eine ernsthafte Herausforderung für den i-Modus und eroberte mit der Einführung von Apps sogar einen noch größeren blauen Ozean (siehe Suchpfad 4).

Der i-Modus brachte NTT DoCoMo nicht nur Kunden der Konkurrenz; er erweiterte den Markt dramatisch, da er auch für Jugendliche und ältere Leute interessant war und Kunden, die bis dahin nur die Sprachübertragung genutzt hatten, jetzt mit der Übertragung von Daten begannen.

Auch viele andere bekannte Erfolgsgeschichten beruhen darauf, dass die Unternehmen die Alternativen betrachteten, um neue Märkte zu schaffen. Die Baumarktkette The Home Depot beispielsweise bietet Erfahrung und Sachkenntnis von Fachleuten zu viel niedrigeren Preisen als Eisenwarengeschäfte. Man kombinierte die entscheidenden Vorteile der beiden alternativen Branchen, eliminierte oder reduzierte alles andere und verwandelte dadurch die enorme latente Nachfrage für die Verbesserung und Verschönerung des Heims in eine tatsächliche – und ganz normale Haus- und Wohnungsbesitzer in Do-it-yourself-Handwerker. Heute ist Home Depot die größte Baumarktkette der Welt. Southwest Airlines konzentrierte sich auf das Autofahren als Alternative zum Fliegen, bot die Schnelligkeit des Fliegens zum gleichen Preis und mit der gleichen Flexibilität wie das Autofahren an und eroberte so den blauen Ozean der Kurzstreckenflüge. Und Intuit betrachtete den Bleistift als Hauptalternative zur Software für die persönliche Finanzplanung und entwickelte die Quicken-Software, die Spaß macht und die Intuition stark berücksichtigt. Heute, mehr als 30 Jahre nach seiner Gründung, ist Quicken immer noch die meistverkaufte Software für persönliche Finanzplanung, während Intuit dabei ist, neue blaue Ozeane in den Bereichen Finanzdienstleistungen und Apps zu erobern.

Was sind die Alternativbranchen zu Ihrer eigenen Branche? Was könnte die Kunden zu einem Wechsel bewegen? Wenn Sie sich auf die Schlüsselfaktoren konzentrieren, die den Käufern wichtig sind, und alles andere eliminieren oder reduzieren, können Sie einen blauen Ozean und damit einen neuen Markt erobern.

Zweiter Suchpfad: Betrachtung der strategischen Gruppen in der Branche

Blaue Ozeane lassen sich nicht nur durch die Suche über alternative Branchen, sondern auch über *strategische Gruppen* hinweg erschließen. Dieser Begriff bezeichnet eine Gruppe von Unternehmen in einer Branche, die eine ähnliche Strategie verfolgen. In den meisten Branchen gibt es eine kleine Zahl solcher Gruppen, die die strategischen Hauptunterschiede zwischen den Unternehmen widerspiegeln.

Man kann die strategischen Gruppen auf Grundlage zweier Dimensionen in eine grobe Hierarchie bringen: Preis und Leistung. Ein Anstieg des Preises geht gewöhnlich mit einer entsprechenden Steigerung bei einigen Aspekten der Leistung einher. Die meisten Unternehmen legen den Fokus darauf, ihre Wettbewerbsposition *innerhalb* ihrer strategischen Gruppe zu verbessern. So konzentrieren sich Mercedes, BMW und Jaguar darauf, sich im Segment der Luxusautos gegenseitig auszustechen, und die Hersteller von Autos mit niedrigem Treibstoffverbrauch machen in ihrer Gruppe das Gleiche. Doch keine der strategischen Gruppen achtet groß darauf, was die andere gerade tut, da sie vom Standpunkt des Angebots aus nicht gegeneinander anzutreten scheinen.

Der Schlüssel zur Eroberung eines blauen Ozeans über die existierenden strategischen Gruppen hinweg besteht darin, diesen engen Tunnelblick aufzugeben und sich klarzumachen, aufgrund welcher Faktoren die Kunden aus einer Gruppe in eine andere wechseln.

Wir wollen uns das am Beispiel von Curves ansehen. Das in Texas ansässige Unternehmen, das 1995 mit dem Franchising begann, befasst sich mit der Fitness von Frauen. Im Lauf von zehn Jahren gewann es über zwei Millionen Mitglieder.

Doch das ist noch nicht alles: Dieses Wachstum beruht fast nur auf Mund-zu-Mund-Propaganda und Empfehlungen von einer Frau zur anderen. Dabei hieß es bei der Gründung von Curves, das Unternehmen steige in einen bereits übersättigten Markt ein; sein Angebot richte sich an Kunden, die es gar nicht wollten, und sei viel spartanischer als die Angebote der Konkurrenz. Tatsächlich aber stieg die Nachfrage in der US-amerikanischen Fitnessbranche durch Curves; man erschloss einen bis dahin brachliegenden Markt – einen wahren blauen Ozean von Frauen, die sich abmühten, in Form zu bleiben, und dabei scheiterten. Curves verband die entscheidenden Vorteile zweier strategischer Gruppen in der US-amerikanischen Fitnessbranche miteinander: der traditionellen Fitnesscenter und der Trainingsprogramme für zu Hause. Alles andere wurde eliminiert oder reduziert.

Einerseits wimmelte es in der US-amerikanischen Fitnessbranche von traditionellen Fitnesscentern, gewöhnlich in guter Lage in den Innenstädten, deren Angebot sich an Männer *und* Frauen richtete und aus dem vollen Spektrum der Übungs- und Sportmöglichkeiten bestand. Ihre hochmodernen Einrichtungen sollten die gut situierten Kunden anziehen. Sie boten die ganze Gerätepalette für Ausdauer- und Krafttraining, eine Saftbar, Trainer und einen Umkleideraum mit Schränken, Duschen und Sauna; man sollte dort nämlich nicht nur etwas für seinen Körper tun, sondern sich auch entspannen und Kontakte pflegen können. Wenn die Kunden sich quer durch die Stadt zu ihrem Fitnesscenter durchgekämpft hatten, verbrachten sie dort gewöhnlich mindestens eine Stunde, häufiger zwei. Die Mitgliedsgebühr für all das betrug meist um die 100 Dollar im Monat – nicht gerade billig und somit eine Garantie dafür, dass der Markt im gehobenen Bereich und klein blieb. Die Kunden der traditionellen Fitnesscenter repräsentierten lediglich zwölf Prozent der Gesamtbevölkerung und waren ganz überwiegend in den großen Stadtgebieten konzentriert. Die Investitionskosten für ein Fitnesscenter mit der gesamten Servicepalette beliefen sich je nach Lage auf 500 000 bis über eine Million Dollar.

Den anderen Extrempol bildete die strategische Gruppe der Trainingsprogramme für zu Hause: Videos, Bücher und Zeitschriften. Sie kosteten nur einen Bruchteil der Gebühren für Fitnesscenter und erforderten gewöhnlich wenig bis gar keinen apparativen Aufwand. Die Anleitung war minimal, sie beschränkte sich auf den Star des Videos oder Buches sowie Erläuterungen und Illustrationen in den Zeitschriften.

Die Frage ist: Was brachte Frauen dazu, von einem traditionellen Fitnesscenter auf ein Trainingsprogramm für zu Hause umzusteigen und umgekehrt? Die meisten Frauen wechseln nicht wegen der zahlreichen Spezialgeräte, der Saftbars, der Umkleideräume mit Sauna und Pool und der Chance, Männer kennenzulernen, zu einem Fitnesscenter. Die durchschnittliche Nichtsportlerin will überhaupt keinen Männern begegnen, wenn sie trainiert und sich unter ihrem Trikot vielleicht Fettpölsterchen abzeichnen. Sie hat auch keine Lust, sich an Geräten anzustellen, bei denen sie dann die Gewichte auswechseln und den Neigungswinkel justieren muss. Und Zeit haben die durchschnittlichen Frauen heute auch kaum noch. Die wenigsten können es sich leisten, mehrmals in der Woche ein bis zwei Stunden in einem Fitnesscenter zu verbringen. Außerdem sind die Standorte im Stadtzentrum für die Masse der Frauen schlecht zu erreichen; das bedeutet mehr Stress und schreckt sie ab.

Es hat sich herausgestellt, dass die meisten Frauen aus einem einzigen Grund zu Fitnesscentern wechseln: Zu Hause können sie zu leicht eine Ausrede dafür finden, das Training sausen zu lassen. Wenn man nicht bereits ein Sportfan ist, fällt es schwer, in den eigenen vier Wänden Disziplin aufzubringen; in Gesellschaft ist das Training motivierender und anregender.

Umgekehrt tun Frauen, die Heimtrainingsprogramme verwenden, das vor allem, um Zeit und Geld zu sparen und sich nicht den Blicken von Männern auszusetzen.

Curves baute seine SEO nun auf den besonderen Stärken dieser beiden strategischen Gruppen auf und eliminierte oder reduzierte alles andere (siehe Abbildung 3.2). Man eliminierte alle Aspekte der traditionellen Fitnesscenter, die für die breite Masse der Frauen nur von geringem Interesse waren: die Vielzahl der Spezialgeräte, die Saftbar, die Sauna, den Pool ... Sogar die Umkleideräume mit den Schränken wurden abgeschafft und durch mit Vorhängen abgetrennte Umkleidebereiche ersetzt.

Die Curves-Klubs boten ein völlig anderes Erlebnis als die typischen Fitnesscenter. Im Übungsraum standen die Geräte (meist etwa zehn) nicht in

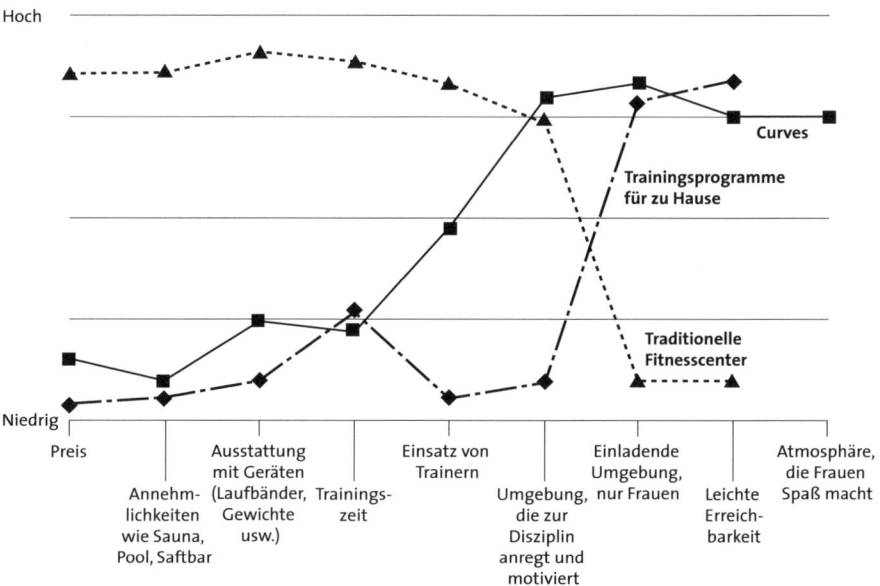

Abb. 3.2: Strategische Kontur von Curves

Reihen vor einem Fernseher, sondern im Kreis, damit die Frauen sich besser unterhalten konnten und das Training ihnen Spaß machte. Beim QuickFit-Trainingssystem wurden hydraulische Geräte benutzt, die keine Einstellung erforderten, sicher und leicht zu benutzen waren und nicht einschüchternd wirkten. Die speziell für Frauen entworfenen Geräte schonten die Gelenke und bauten Kraft und Muskeln auf. Die Frauen konnten während des Trainings miteinander reden und sich gegenseitig anfeuern; im Gegensatz zu den typischen Fitnesscentern herrschte eine lockere, gesellige Atmosphäre. An den Wänden hingen, wenn überhaupt, nur wenige Spiegel, und es gab keine Männer, die sie anstarrten. Die Frauen gingen von einem Gerät zum anderen und waren nach 30 Minuten mit dem gesamten Training fertig. Durch die Reduzierungen und die Fokussierung des Service auf das Wesentliche konnte der Preis auf etwa 30 Dollar pro Monat gesenkt werden, sodass der Markt für die breite Masse der Frauen geöffnet wurde. Der Slogan von Curves hätte lauten können: »Erhalten Sie sich durch richtiges Training gesund – zum Preis von nur einer Tasse Kaffee pro Tag!«

Curves bot den in Abbildung 3.2 dargestellten besonderen Nutzen bei geringeren Kosten. Während bei den traditionellen Fitnesscentern anfangs 500 000 bis zu einer Million US-Dollar investiert werden mussten, waren es bei Curves lediglich 25 000 bis 30 000 Dollar (dazu kam noch eine Franchisegebühr von 20 000 Dollar), da ja zahlreiche Faktoren eliminiert wurden. Auch die Betriebskosten waren erheblich niedriger, weil das Personal und die Instandhaltung drastisch reduziert wurden und die Miete wegen des viel geringeren Raumbedarfs – 140 Quadratmeter in durchschnittlicher Lage in den Vorstädten gegenüber 3000 bis 9000 Quadratmetern in gehobener Innenstadtlage – billiger war. Durch das mit niedrigen Kosten verbundene Geschäftsmodell von Curves waren seine Franchises erschwinglich, einer der Gründe, warum sie wie Pilze aus dem Boden schossen. Die meisten Franchises waren schon nach wenigen Monaten profitabel (im Durchschnitt, sobald sie 100 Mitglieder hatten). Das Ergebnis ist, dass Curves nicht direkt mit anderen Fitness- und Trainingskonzepten konkurriert und eine neue Nachfrage erzeugt hat. Heute, 20 Jahre nach seiner Gründung, hat das Unternehmen weltweit fast 10 000 Klubs und mehr als vier Millionen Mitglieder.[4] Trotz mancher Rückschläge ist es heute das größte Franchiseunternehmen für Frauenfitness auf der Welt.

Auch vielen anderen Unternehmen ist es gelungen, über den zweiten Suchpfad blaue Ozeane zu erobern, zum Beispiel Ralph Lauren in der Modebranche. Der Designername, die Eleganz der Salons und die Erlesenheit der Materialien fangen das ein, was die meisten Kunden an der Haute Couture schätzen; der aktualisierte klassische Look und der Preis bieten das Beste klassischer Linien wie Brooks Brothers und Burberry. Durch die Kombination der attraktivsten Faktoren der beiden strategischen Gruppen und die Eliminierung oder Reduzierung aller anderen konnte Polo Ralph Lauren sich nicht nur Anteile beider Segmente sichern, sondern auch viele neue Kunden in den Markt ziehen.

Im Markt der Luxuslimousinen eroberte Toyota mit dem Lexus einen neuen blauen Ozean, als man die Qualität der Premiumhersteller Mercedes, BMW und Jaguar zu einem Preis anbot, der näher an der unteren Grenze und damit am Cadillac und am Lincoln lag.

Bei Champion Enterprises erkannte man eine ähnliche Chance, als man zwei strategische Gruppen in der Baubranche betrachtete: einerseits die Hersteller von Fertighäusern, andererseits die klassischen Bauunternehmen. Fertighäuser waren traditionell billig und schnell zu errichten, ließen dem Käufer aber kaum Möglichkeiten für eine individuelle Gestaltung und galten außerdem als qualitativ minderwertig. Auf herkömmliche Art gebaute Häuser dagegen bieten Vielfalt und das Image hoher Qualität, sind aber drastisch teurer, und die Fertigstellung dauert länger.

Das in Michigan beheimatete Champion Enterprises eroberte einen blauen Ozean, indem es die entscheidenden Vorzüge beider strategischen Gruppen miteinander verband: Seine Fertighäuser konnten schnell gebaut werden und profitierten von enormen Größen- und Kostenvorteilen, doch man ermöglichte es den Käufern auch, ihrem Haus durch gehobene Extras wie Kamine, Oberlichter und sogar gewölbte Decken eine persönliche Note zu verleihen. Im Grunde änderte Champion Enterprises die Definition des Fertighauses. Daher interessierten sich viel mehr Leute mit geringem bis mittlerem Einkommen dafür, ein Fertighaus zu kaufen, statt sich eine Wohnung zu mieten oder zu kaufen; sogar einige Reiche wurden in den Markt gezogen. Erst die Finanzkrise von 2008 behinderte die SEO von Champion Enterprises und traf das Unternehmen hart wie auch alle anderen amerikanischen Wohnungsbaufirmen.

Welche strategischen Gruppen gibt es in Ihrer Branche? Warum entscheiden die Kunden sich für die höhere Gruppe, warum für die niedrigere?

Dritter Suchpfad: Betrachtung der Käufergruppen

In den meisten Branchen definieren die Konkurrenten den Zielkäufer ganz ähnlich. In Wirklichkeit gibt es jedoch mehrere Gruppen von »Käufern«, die direkt oder indirekt an der Kaufentscheidung beteiligt sind. Die *Erwerber*, die das Produkt oder die Dienstleistung bezahlen, sind ja nicht immer die tatsächlichen *Benutzer,* und in manchen Fällen kommen noch wichtige *Beeinflusser* hinzu. Diese drei Gruppen können sich zwar überschneiden, sind aber häufig nicht identisch – und dann definieren sie den Nutzen oft unterschiedlich. So kann sich der Einkäufer einer Firma mehr für die Kosten interessieren als der Benutzer, dem vor allem wichtig sein dürfte, dass sich das Produkt leicht handhaben lässt. Und Einzelhändler könnten Wert darauf legen, dass ein Hersteller sie nach dem Just-in-time-Prinzip beliefert und ein innovatives Finanzierungskonzept bietet; obwohl sich das auch auf die Endverbraucher stark auswirkt, bedeuten ihnen diese Dinge nichts.

Die einzelnen Unternehmen in einer Branche zielen oft auf unterschiedliche Kundensegmente ab – zum Beispiel Groß- oder Einzelkunden. Im Allgemeinen ist aber jede Branche auf eine bestimmte Käufergruppe fokussiert. So konzentriert die Pharmaindustrie sich stark auf die Beeinflusser (die Ärzte); die Büroausstatter dagegen haben vor allem die Erwerber (die Einkaufsabteilungen der Firmen) im Auge, die Hersteller von Bekleidung die Benutzer. Manchmal lässt diese Fokussierung sich durch wirtschaftliche Argumente begründen, doch oft ist sie schlicht das Ergebnis von Praktiken in der Branche, die bisher noch nie infrage gestellt wurden.

Wenn man sich über diese traditionellen Praktiken hinwegsetzt, kann das zur Entdeckung eines neuen blauen Ozeans führen. Durch die Betrachtung der verschiedenen Käufergruppen können die Unternehmen neue Erkenntnisse darüber gewinnen, wie sie ihre Nutzenkurve umgestalten müssen, um sich auf ein Käuferreservoir zu konzentrieren, das bis dahin übersehen wurde.

Auf diese Weise gelang es beispielsweise dem dänischen Insulinhersteller Novo Nordisk, in seiner Branche einen blauen Ozean zu erobern. Insulin wird von Diabetikern zur Regulierung ihres Blutzuckerspiegels benötigt. Wie überhaupt der größte Teil der Pharmaindustrie konzentrierten sich die Hersteller von Insulin ursprünglich auf die wichtigsten Beeinflusser: die Ärzte. Da die Ärzte die Kaufentscheidung der Diabetiker stark beeinflussten, waren sie die Käuferzielgruppe der Insulinproduzenten. Diese richteten ihre Aufmerksamkeit und ihre Bemühungen somit darauf, reineres Insulin herzustellen, um die Forderung der Ärzte nach einer besseren medikamentösen Behandlung zu erfüllen. Das Problem dabei war, dass die Reinigungstechnologie seit den frühen 1980er-Jahren ganz erheblich verbessert worden war. Solange also die Reinheit des Insulins der Schlüsselfaktor für den Wettbewerb der Unternehmen war, konnten in dieser Richtung kaum weitere Fortschritte erzielt werden. Novo Nordisk selbst hatte bereits das erste Insulin hergestellt, das chemisch gesehen eine exakte Kopie des menschlichen Insulins war. Beim Wettbewerb der größten Unternehmen in diesem Markt kam es schnell zu einer Konvergenz.

Novo Nordisk jedoch erkannte, dass man der Konkurrenz ausweichen und einen blauen Ozean erobern konnte, wenn man die herkömmliche Fokussierung auf die Ärzte aufgab und sich stattdessen auf die Benutzer konzentrierte: auf die Patienten selbst. Man fand heraus, dass die Diabetiker sich das Insulin, das sie in Fläschchen erhielten, nur sehr schwer verabreichen konnten. Sie wurden dabei nämlich vor die komplizierte und unerfreuliche Aufgabe gestellt, sich mit Spritzen, Nadeln, dem Insulin und der richtigen Dosierung abzumühen. Außerdem fühlten die Patienten sich durch die Nadeln und Spritzen gesellschaftlich stigmatisiert. Schließlich war es ihnen auch unangenehm, außerhalb ihrer eigenen vier Wände mit Spritzen und Nadeln hantieren zu müssen; das war aber häufig erforderlich, da viele Diabetiker sich mehrmals am Tag Insulin injizieren müssen.

So entdeckte Novo Nordisk einen blauen Ozean – und brachte mit dem NovoPen die erste benutzerfreundliche Lösung für die Verabreichung von Insulin auf den Markt. Der NovoPen ähnelte einem Füllfederhalter; er enthielt eine Insulinpatrone, in der die Patienten auf unkomplizierte Weise ungefähr ihren Wochenvorrat an Insulin bei sich tragen konnten. Dank eines integrierten Klick-Mechanismus konnten selbst Blinde die Dosierung kontrollieren und sich ihr Insulin verabreichen. Die Patienten konnten sich nun überall leicht Insulin zuführen – und waren die Spritzen und Nadeln endlich los.

Natürlich wollte Novo Nordisk den blauen Ozean, den man entdeckt hatte, auch beherrschen. So ließ man den NovoLet folgen, einen bereits gefüllten Wegwerf-Pen für die Insulinzufuhr mit einem Dosierungssystem, das noch bequemer und leichter zu bedienen war. Und später brachte man den Innovo auf den Markt, ein System mit elektronischem Speicher, bei dem wieder Patronen verwendet wurden. Der Innovo sollte die Insulinverabreichung weiter erleichtern und auch sicherer machen; durch den eingebauten Speicher konnten die Diabetiker sich die Dosis, die Dosis davor und die Zeit dazwischen anzeigen lassen – Informationen, die erheblich größere Sicherheit brachten. Nun brauchte niemand mehr Angst zu haben, mal eine Dosis zu vergessen.

Durch seine SEO gab Novo Nordisk der Branche ein ganz neues Gesicht und entwickelte sich vom Insulinhersteller zu einem Unternehmen, das sich generell mit dem Wohlergehen der Diabetiker (Diabetes-Care) befasst. Der NovoPen und seine Nachfolger nahmen den Insulinmarkt im Sturm. Heute entfällt der weitaus größte Teil des Insulinverkaufs in Europa und Asien – wo man den Diabetikern empfiehlt, sich jeden Tag mehrmals Insulin zu injizieren – auf bereits gefüllte Geräte oder Pens. Heute, fast 30 Jahre nach der Einführung des NovoPen, ist Novo Nordisk immer noch Weltmarktführer in der Diabetes-Care. Sein Gesamtumsatz stammt zu 70 Prozent aus diesem Bereich, in dem es sich durchsetzte, weil es sich nicht mehr auf die Beeinflusser, sondern auf die Benutzer konzentrierte.

Auf ähnliche Weise wurde Bloomberg in nur wenig mehr als zehn Jahren einer der weltgrößten und profitabelsten Finanznachrichtendienste für Firmen. Bis zur Gründung von Bloomberg wurde die Branche der finanziellen Online-Informationen von Reuters und Telerate beherrscht, die den Tradern und Investoren in Echtzeit Preise und andere Daten lieferten. Die Branche war auf die Erwerber, die IT-Manager, fokussiert – und die schätzten standardisierte Systeme, weil sie ihnen das Leben erleichterten. Bloomberg aber hielt das für falsch. Diejenigen, die jeden Tag Millionen von Dollars für ihre Arbeitgeber machen oder verlieren, sind ja nicht die IT-Manager, sondern die Trader und Analysten. Die Chancen für Profite beruhen auf Unterschieden beim Informationsstand. Wenn die Märkte aktiv sind, müssen die Trader und Analysten schnell Entscheidungen treffen – jede Sekunde zählt.

Daher entwickelte Bloomberg ein System, das speziell dafür gedacht war, den Tradern mehr Nutzen zu bieten: mit leicht zu benutzenden Terminals, Tastaturen, die mit bekannten Finanzbegriffen versehen waren, und zwei Flachbildschirmen, sodass die Trader alle benötigten Informationen gleichzeitig sehen können, ohne ständig Fenster öffnen und wieder schließen zu müssen. Da die Trader die Informationen analysieren müssen, bevor sie handeln, baute Bloomberg außerdem eine Analysenfunktion ein, die sich durch eine einfache Taste einschalten lässt. Bis dahin mussten die Trader und Analysten sich die Daten herunterladen und dann – man glaubt es kaum – mit Bleistift und Taschenrechner wichtige Kalkulationen durchführen. Jetzt können sie schnell Szenarien durchspielen, um die Erträge verschiedener Investitionsmöglichkeiten zu berechnen, und Längsschnittanalysen geschichtlicher Daten vornehmen.

3 Umgestaltung der Marktgrenzen

Die Konzentration auf die Benutzer ermöglichte es Bloomberg auch, ein praktisches Problem im Privatleben der Trader und Analysten zu erkennen: Sie verdienen einerseits enorm viel, arbeiten jedoch andererseits auch so viel, dass ihnen kaum Zeit bleibt, ihr Geld auszugeben. Allerdings gibt es tagsüber Phasen, in denen an den Märkten kaum etwas los ist; daher beschloss Bloomberg, Informations- und Kaufdienste anzubieten, die den Tradern das Privatleben erleichtern und verschönern sollten. Lange bevor auch das Internet solche Dienstleistungen anbot, konnten die Trader diese Dienste nutzen, um Blumen, Kleidung und Schmuck zu kaufen, Reisen zu buchen, sich über Weine zu informieren oder sich Immobilienangebote anzusehen.

Durch die Verschiebung seines Fokus von den Erwerbern zu den Benutzern gelang es Bloomberg, eine Nutzenkurve zu erzeugen, die sich völlig von allem unterschied, was es bis dahin in der Branche gegeben hatte. Die Trader und Analysten machten dann ihren ganzen Einfluss geltend und sorgten dafür, dass die IT-Manager ihrer Firmen Terminals von Bloomberg kauften.

In vielen Branchen bieten sich ähnliche Chancen, blaue Ozeane zu erobern. Wenn Unternehmen die traditionelle Definition des Zielkäufers hinterfragen, können sie oft ganz neue Wege zur Erschließung von Nutzen sehen. Canon beispielsweise schuf die Branche der kleinen Tischkopierer, indem man nicht mehr die Einkäufer der Firmen als Zielkunden betrachtete, sondern die Benutzer. SAP verschob den Fokus bei der Unternehmenssoftware in die umgekehrte Richtung – von den funktionellen Benutzern zu den Einkäufern; so entstand sein ungeheuer erfolgreiches Geschäft mit der integrierten Software, bei der keine Verzögerungen auftreten.

Welche Käufergruppen gibt es in Ihrer Branche? Auf welche dieser Gruppen konzentriert die Branche sich? Wie könnten Sie durch eine Änderung der Käufergruppe Ihrer Branche neuen Nutzen erschließen?[5]

Vierter Suchpfad: Betrachtung der komplementären Produkte und Dienstleistungen

Nur die wenigsten Produkte und Dienstleistungen werden in einem Vakuum verwendet – im Allgemeinen wird der Nutzen durch andere Produkte und Dienstleistungen beeinflusst. Meistens bleiben die Unternehmen jedoch innerhalb der Produkt- und Dienstleistungsangebote ihrer Branche. Nehmen wir die Kinos als Beispiel: Der Nutzen eines Kinobesuchs für den Kunden hängt auch davon ab, wie leicht er einen Babysitter und einen Parkplatz bekommt und was das jeweils kostet. Nach der traditionellen Definition liegen diese komplementären Dienstleistungen jedoch außerhalb der Grenzen der Kinobranche. Kaum ein Kinobetreiber macht sich Gedanken darüber, wie schwierig und teuer es für die Leute ist, einen Babysitter zu engagieren. Das sollten die Kinobetreiber aber tun, da es sich auf die Nachfrage nach ihrem Geschäft auswirkt. Warum bieten sie also keinen Babysitterdienst an?

In den komplementären Produkten und Dienstleistungen schlummert oft ein bisher nicht angezapfter Nutzen. Um ihn erschließen zu können, muss man die Gesamtlösung definieren, die die Käufer suchen, wenn sie sich für ein Produkt oder eine Dienstleistung entscheiden. Und dafür gibt es eine einfache Methode: darüber nachzudenken, was vor, während und nach der Benutzung des eigenen Produkts passiert. Bevor die Leute ins Kino gehen können, brauchen sie einen Babysitter und einen Parkplatz. Wer sich einen Computer kauft, benötigt auch ein Betriebssystem und Anwendungssoftware. In der Flugbranche erfolgt der Transport am Boden erst nach dem Flug, gehört aber eindeutig zu dem, was die Kunden brauchen, um an ihren Zielort zu gelangen.

Der ungarische Bushersteller NABI, der kürzlich von New Flyer erworben wurde, wendete den vierten Suchpfad auf die US-amerikanische Linienbusbranche (Volumen: mehr als eine Milliarde Dollar) an. Die Hauptkunden dieser Branche sind städtische und kommunale Verkehrsbetriebe (*public transport properties*, PTPs), die in den größeren Städten und Kreisen für die Bedienung der Buslinien sorgen.

Nach den herkömmlichen Regeln für den Wettbewerb in dieser Branche konkurrierten die Unternehmen lange darum, den niedrigsten Kaufpreis zu bieten. Das Design der Busse war antiquiert, die Lieferzeiten wurden ständig überschritten, die Qualität war niedrig, und Extras waren sehr teuer. Bei NABI aber hielt man all das für völlig unlogisch. Weshalb konzentrierten die Bushersteller sich nur auf den Anschaffungspreis, obwohl die Städte und Kreise ihre Busse durchschnittlich zwölf Jahre lang in Betrieb ließen? Als die Manager von NABI den Markt auf diese ganz neue Weise betrachteten, gewannen sie Erkenntnisse, die bis dahin der gesamten Branche entgangen waren.

NABI entdeckte, dass das teuerste Element für die Verkehrsbetriebe gar nicht der Preis pro Bus – also der Faktor, der die Grundlage für den Wettbewerb der gesamten Branche bildete – war, sondern die Kosten, die nach dem Kauf anfielen: die Wartungs- und Instandhaltungskosten für den Bus während seines zwölfjährigen Lebenszyklus. Reparaturen nach Unfällen, der Treibstoffverbrauch, Verschleiß von Teilen, die wegen des hohen Gewichts der Busse häufig ersetzt werden mussten, Schutz der Karosserie gegen Rost ... Das waren die größten Kostenfaktoren für die Verkehrsbetriebe.

Und angesichts neuer Vorschriften für die Luftreinhaltung, die den Städten und Kreisen auferlegt wurden, begann man dort auch die Kosten für einen *nicht* umweltfreundlichen öffentlichen Verkehr zu spüren. Obwohl diese Kosten in der Summe den Kaufpreis für die Busse überstiegen, hatte die Branche die komplementären Faktoren der Wartung und der Lebenszykluskosten bis dahin völlig übersehen.

Bei NABI erkannte man, dass die Branche insbesondere deshalb allein über den Preis konkurrierte, weil die Bushersteller sich auf einen möglichst niedrigen Kaufpreis konzentriert hatten. NABI aber betrachtete die Gesamtlösung der komplementären Aktivitäten – und baute einen völlig neuartigen Bus. Die Busse wurden normalerweise aus Stahl gefertigt, der jedoch schwer und rostanfällig ist; außerdem waren die Busse nach Unfällen schlecht zu reparieren, da immer ganze Platten ausgetauscht werden mussten. NABI stieg nun vom Stahl auf Fiberglas um – und schlug so gleich *fünf* Fliegen mit einer Klappe. Die Fiberglaskarosserien waren rostfrei, sodass die Kosten für den Rostschutz sich beträchtlich reduzierten. Sie konnten schneller, billiger und leichter repariert werden, weil bei Beulen oder Unfallschäden nicht der Austausch ganzer Platten erforderlich war; die beschädigten Teile werden einfach herausgeschnitten und neues Fiberglas lässt sich leicht einschweißen. Durch das geringere Gewicht (30 bis 35 Prozent leichter als Stahl) sanken der Treibstoffverbrauch und der Abgasausstoß erheblich, sodass die neuen Busse auch umweltfreundlicher waren. Außerdem konnte NABI aufgrund des geringeren Gewichts leistungsschwächere Motoren benutzen und brauchte auch weniger Achsen, was zu niedrigeren Herstellungskosten einerseits und mehr Platz in den Bussen andererseits führte.

Auf diese Weise erzeugte NABI eine Nutzenkurve, die radikal von der Durchschnittskurve der Branche abwich. Wie Abbildung 3.3 zeigt, konnte man durch die Verwendung des leichteren Fiberglases die mit dem Rostschutz, der Instandhaltung und dem Treibstoffverbrauch verbundenen Kosten eliminieren oder zumindest erheblich reduzieren. Daher konnte NABI den Verkehrsbetrieben Busse mit viel niedrigeren Lebenszykluskosten anbieten, auch wenn der Kaufpreis über dem Branchendurchschnitt lag. Aufgrund des viel geringeren Abgasausstoßes übertrafen diese Busse den Branchenstandard bei der Umweltfreundlichkeit weit. Der höhere Preis erlaubte es NABI außerdem, Faktoren zu kreieren, die man in der Branche bis dahin nicht gekannt hatte: ein modernes, ästhetisches Design und Kundenfreundlichkeit, zum Beispiel durch niedrigere Böden, die das Einsteigen erleichterten, und mehr Sitzplätze. Dadurch schoss die Nachfrage nach dem Busfahren nach oben, was den Verkehrsbetrieben mehr Umsatz bescherte.

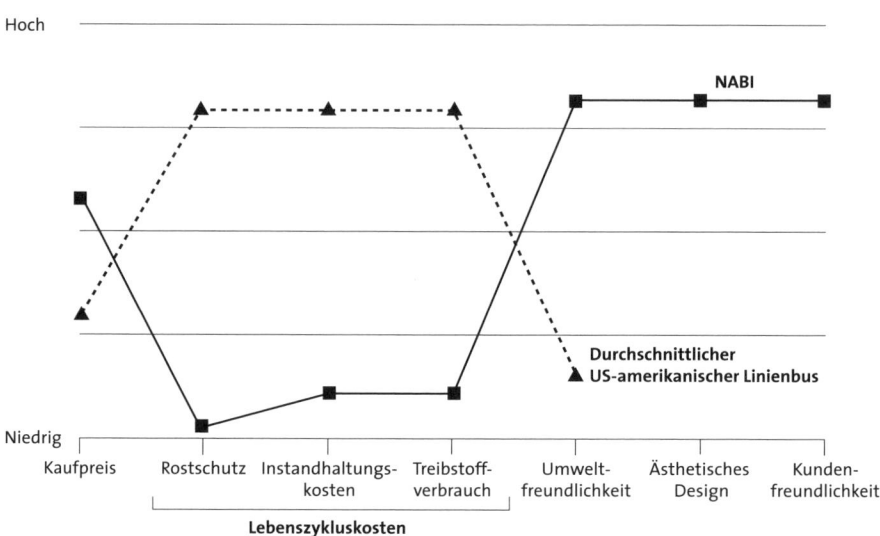

Abb. 3.3: Strategische Kontur der US-amerikanischen Linienbusse um 2001

NABI brachte die Verkehrsbetriebe dazu, die mit ihrem Linienbusdienst verbundenen Umsätze und Kosten mit ganz anderen Augen zu sehen, und erzeugte durch die geringen Lebenszykluskosten einen besonderen Nutzen für die Käufer – sowohl für die Städte und Kreise als auch für die Endverbraucher. Kommunen und Fahrgäste waren von den neuen Bussen begeistert: Die Zahl der Fahrgäste stieg um enorme 30 Prozent, als die neuen Busse zum Einsatz kamen.[6]

Ein Beispiel aus einer ganz anderen Branche: Die britischen Hersteller von Teekesseln litten trotz der großen Bedeutung für die Kultur ihres Landes unter lahmen Umsätzen und schrumpfenden Gewinnspannen – bis Philips Electronics mit einem Teekessel daherkam, der den roten Ozean in einen blauen verwandelte. Philips hatte über die komplementären Produkte und Dienstleistungen nachgedacht und erkannt, dass das größte Problem der Briten bei der Teezubereitung nicht der Kessel selbst war, sondern das Komplementärprodukt Wasser, das ja in dem Kessel gekocht werden musste. Genauer gesagt: der im Leitungswasser enthaltene Kalk, der sich zunächst in den Kesseln absetzte und später seinen Weg in den frisch aufgebrühten Tee fand. Die phlegmatischen Briten behalfen sich gewöhnlich, indem sie zu einem Löffel griffen und die unappetitlichen Kalkplättchen herausfischten, bevor sie sich zu Hause ihren Tee gönnten. Die Kesselhersteller betrachteten die Wasserqualität nicht als ihre Sache – dafür waren ihrer Ansicht nach die Wasserwerke verantwortlich.

Bei Philips aber dachte man darüber nach, wie man durch eine Gesamtlösung die Hauptschmerzpunkte für die Kunden beseitigen konnte. Dort erkannte man das Problem mit dem Wasser als große Chance. Philips entwickelte dann einen Kessel mit einem Filter am Ausguss, der die Kalkrückstände effektiv zurückhielt. Nie wieder sollten die Briten in ihrem zu Hause aufgebrühten Tee Kalkplättchen schwimmen sehen! Die Branche hob erneut zu einem starken Wachstum ab, als die Leute anfingen, ihre alten Kessel durch die neuen mit dem Filter auszutauschen.

Auch zahlreichen anderen Unternehmen gelang es, über den vierten Suchpfad einen blauen Ozean zu erobern. Dyson konstruierte seine Staubsauger so, dass das lästige und teure Auswechseln der Beutel entfiel. Das Unternehmen engagierte sich 2002 auf dem US-amerikanischen Staubsaugermarkt, der damals einen Gesamtumsatz von etwa vier Milliarden Dollar aufwies. Marktführer wie Hoover, Electrolux und Oreck machten bescheidene Gewinne mit dem Verkauf ihrer Staubsauger, die zwischen 75 und 125 Dollar kosteten. Dyson dagegen schaffte die Staubsaugerbeutel und damit die Einkäufe und Zusatzkosten für neue Beutel ab und konnte seine Staubsauger dadurch um fast den dreifachen Preis wie die anderen Unternehmen verkaufen, überflügelte die Konkurrenz und brachte die Branche zum Wachsen.

In welchem Kontext wird Ihr Produkt oder Ihre Dienstleistung benutzt? Was passiert davor, dabei und danach? Können Sie die Schmerzpunkte ermitteln? Wie könnten Sie diese Punkte durch ein komplementäres Produkt- oder Dienstleistungsangebot eliminieren?

Fünfter Suchpfad: Betrachtung der funktionalen oder emotionalen Kaufmotive

Die Unternehmen in den einzelnen Branchen haben gewöhnlich nicht nur die gleiche Vorstellung vom Spektrum ihrer Produkte und Dienstleistungen, sondern auch von der Grundlage für deren Anziehungskraft. In manchen Branchen ist der Wettbewerb hauptsächlich auf den Preis ausgerichtet; sie funktionieren größtenteils auf der Basis von Nutzenerwägungen und sprechen die Käufer auf rationaler Ebene an. In anderen Branchen beruht der Wettbewerb vor allem auf den Gefühlen; sie sprechen die Käufer auf emotionaler Ebene an.

Bei den meisten Produkten und Dienstleistungen haben die Käufer aber nicht von vornherein funktionale oder emotionale Kaufmotive. Erst durch die Art, wie der Wettbewerb der Unternehmen bisher erfolgte, entwickelten sich bei den Kunden unbewusst entsprechende Erwartungen. Das Verhalten der Unternehmen beeinflusst die Erwartungen der Käufer nämlich in einem sich selbst verstärkenden Zirkel: Im Laufe der Zeit vertieft sich sowohl bei den funktional orientierten Branchen als auch bei den emotional orientierten die bestehende Orientierung. Da verwundert es nicht, dass die Marktforschung kaum neue Erkenntnisse darüber gewinnen kann, was die Kunden anzieht. Die Branchen haben ja die Erwartungen ihrer Kunden geformt, und bei Umfragen kommt von ihnen dann das entsprechende Echo: Sie wollen mehr vom Bisherigen für weniger.

Wenn Unternehmen bereit sind, die bestehende Orientierung ihrer Branche zu ändern, entdecken sie oft neue Märkte. Wir konnten dabei zwei Hauptmuster beobachten: Emotional orientierte Branchen bieten zahlreiche Extras, die zu einem höheren Preis führen, ohne dass die Funktionalität dadurch verbessert würde. Lässt man diese Extras weg, kann man zu einem viel einfacheren Geschäftsmodell mit niedrigeren Preisen und Kosten kommen, das die Kunden begrüßen. Umgekehrt können funktional orientierte Branchen ihren Produkten oft neues Leben einhauchen, wenn sie eine Prise Gefühl hinzugeben und dadurch neue Nachfrage wecken.

Zwei bekannte Beispiele sind Swatch, das die funktional orientierte Branche der preiswerten Uhren in eine emotional orientierte verwandelte, und The Body Shop, das die emotional orientierte Kosmetikbranche als funktionales Kosmetikhaus ohne Schnickschnack transformierte. Auch QB (Quick Beauty) House gelang auf diese Weise ein großer Erfolg. Man konnte in der japanischen Friseurbranche einen blauen Ozean erobern und breitet sich jetzt schnell über ganz Asien aus. Das 1996 in Tokio gegründete Unternehmen gedieh prächtig; aus dem einen Frisiersalon, mit dem alles begann, wurden bis 2003 über 200. Die Zahl der jährlichen Kundenbesuche schnellte von 57 000 (1996) auf 3,5 Millionen (2002) empor. Heute hat QB House 463 Franchisebetriebe in Japan und 79 in Hongkong, Singapur und Taiwan.

Die SEO von QB House beruht im Kern auf einer Verschiebung der Orientierung der asiatischen Friseurbranche: von emotional zu sehr stark funktional. Wenn ein Mann sich in Japan die Haare schneiden lassen will, dauert das etwa eine Stunde. Eine ganze Stunde? Ja, denn dabei wird eine lange Reihe von Aktivitäten absolviert, damit das Haarschneiden zu einem Ritual wird. Es werden zahlreiche warme Handtücher aufgelegt, die Schultern werden gerieben und massiert, man serviert den Kunden Tee und Kaffee; der Friseur folgt beim Schneiden ebenfalls einem Ritual, zu dem auch Spezialbehandlungen der Haare und der Haut wie Föhnen und Rasieren gehören. Die tatsächlich für das Schneiden der Haare aufgewendete Zeit macht also nur einen Bruchteil der Gesamtzeit aus. Außerdem kommt es durch diesen Prozess zu langen Warteschlangen, und natürlich hat er seinen Preis: 3000 bis 5000 Yen (22 bis 36 Euro).

QB House änderte all das radikal. Man erkannte, dass vor allem die Berufstätigen keine Stunde darauf verschwenden wollen, sich die Haare schneiden zu lassen. Also schaffte man das ganze emotionale Drumherum ab – keine warmen Handtücher mehr, keine Schultermassagen, kein Tee oder Kaffee. Außerdem reduzierte man die Spezialbehandlungen der Haare stark und konzentrierte sich vor allem auf Grundschnitte. QB House ging sogar noch einen Schritt weiter: Man eliminierte den traditionellen, zeitraubenden Vorgang des Waschens und Trocknens und kreierte stattdessen das »Luftwaschsystem« – einen Schlauch, der von oben herabgezogen wird und die abgeschnittenen Haare wegsaugt. Das neue System funktioniert viel besser und schneller, und der Kopf des Kunden bleibt trocken. Durch all diese Veränderungen konnte QB House die Zeit für einen Haarschnitt von einer Stunde auf zehn Minuten senken. Und an jedem Salon zeigt eine Art Ampel an, wann der nächste Kunde bedient werden kann. So weiß der Kunde, wie lange er warten müsste, und der Schalter für die Terminvergabe konnte eliminiert werden.

Auf diese Weise konnte QB House den Preis für einen Haarschnitt auf 1000 Yen (etwa sieben Euro) senken. Der Stundenumsatz pro Friseur stieg um fast 50 Prozent, die Personalkosten waren niedriger, und es wurde weniger Arbeitsfläche pro Friseur benötigt. Schließlich sorgte QB House bei seinem »sachlichen« Haarschneideservice auch für hygienischere Bedingungen: Man ging zu einer »Einweg-Politik« über – für jeden Kunden werden ein frisches Handtuch und ein sauberer Kamm verwendet. Die Eroberung des blauen Ozeans durch QB House wird in Abbildung 3.4 dargestellt.

Auch Cemex, einer der größten Zementproduzenten der Welt, eroberte einen blauen Ozean, indem es die Orientierung seiner Branche verlagerte – allerdings in der umgekehrten Richtung, von der Funktionalität zur Emotionalität. In Mexiko entfallen über 85 Prozent des gesamten Zementmarkts auf den säckeweisen Verkauf an Heimwerker über den Einzelhandel.[7] Bis 1998 war der Markt jedoch unattraktiv, denn es gab viel mehr Nichtkunden als Kunden. Obwohl die meisten armen Familien ein Stück Land besaßen und der Zement als relativ billiges funktionales Baumaterial verkauft wurde, lebte die mexikanische Bevölkerung in chronischer Enge. Nur wenige Fami-

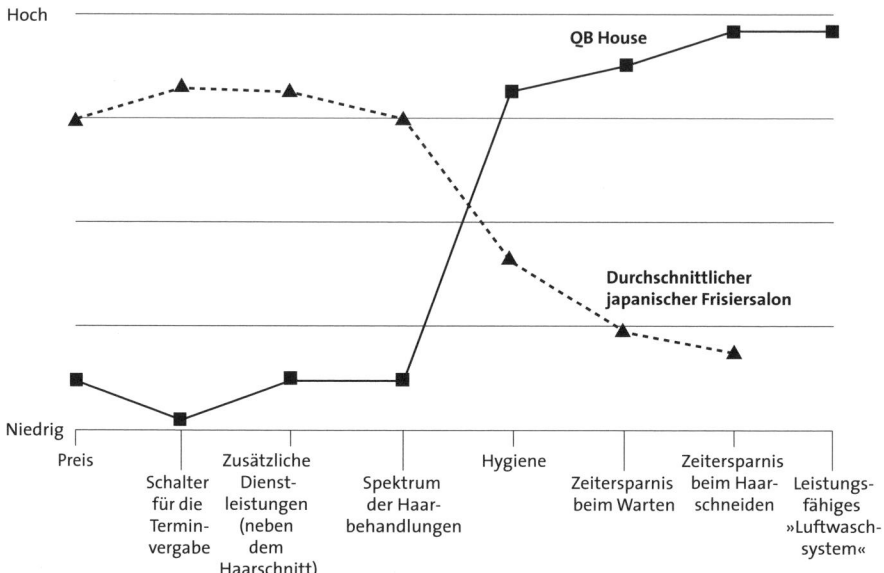

Abb. 3.4: Strategische Kontur von QB House

lien errichteten Anbauten, und der Bau eines einzigen zusätzlichen Zimmers dauerte bei ihnen im Durchschnitt vier bis sieben Jahre. Das hatte einen ganz einfachen Grund: Die Familien gaben das Geld, das sie nicht für den unmittelbaren Lebensunterhalt brauchten, für Dorffeste, Quinceañeras (die Feiern zum 15. Geburtstag der Mädchen), Taufen und Hochzeiten aus.

Diese besonderen gesellschaftlichen Anlässe boten die Chance, sich in der Dorfgemeinschaft hervorzutun; nicht mitzumachen wäre als Hochmut und grobe Unhöflichkeit ausgelegt worden.

Daher verfügten die meisten armen Familien in Mexiko nicht über ausreichende Ersparnisse, um Baumaterial zu kaufen – obwohl man dort von Häusern aus Zement träumte. Schon bei einer vorsichtigen Schätzung kam Cemex zu dem Ergebnis, dass dieser Markt auf ein Jahresvolumen von 500 bis 600 Millionen US-Dollar wachsen konnte, wenn es gelang, die bisher brachliegende Nachfrage zu erschließen.[8]

1998 brachte Cemex dann das *Patrimonio-Hoy*-Programm heraus, das die Orientierung der Branche völlig verschob: Das bis dahin rein funktionale Produkt Zement versprach jetzt die Erfüllung von Träumen. Wer Zement kaufte, konnte Zimmer für die Liebe bauen, wo man gemeinsam lachen und glücklich sein würde. Konnte man sich eine bessere Gabe vorstellen? Das

Patrimonio-Hoy-Programm beruhte auf dem traditionellen mexikanischen System der *Tandas*, einem dörflichen Sparschema. Dabei zahlen beispielsweise zehn Personen zehn Wochen lang 100 Peso pro Woche ein. Durch eine Auslosung wird vorweg ermittelt, wer die 1000 Peso (68 Euro) in den einzelnen Wochen »gewinnt«. Jeder Teilnehmer gewinnt nur einmal, doch dann erhält er eine beträchtliche Summe, mit der er einen großen Kauf tätigen kann.

Bei den traditionellen *Tandas* gaben die Familien der Gewinner den Geldsegen für ein wichtiges Fest wie eine Taufe oder Hochzeit aus. Beim *Patrimonio-Hoy*-Programm aber ist die Supertanda dafür bestimmt, mit Zement Zimmer anzubauen. Man kann sich das wie ein Geschenk zur Hochzeit oder Taufe vorstellen, doch die Liebesgabe von Cemex war eben kein Tafelsilber, sondern Zement.

Die von Cemex gegründeten *Patrimonio-Hoy*-Klubs bestanden aus Gruppen von etwa 70 Leuten, die 70 Wochen lang durchschnittlich jeweils 120 Peso pro Woche einzahlten. Der Gewinner der wöchentlichen Supertanda erhielt jedoch kein Geld, sondern den Gegenwert in Baumaterialien, die für ein ganzes neues Zimmer reichten. Cemex stockte das noch auf: Man lieferte dem Gewinner den Zement, hielt Kurse über den effektiven Bau von Zimmern ab und stellte den Teilnehmern während des Projekts einen Berater vom Fach zur Seite. Die Mitglieder eines *Patrimonio-Hoy*-Klubs bauen ihre Häuser oder Anbauten dreimal schneller und zu einem geringeren Preis, als es in Mexiko die Norm ist.

Während die Konkurrenz weiter Zementsäcke anbot, verkaufte Cemex jetzt einen Traum, mit einem Geschäftsmodell, zu dem eine innovative Finanzierung und bautechnische Fachkenntnis gehörten. Das Unternehmen ging sogar noch einen Schritt weiter: Wenn ein Zimmer fertig war, richtete man ein kleines Fest für das Dorf aus; so brachte man den Menschen noch mehr Glück und hielt zugleich die *Tanda*-Tradition lebendig.

Da Cemex die neue emotionale Orientierung seines Zements mit einem Finanzierungsdienst und technischer Unterstützung verband, schnellte die Nachfrage in die Höhe. Im Jahr 2012 profitierten 1,9 Millionen Einzelpersonen und 380 000 Familien von *Patrimonio Hoy*, und Cemex trägt in unterentwickelten Gebieten nunmehr seit mehr als 15 Jahren zur Bekämpfung der Wohnungsnot bei. Da absehbar ist, wie viel Zement durch das Programm verkauft wird, sinkt auch die Kostenstruktur von Cemex (geringere Lagerkosten, glattere Produktionsabläufe, garantierter Absatz und damit niedrigere Kapitalkosten). Der gesellschaftliche Druck sorgt dafür, dass die meisten Leute ihre Zahlungen für die *Supertandas* tatsächlich leisten. Cemex eroberte also einen blauen Ozean, indem es die Orientierung seiner Branche von der Funktionalität zur Emotionalität verlagerte. So gelang bei niedrigen Kosten eine Differenzierung, und Cemex hat zahlreiche Auszeichnungen bekommen, einschließlich des World Business Award der UN für die Unterstützung der Milleniumsziele im Jahr 2006 und des UN Habitat Award des Jahres 2009 für die besten Lösungen beim Bau preiswerter Häuser.

Pfizer verschob den Fokus durch sein ungeheuer gefragtes Produkt Viagra von der medizinischen Behandlung zur Verbesserung der Lebensqualität. Und Starbucks stellte die Kaffeebranche auf den Kopf, indem es den Schwerpunkt vom nüchternen Verkauf auf die emotionale Atmosphäre, in der die Kunden ihren Kaffee genießen, verlagerte.

In einer ganzen Reihe von Dienstleistungsbranchen kommt es derzeit zur Eroberung blauer Ozeane in umgekehrter Richtung – durch den Wechsel von einer emotionalen Orientierung zu einer funktionalen. Die Versicherungen, die Banken und die Anbieter von Geldanlagen setzen seit Langem stark auf die emotionale Bindung zwischen dem Makler oder Banker und dem Kunden. Dort stehen jetzt große Veränderungen an. So hat die britische Versicherungsgesellschaft Direct Line Group die traditionellen Agenten abgeschafft. Man war der Ansicht, dass die Kunden deren emotionale Unterstützung nicht brauchen würden, wenn das Unternehmen bessere Arbeit leistete, also beispielsweise in Schadensfällen schnell zahlte und den komplizierten Papierkram eliminierte. Direct Line verbesserte die Schadensregulierung, indem es statt mit Agenten und Regionalbüros mit der Informationstechnologie arbeitet. Einen Teil der Kostenersparnis gibt man in Form niedrigerer Prämien an die Kunden weiter. In den mehr als 20 Jahren seit seiner Gründung hat Direct Line durch seine SEO Kunden und Auszeichnungen, wie zum Beispiel den Preis für die beste, vertrauenswürdigste und innovativste Kfz-Versicherung im Vereinigten Königreich, bekommen. In den USA machten The Vanguard Group (bei den Indexfonds) und Charles Schwab (im Brokergeschäft) im Investmentsektor das Gleiche und eroberten einen blauen Ozean; sie verwandelten auf der persönlichen Beziehung beruhende, emotional orientierte Geschäfte in funktionale Geschäfte mit hoher Performance, aber niedrigen Kosten.

Beruht der Wettbewerb in Ihrer eigenen Branche auf Funktionalität oder auf emotionaler Anziehung? Falls er auf emotionaler Anziehung basiert: Welche Elemente können Sie abschaffen, um eine funktionale Orientierung zu erreichen? Falls er auf Funktionalität basiert: Welche Elemente können Sie hinzufügen, um eine emotionale Orientierung zu bewirken?

Sechster Suchpfad: Betrachtung nachhaltiger Trends

Alle Branchen sind externen Trends unterworfen, die ihr Geschäft im Laufe der Zeit beeinflussen. Denken Sie nur an den raschen Aufstieg des Internets oder die weltweit zunehmende Berücksichtigung des Umweltschutzes. Wenn Unternehmen diese Trends aus der richtigen Perspektive betrachten, können sie Chancen zur Eroberung blauer Ozeane erkennen.

Die meisten Unternehmen passen sich dem Gang der Ereignisse in kleinen Schritten und eher passiv an. Ob es nun das Auftauchen neuer Technologien oder tief greifende Änderungen bei den gesetzlichen Vorschriften sind – die Manager neigen dazu, sich auf die Vorhersage des Trends selbst zu konzentrieren. Sie fragen sich, in welche Richtung eine Technologie sich entwickeln wird, wie sie angenommen werden und welche Größenordnung sie haben wird. Sie richten sich beim Tempo ihrer Aktionen also nach der Entwicklung der Trends, die sie verfolgen.

Durch die bloße Vorhersage eines Trends lassen sich jedoch nur selten Erkenntnisse über SEOs gewinnen. Die entscheidende Frage ist vielmehr, wie der Trend den Nutzen für die Kunden ändern und sich auf das Geschäftsmodell des eigenen Unternehmens auswirken wird. Die Manager können ihre Zukunft nur dann aktiv gestalten und neue blaue Ozeane erschließen, wenn sie von dem Nutzen, den der Markt heute liefert, auf jenen blicken, den er morgen liefern könnte. Dieser Blick über die Zeit hinweg mag schwieriger sein als die fünf bisher besprochenen Suchpfade, doch man kann dabei auf die gleiche disziplinierte Weise vorgehen. Natürlich ist es nicht möglich, die Zukunft vorherzusagen; man kann aber aus Trends, die heute zu beobachten sind, Erkenntnisse über die Zukunft gewinnen.

Für die Beurteilung nachhaltiger Trends gibt es drei Schlüsselprinzipien: Solche Trends können nur dann die Grundlage für eine SEO bilden, wenn sie für Ihr Geschäft entscheidend sind, irreversibel sind und eine klare Richtung haben. Es lassen sich immer viele Trends beobachten – beispielsweise ein Bruch bei der Technologie, das Aufkommen eines neuen Lebensstils oder Veränderungen bei den gesetzlichen Vorschriften oder der sozialen Umgebung. Auf ein bestimmtes Geschäft werden sich aber gewöhnlich nur ein oder zwei dieser Trends entscheidend auswirken.

Hat man einen Trend dieser Art erkannt, sollte man seinen zeitlichen Verlauf betrachten und sich fragen, wie der Markt aussehen würde, wenn man diesen Trend zu seinem logischen Abschluss bringen würde. Dann kann man herausfinden, was heute geändert werden muss, damit man einen neuen blauen Ozean erschließen kann.

Ein Beispiel: Apple beobachtete die Schwemme des illegalen Sharings von Musiktiteln, die Ende der 1990er-Jahre begann. Durch Tauschbörsen wie Napster, Kazaa und LimeWire war ein Netz entstanden, über das Musikliebhaber kostenlos, aber illegal quer über den Erdball hinweg Songs herunterluden – 2003 jeden Monat über zwei Milliarden. Während die Musikindustrie alles versuchte, um gegen die Raubkopierer von CDs vorzugehen, griff das illegale Herunterladen digitaler Musik weiter um sich.

Die nötige Technologie war ja vorhanden – jeder konnte sich über das Internet Songs umsonst besorgen, statt damals durchschnittlich 19 Dollar für eine CD zu bezahlen. Der Trend zur digitalen Musik war also klar und wurde durch die rasch steigende Nachfrage nach MP3-Playern zum mobilen Abspielen von Musik (wie dem iPod, dem Hit von Apple) unterstrichen. Diesen entscheidenden Trend mit einer klaren Richtung machte sich Apple zunutze und eröffnete 2003 seinen Online-Musikladen iTunes.

In Zusammenarbeit mit fünf großen Unternehmen aus der Musikbranche – BMG, EMI Group, Sony, Universal Music Group und Warner Brothers Records – bot Apple legale, benutzerfreundliche und flexible Downloads von Songs. Man konnte kostenlos in einem Bestand von 200 000 Titeln stöbern, sich Ausschnitte von 30 Sekunden Länge anhören und dann für 99 Cent einen Song oder für 9,99 Dollar ein ganzes Album herunterladen. iTunes ermöglichte es den Leuten, einzelne Songs zu kaufen, und zwar zu einem Preis, der strategisch gewählt und viel angemessener war. Damit beseitigte Apple einen der Schlüsselfaktoren, über die die Kunden sich bis dahin geärgert hatten: dass sie auch dann eine ganze CD kaufen mussten, wenn sie nur einen oder zwei Songs wollten.

iTunes bot auch mehr als die bisherigen Dienste für kostenfreie Downloads: neben guter Tonqualität intuitive Navigations-, Such- und Browser-Funktionen. Wer illegal Musik herunterladen wollte, musste ja zunächst nach dem Song, dem Album oder dem Sänger suchen. Wer ein ganzes Album haben wollte, musste alle Titel und ihre Reihenfolge kennen, denn man fand nur selten irgendwo ein vollständiges Album. Die Tonqualität war durchgängig schlecht, da die meisten Leute ihre CDs mit einer niedrigen Bit-Rate brannten, um Platz zu sparen. Und da sehr viele Angebote auf den Geschmack der 16-Jährigen zugeschnitten waren, war der Umfang begrenzt.

Die Such- und Browser-Funktionen von Apple aber gelten als die besten in diesem Geschäft. Außerdem bot iTunes mehrere zusätzliche Features, die man traditionell in den Plattenläden fand, zum Beispiel die »Schönsten Liebeslieder«, die Lieblingssongs der Redaktion und *Billboard*-Charts. Und die Tonqualität war hervorragend; die Songs wurden nämlich in einem AAC genannten Format codiert, das eine höhere Tonqualität lieferte als die MP3s, selbst wenn das Brennen mit einer sehr hohen Übertragungsgeschwindigkeit erfolgte.

Die Kunden strömten in Scharen zu iTunes, und die CD-Hersteller und die Sänger sind ebenfalls Gewinner. Sie erhalten etwa 70 Prozent des Kaufpreises für die digital heruntergeladenen Songs und profitieren jetzt endlich auch finanziell von der Begeisterung für das Downloaden. Außerdem entwickelte Apple damals einen Copyright-Schutz, der einerseits für die Benutzer – die sich ja an die Freiheit der digitalen Musik seit Napster gewöhnt hatten – hinnehmbar war und andererseits die Musikindustrie zufriedenstellte: Der Online-Musikladen iTunes gestattete seinen Kunden, die gekauften Songs bis zu siebenmal auf iPods und CDs zu brennen; den Musikfans genügt das völlig, doch für professionelle Piraten reicht es längst nicht.

Heute bietet iTunes 37 Millionen Songs sowie Filme, Fernsehserien, Bücher und Podcasts an und hat inzwischen mehr als 25 Milliarden Songs verkauft. Die Benutzer laden pro Minute 15 000 Songs herunter. Auf iTunes entfallen schätzungsweise 60 Prozent des Marktes der legalen Musik-Downloads. Apple hat also einen blauen Ozean in der digitalen Musik erschlossen und beherrscht seit mehr als einem Jahrzehnt den Markt, mit dem erfreulichen Nebeneffekt, dass sein beliebter iPod-Player dadurch noch attraktiver wird. Wenn nun andere Online-Musikläden einsteigen, muss Apple den Blick weiter auf den entstehenden Massenmarkt richten und darf sich nicht an der Konkurrenz orientieren oder in ein Nischenmarketing in der oberen Preisklasse verfallen.

Auch Cisco Systems schuf über den sechsten Suchpfad einen neuen Markt. Am Anfang stand ein entscheidender, irreversibler Trend mit einer klaren Richtung: die wachsende Nachfrage nach Datenaustausch mit hoher Übertragungsgeschwindigkeit. Cisco betrachtete die damalige Situation und kam zu dem Schluss, dass die langsame Datenübertragung und die Inkompatibilität der Computernetze eine große Behinderung darstellten. Die Nachfrage zog enorm an – nicht zuletzt, weil sich die Zahl der Internetnutzer etwa alle 100 Tage verdoppelte. Cisco konnte daher klar erkennen, dass das Problem sich weiter verschlimmern würde. Die Router, Schalter und anderen Produkte sollten einen schnellen Datenaustausch in einer nahtlosen Netzwerkumgebung ermöglichen und so einen Durchbruch beim Nutzen für die Kunden bringen. Deshalb spielte bei Ciscos SEO die Nutzeninnovation eine ebenso große Rolle wie die neue Technologie.

Zahlreiche andere Unternehmen erschließen derzeit über den sechsten Suchpfad blaue Ozeane. CNN stellte im Zuge der zunehmenden Globalisierung das erste weltweite Nachrichtennetz auf die Beine, das rund um die Uhr live sendet. Und HBO griff mit seinem Hit *Sex and the City* den Trend auf, dass in den Städten immer mehr erfolgreiche Frauen später in ihrem Leben versuchen, noch die Liebe zu finden und zu heiraten. Es erschloss damit einen blauen Ozean, der sechs Jahre Bestand hatte. Die Serie, die immer noch von anderen Sendern ausgestrahlt wird, wurde von dem Nachrichtenmagazin *Time* in die Liste der 100 besten Fernsehserien aller Zeiten aufgenommen.

Welche Trends werden sich mit großer Wahrscheinlichkeit auf Ihre eigene Branche auswirken, sind irreversibel und entwickeln sich in einer klaren Richtung? Wie werden diese Trends Ihre Branche beeinflussen? Wie können Sie den Kunden auf Grundlage dieser Erkenntnisse einen ganz neuen Nutzen bieten?

Erschließung neuer Märkte

Wenn man die etablierten Marktgrenzen durch strategische Bewegungen umgestalten und blaue Ozeane erobern will, muss man also über die traditionellen Grenzen des Wettbewerbs hinausblicken. Bei der Entdeckung und Eroberung blauer Ozeane geht es nicht darum, Branchentrends vorherzusagen oder vorwegzunehmen. Es handelt sich auch nicht um einen Trial-and-Error-Prozess, bei dem die Manager abenteuerliche neue Geschäftsideen umsetzen, die ihnen gerade in den Sinn kommen oder die ihre Intuition ihnen eingibt. Nein, die Unternehmen vollziehen dann einen strukturierten Prozess, bei dem die Gegebenheiten des Marktes auf ganz neue Weise geordnet werden. Durch die Umgestaltung der vorhandenen Marktelemente über die Branchen- und Marktgrenzen hinweg können sie sich aus dem direkten Wettbewerb in den roten Ozeanen befreien. Abbildung 3.5 gibt einen Überblick über die sechs Suchpfade.

Nun sind wir so weit, dass wir den Prozess der strategischen Planung um die sechs Suchpfade herum aufbauen können. Im nächsten Kapitel geht es darum, wie Sie diesen Prozess so umgestalten können, dass er auf dem Gesamtbild beruht, und diese Ideen bei der Formulierung Ihrer eigenen SEO anwenden können.

3 Umgestaltung der Marktgrenzen

	Direkter Wettbewerb	**Eroberung blauer Ozeane**
Branche	Konzentriert sich auf die Konkurrenten innerhalb der eigenen Branche	Betrachtet alternative Branchen
Strategische Gruppe	Konzentriert sich auf die Wettbewerbsposition innerhalb der eigenen strategischen Gruppe	Betrachtet die strategischen Gruppen in der Branche
Käufergruppe	Konzentriert sich darauf, der Käufergruppe besser zu dienen	Definiert die Käufergruppe der Branche neu
Umfang des Produkt- oder Dienstleistungsangebots	Konzentriert sich darauf, den Wert der Produkt- und Dienstleistungsangebote innerhalb der Grenzen der eigenen Branche zu maximieren	Betrachtet komplementäre Produkt- und Dienstleistungsangebote
Funktionale/ emotionale Orientierung	Ist darauf fokussiert, die Preisleistung im Rahmen der Orientierung der eigenen Branche zu verbessern	Überdenkt die Orientierung der Branche
Trends	Konzentriert sich darauf, sich an externe Trends anzupassen, wenn sie auftreten	Beteiligt sich an der Gestaltung externer Trends im Laufe der Zeit

Abb. 3.5: Vom direkten Wettbewerb zur Eroberung blauer Ozeane

4 Fokussierung auf das Gesamtbild

Sie wissen jetzt, wie man blaue Ozeane erobern kann. Die nächste Frage lautet: Wie lässt der Prozess der strategischen Planung sich so gestalten, dass er auf das Gesamtbild fokussiert ist? Wie können Sie diese Ideen anwenden, wenn Sie die strategische Kontur Ihres Unternehmens für eine SEO zeichnen? Das ist keine leichte Aufgabe. Unseren Forschungen zufolge führt die strategische Planung bei den meisten Unternehmen dazu, dass sie an die roten Ozeane gebunden bleiben, denn sie treibt die Unternehmen gewöhnlich dazu, innerhalb des vorhandenen Marktes zu konkurrieren.

Wie sieht der typische Strategieplan denn aus? Er beginnt mit einer eingehenden Beschreibung der aktuellen Bedingungen in der Branche und der Wettbewerbssituation. Es folgen eine Diskussion darüber, wie man den Marktanteil vergrößern, neue Segmente erobern oder die Kosten senken kann, sowie eine grobe Darstellung zahlreicher Ziele und Initiativen. Fast immer werden ein detailliertes Budget und eine Unmenge von Diagrammen und Kalkulationstabellen beigefügt. Der Prozess gipfelt dann gewöhnlich in der Anfertigung einer großen Dokumentation, die aus einem Mischmasch von Daten zusammengestellt wurde; diese Daten stammen von Leuten aus verschiedenen Teilen der Organisation, die oft gegensätzliche Agenden haben und zwischen denen viel zu wenig Kommunikation stattfindet. So verbringen die Manager den Großteil der für die Strategieentwicklung zur Verfügung stehenden Zeit damit, Kästchen auszufüllen und mit Zahlen zu jonglieren, statt über die Kästchen hinauszublicken und ein deutliches Bild davon zu entwerfen, wie man der Konkurrenz ausweichen kann. Kein Wunder, dass man kaum klare oder zwingende Strategien zu sehen bekommt, wenn man Unternehmen auffordert, ihre auf diese Weise entwickelten Strategien auf ein paar Dias zu präsentieren!

Es ist nur folgerichtig, dass so wenige strategische Pläne zur Eroberung blauer Ozeane führen oder überhaupt umgesetzt werden. Die Topteams werden durch den ganzen Wirrwarr regelrecht gelähmt. Weit unten im Unternehmen weiß kaum jemand, wie die Strategie eigentlich aussieht. Und bei genauerer Betrachtung zeigt sich, dass die meisten Pläne gar keine Strategie enthalten, sondern ein buntes Sammelsurium von Taktiken, die zwar einzeln sinnvoll sind, in der Summe aber keine klare, einheitliche Richtung ergeben, durch die das Unternehmen sich von der Konkurrenz abheben würde – von der Schaffung eines neuen Marktes, in dem es keine Konkurrenz gibt, ganz zu schweigen. Erinnert Sie das nicht an die strategischen Pläne Ihres eigenen Unternehmens?

Das bringt uns zum zweiten Prinzip von SEOs: der Fokussierung auf das Gesamtbild. Dieses Prinzip ist der Schlüssel zu einer Verringerung des Planungsrisikos, sodass die Investition von viel Mühe und Zeit nicht nur zu taktischen Bewegungen im roten Ozean führt. Wir entwickeln hier eine Alternative zum existierenden Prozess der strategischen Planung, die auf der Anfertigung einer strategischen Kontur statt einer Dokumentation basiert.[1]

Bei dieser Vorgehensweise entstehen durchweg Strategien, die die Kreativität eines großen Spektrums von Leuten in der Organisation entfesseln, dem Unternehmen die Augen für bisher unentdeckte blaue Ozeane öffnen und leicht zu verstehen und zu kommunizieren sind, sodass sie sich effektiv umsetzen lassen.

Der Weg zum Gesamtbild: Die strategische Kontur

Bei unseren Forschungen wie bei unserer Arbeit als Berater haben wir festgestellt, dass eine strategische Kontur nicht nur die aktuelle strategische Position des betreffenden Unternehmens grafisch wiedergibt, sondern auch dabei hilft, seine künftige Strategie abzustecken. Wenn die Manager sich bei ihrem Planungsprozess auf eine strategische Kontur stützen, richten sie ihr Hauptaugenmerk auf das Gesamtbild, statt sich in Zahlen, der Fachsprache und operativen Details zu verfangen.[2]

Wir haben ja schon ausgeführt, dass die Anfertigung einer strategischen Kontur drei Vorteile hat: Sie gibt erstens das strategische Profil der betreffenden Branche wieder, und zwar durch eine sehr klare Darstellung jener Faktoren (und der möglichen künftigen Faktoren), die den Wettbewerb zwischen den Unternehmen in dieser Branche beeinflussen. Sie zeigt zweitens das strategische Profil der gegenwärtigen und potenziellen Wettbewerber und identifiziert die Faktoren, in die sie im Rahmen ihrer Strategie investieren. Drittens stellt sie das strategische Profil – die Nutzenkurve – des Unternehmens dar und veranschaulicht, wie es derzeit in die Wettbewerbsfaktoren investiert und wie es in Zukunft in sie investieren könnte. Wie in Kapitel 2 dargelegt, haben strategische Profile mit großem Potenzial zur Eroberung blauer Ozeane drei sich ergänzende Eigenschaften: Fokus, Divergenz und einen überzeugenden Slogan. Falls das strategische Profil eines Unternehmens diese drei Charakteristika nicht deutlich erkennen lässt, dürfte seine

4 Fokussierung auf das Gesamtbild

Strategie verworren, undifferenziert und schwer zu kommunizieren sein – und teuer in der Umsetzung.

Anfertigung der strategischen Kontur

Eine strategische Kontur anzufertigen ist nie einfach. Schon die Ermittlung der Schlüsselfaktoren des Wettbewerbs ist keine leichte Aufgabe – die endgültige Liste unterscheidet sich meist ganz erheblich vom ersten Entwurf.

Auch die Beurteilung, wie stark Ihr eigenes Unternehmen und seine Konkurrenten die verschiedenen Wettbewerbsfaktoren bieten, ist schwierig. Die meisten Manager haben einen sehr guten Eindruck davon, wie sie selbst und die Konkurrenz bei ein oder zwei Dimensionen innerhalb ihres eigenen Zuständigkeitsbereichs abschneiden; die Gesamtdynamik der Branche aber erkennen nur wenige. So wird der für das Catering verantwortliche Manager einer Fluggesellschaft genau wissen, wie seine Airline bei der Bordverpflegung gegenüber den anderen dasteht. Diese Fokussierung erschwert jedoch die Gesamtbetrachtung – was der Manager als großen Unterschied empfindet, ist den Kunden, die ja das Gesamtangebot im Blick haben, vielleicht gar nicht wichtig. Manche Manager definieren die Wettbewerbsfaktoren aufgrund von internen Vorteilen. So könnte ein CIO die IT-Infrastruktur seines Unternehmens schätzen, weil sie besonders viele Daten ermittelt; für die meisten Kunden dürfte das jedoch überhaupt keine Rolle spielen, da es ihnen mehr um die Schnelligkeit und die Benutzerfreundlichkeit geht.

In den letzten 20 Jahren haben wir einen strukturierten Prozess für die Anfertigung einer strategischen Kontur entwickelt, durch den die Strategie der betreffenden Unternehmen auf blaue Ozeane zugetrieben wird. Zu den Unternehmen, die sich bei der Entwicklung ihrer Strategie an diesen Prozess hielten, gehört eine Gruppe, die Finanzdienstleistungen anbietet; wir wollen sie hier European Financial Services (EFS) nennen. Die Strategie, die so entstand, brachte EFS im ersten Jahr einen Umsatzsprung von 30 Prozent. Der Prozess baut auf den sechs Suchpfaden für blaue Ozeane auf und beinhaltet viel visuelle Anregung, um die Kreativität der Leute zu entfesseln; er besteht aus vier Hauptphasen (siehe Abbildung 4.1).

1. Visualisierung des Aufbruchs	2. Visualisierung der Entdeckungen	3. Visualisierung der strategischen Optionen	4. Visualisierung der Kommunikation
▪ Seine strategische Kontur in der derzeitigen Situation zeichnen und das eigene Geschäft mit dem der Konkurrenten vergleichen. ▪ Untersuchen, wo die eigene Strategie geändert werden muss.	▪ Ins Feld gehen, um die sechs Suchpfade zur Eroberung blauer Ozeane zu erforschen. ▪ Die besonderen Vorteile alternativer Produkte und Dienstleistungen ermitteln. ▪ Herausfinden, welche Faktoren man eliminieren, kreieren oder ändern muss.	▪ Auf Grundlage der durch die Beobachtungen im Feld gewonnenen Erkenntnisse seine strategische Kontur für die Zukunft zeichnen. ▪ Sich von den eigenen Kunden, den Kunden der Konkurrenz sowie von Nichtkunden Feedback zu den alternativen strategischen Konturen holen. ▪ Das Feedback benutzen, um die beste Strategie für die Zukunft zu entwickeln.	▪ Das derzeitige und das künftige strategische Profil auf einer Seite nebeneinander stellen, um einen leichten Vergleich zu ermöglichen. ▪ Nur diejenigen Projekte und operativen Bewegungen unterstützen, die es dem Unternehmen ermöglichen, die Lücken zur Aktualisierung der neuen Strategie zu schließen.

Abb. 4.1: Die vier Phasen bei der Visualisierung einer Strategie

Erste Phase: Visualisierung des Aufbruchs

Oft wird über Änderungen bei der Strategie gesprochen, bevor die Meinungsverschiedenheiten im Hinblick auf den gegenwärtigen Stand des Spiels gelöst wurden – doch das ist ein Fehler. Außerdem wollen die Führungskräfte häufig nicht akzeptieren, dass Veränderungen nötig sind; der Status quo bringt ihnen nämlich Vorteile, oder sie haben das Gefühl, dass ihre bisherigen Entscheidungen sich im Laufe der Zeit als richtig erweisen werden. Wenn wir Topmanager fragen, was sie dazu bringt, blaue Ozeane aufzuspüren und Veränderungen durchzusetzen, sagen die meisten: ein sehr entschlossener Führer oder eine ernste Krise.

Zum Glück haben wir festgestellt, dass die Führungskräfte die Notwendigkeit von Veränderungen erkennen, wenn man sie die Nutzenkurve für die Strategie ihres Unternehmens zeichnen lässt. Das ist ein sehr wirksamer Weckruf, der die Unternehmen dazu treibt, ihre aktuellen Strategien zu hinterfragen. Diese Erfahrung machte man auch bei EFS, wo man sich schon lange mit einer schlecht definierten und kommunizierten Strategie herumschlug. Außerdem lief ein breiter Graben durch das Unternehmen. Die Topmanager in den Tochterfirmen hielten die Spitze der Gruppe für unerträglich arrogant; ihrer Ansicht nach lautete die Philosophie dieser Leute: »Dummköpfe im Feld, kluge Köpfe in der Zentrale.« Durch diesen Konflikt war es für EFS noch schwieriger, seine strategischen Probleme in den Griff zu bekommen. Bevor man jedoch eine neue Strategie abstecken konnte, musste man unbedingt Übereinstimmung bei der Beurteilung der aktuellen Position erreichen.

EFS begann den Strategieprozess, indem man über 20 hohe Führungskräfte aus Tochterfirmen in Europa, Nordamerika, Asien und Australien zusammenrief und sie in zwei Teams aufteilte. Das eine sollte eine Nutzenkurve erstellen, die das aktuelle strategische Profil von EFS beim traditionellen Devisengeschäft mit Firmenkunden im Vergleich zur Konkurrenz zeigte. Das andere Team erhielt die gleiche Aufgabe, aber für das gerade entstehende Online-Devisengeschäft von EFS. Beide Teams bekamen nur 90 Minuten Zeit; wenn EFS nämlich eine klare Strategie hatte, musste sie sich doch schnell abzeichnen.

Es war eine sehr schmerzhafte Erfahrung. Beide Teams führten hitzige Debatten darüber, wie ein Wettbewerbsfaktor zu definieren war und wie diese Faktoren aussahen. Offenbar waren in den verschiedenen Regionen und sogar für unterschiedliche Kundensegmente jeweils andere Faktoren wichtig. So sagten die Europäer, EFS müsse in seinem traditionellen Geschäft eine Beratung zum Risikomanagement anbieten, da ihre Kunden Risiken scheuen. Die Amerikaner jedoch fanden das irrelevant; sie stellten Schnelligkeit und Benutzerfreundlichkeit in den Vordergrund. Viele Leute hatten Ideen, die sie nicht aufgeben wollten, denen sich aber niemand anders anschloss. So vertrat jemand aus dem Online-Team die Ansicht, dass die sofortige Bestätigung der Transaktionen neue Kunden anziehen würde; er war jedoch der Einzige, der diese Dienstleistung für nötig hielt. Eine solche Dienstleistung wurde damals von keinem Unternehmen in der Branche angeboten. Tatsächlich gab es Anfang 2000 außer ein paar wenigen Firmen wie Amazon in allen Branchen kaum Unternehmen, die eine Transaktion automatisch bestätigten. Trotz dieser Schwierigkeiten erledigten beide Teams ihre Aufgabe und präsentierten ihre Ergebnisse (siehe Abbildungen 4.2 und 4.3) dann bei einem Treffen aller Teilnehmer.

Beide strategischen Konturen zeigten, dass die Strategie von EFS deutliche Mängel aufwies. Sowohl der Nutzenkurve für das traditionelle als auch der für das Online-Geschäft fehlte es an Fokussierung; man investierte bei beiden Geschäften in zahlreiche ganz unterschiedliche Faktoren. Außerdem ähnelten die beiden Kurven von EFS denen der Konkurrenten stark. Da

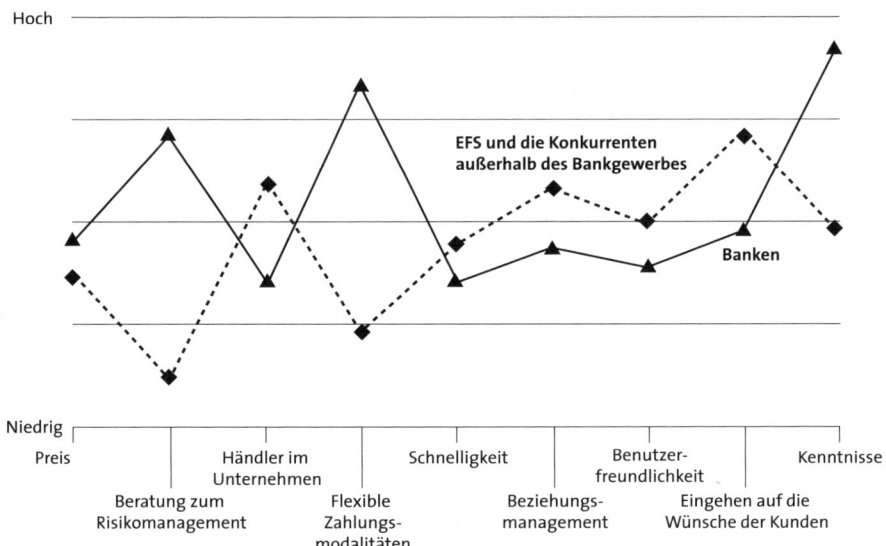

Abb. 4.2: Strategische Kontur von EFS für das traditionelle Devisengeschäft mit Firmenkunden

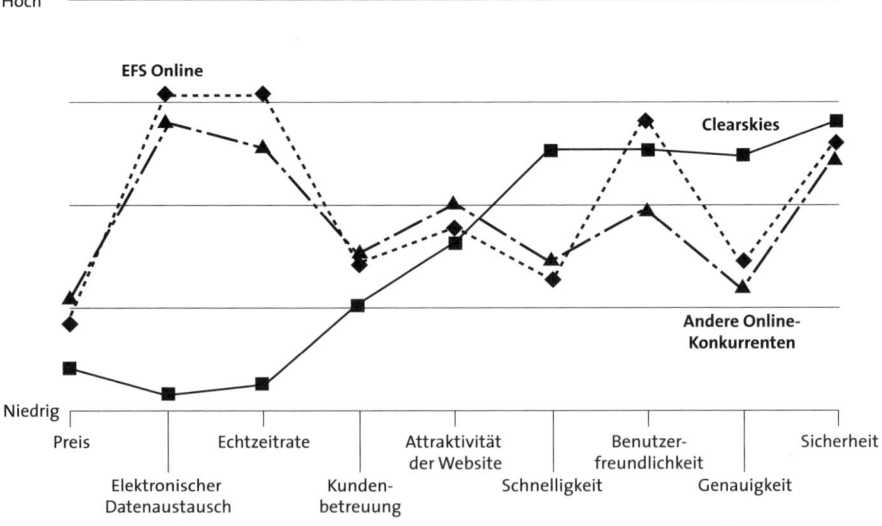

Abb. 4.3: Strategische Kontur von EFS für das Online-Devisengeschäft mit Firmenkunden

überrascht es nicht, dass keines der Teams einen einprägsamen Slogan gefunden hatte.

Die grafischen Darstellungen zeigten auch Widersprüche auf. So hatte das Online-Geschäft massiv investiert, um die Website benutzerfreundlich zu machen; man hatte dafür sogar Auszeichnungen bekommen! Leider erwies sich, dass man den Faktor Schnelligkeit vernachlässigt hatte. Die Website von EFS gehörte zu den langsamsten in der ganzen Branche; das dürfte die Erklärung dafür sein, dass eine so positiv beurteilte Website ihren Zweck, Kunden anzuziehen und den Umsatz zu steigern, eher schlecht als recht erfüllte.

Der größte Schock aber kam, als man die Strategie von EFS mit denen seiner Konkurrenten verglich. Der Online-Gruppe wurde klar, dass der stärkste Konkurrent, den wir Clearskies genannt haben, eine fokussierte und leicht kommunizierbare Strategie hatte: »Ein-Klick E-Z FX«. Clearskies wuchs schnell und war dabei, den roten Ozean hinter sich zu lassen.

Nun konnten die Führungskräfte von EFS ihre Strategie nicht mehr verteidigen – sie hatten ja schwarz auf weiß gesehen, dass sie schwach und lahm war und schlecht kommuniziert wurde. Der Versuch, die strategischen Konturen zu zeichnen, hatte sich als stärkeres Argument für Veränderungen erwiesen als alle auf Zahlen und Worten basierenden Erklärungen. Also machte das Topmanagement sich daran, die aktuelle Strategie ernsthaft zu überdenken.

Zweite Phase: Visualisierung der Entdeckungen

Der Aufbruch ist nur die erste Phase. Die nächste besteht darin, ein Team ins Feld zu schicken, damit die Manager das, was sie berücksichtigen und interpretieren müssen – wie die Leute ihre Produkte und Dienstleistungen benutzen oder eben nicht benutzen –, mit eigenen Augen sehen. Dieser Schritt des Strategieprozesses mag Ihnen selbstverständlich scheinen, doch wir haben festgestellt, dass die Manager ihn häufig outsourcen. Dann müssen sie sich aber auf die Berichte von Leuten verlassen, die sich mit ihrem Geschäft oft gar nicht richtig auskennen.

Unternehmen dürfen ihre Augen niemals outsourcen! Große Künstler malen ja auch nicht nach den Beschreibungen anderer oder nach Fotos, sondern wollen ihr Sujet selbst sehen. Große Strategen müssen es genauso machen. Bevor Michael Bloomberg Bürgermeister von New York wurde, bejubelte man ihn als Wirtschaftsvisionär – weil er erkannt hatte, dass die Provider von Finanznachrichten auch Online-Analysen liefern mussten, damit die Benutzer die Daten richtig interpretieren konnten. Er selbst hätte aber sicher gesagt, dass das eigentlich für jeden, der damals die Trader bei der Benutzung von Reuters oder Dow Jones Telerate *beobachtet* hatte, offensichtlich sein musste. Dabei arbeiteten sie nämlich mit Papier, Bleistift und Taschenrechner, um sich die Kursnotizen aufzuschreiben und vor ihren Entscheidungen über Käufe oder Verkäufe einen angemessenen Marktwert zu ermitteln. Das kostete nicht nur Zeit und Geld, sondern war auch sehr fehlerträchtig.

Große strategische Erkenntnisse dieser Art sind meist nicht das Produkt eines Genies; gewöhnlich hat sich einfach jemand ins Feld begeben und die Wettbewerbsgrenzen auf den Prüfstand gestellt.[3] Bloomberg kam die Erleuchtung, als er den Fokus der Branche von den Käufern, den IT-Managern, auf die Benutzer verlagerte: die Trader und Analysten. So konnte er etwas sehen, was anderen verborgen blieb.[4]

Natürlich sollten die Kunden die erste Anlaufstation sein, doch dort darf man nicht stehen bleiben – man muss sich auch mit den Nichtkunden befassen.[5] Und wenn der Kunde nicht mit dem Benutzer identisch ist, muss man sich (wie Bloomberg) auch mit den Benutzern beschäftigen. Man muss mit diesen Leuten sprechen und sie in Aktion beobachten. Wenn man herausfindet, welche komplementären Produkte und Dienstleistungen zusammen mit den eigenen benutzt werden, kann man Erkenntnisse über eine mögliche Bündelung der Chancen gewinnen. Schließlich muss man sich auch ansehen, durch welche Alternativen die Kunden dasjenige Bedürfnis, das das eigene Produkt- oder Dienstleistungsangebot erfüllt, befriedigen können. Da beispielsweise das Autofahren eine Alternative zum Fliegen ist, sollten die Fluggesellschaften seine speziellen Vorteile und Charakteristika untersuchen.

EFS schickte seine Manager für vier Wochen ins Feld, um die sechs Suchpfade für die Eroberung blauer Ozeane zu erforschen.[6] Jeder sollte zehn Leute, die etwas mit dem Devisengeschäft zu tun hatten – auch Kunden, die abgewandert waren, neue Kunden und die Kunden der Konkurrenten und Alternativen –, befragen und beobachten. Dabei gingen die Manager über die traditionellen Grenzen der Branche hinaus und bezogen Firmen ein, die noch keine entsprechenden Dienste nutzten, das aber in Zukunft vielleicht tun würden, zum Beispiel internetbasierte Unternehmen mit globaler Reichweite wie Amazon, die sich damals gerade erst entfalteten. Sie sprachen mit den Endverbrauchern ihrer Dienste, den Rechnungs- und Finanzabteilungen. Schließlich betrachteten sie auch Zusatzprodukte und -dienste, die ihre Kunden benutzten – besonders Finanzmanagement- und Preisbildungssimulationen.

Durch die Feldforschung wurden viele der Schlussfolgerungen widerlegt, die die Führungskräfte in der ersten Phase des Strategieprozesses gezogen hatten. So erwiesen sich die Beziehungsmanager, die ursprünglich so gut wie alle als Erfolgsfaktor betrachtet hatten und auf die EFS stolz war, als Achillesferse. Die Kunden hassten es, ihre Zeit mit ihnen zu verschwenden. In ihren Augen hatten diese Manager die Aufgabe, die Beziehungen zu retten, weil EFS seine Versprechen nicht hielt.

Zur allgemeinen Überraschung war der Faktor, dem die Kunden den größten Wert beimaßen, die schnelle Bestätigung der Transaktionen, die ursprünglich ja nur ein einziger Manager als wichtig angesehen hatte. Die EFS-Manager erkannten, dass die Leute in den Rechnungsabteilungen der Kunden viel Zeit für die telefonische Bestätigung von Zahlungen und die Überprüfung ihres Eingangstermins aufwenden mussten. Die Kunden erhielten zahlreiche Anrufe zum gleichen Punkt, und es kostete sie noch mehr Zeit, dass sie selbst weitere Anrufe beim Anbieter des Devisengeschäfts, nämlich EFS oder einem seiner Konkurrenten, machen mussten.

Dann wurden die Teams von EFS wieder ans Zeichenbrett geschickt. Dieses Mal sollten sie eine neue Strategie vorschlagen. Jedes Team sollte auf Grundlage der sechs in Kapitel 3 behandelten Suchpfade sechs neue Nutzenkurven entwerfen, die jeweils eine Strategie repräsentierten, durch die EFS in seinem Markt hervorstechen konnte. Wir verlangten von jedem Team sechs Nutzenkurven, weil wir die Manager dazu bringen wollten, auf innovative Vorschläge zu kommen und die Grenzen ihres konventionellen Denkens zu sprengen.

Außerdem mussten die Teams sich für jede ihrer visuell dargestellten Strategien einen überzeugenden Slogan überlegen, der den Kern der Strategie erfassen und die Käufer direkt ansprechen sollte. Zu den Vorschlägen gehörten »Lassen Sie uns das machen!«, »Klüger und schneller durch uns« und »Transaktionen des Vertrauens«. Es kam zu einem richtigen Wettkampf zwischen den beiden Teams; so machte der Prozess Spaß, war voller Energie und trieb die Teams dazu, SEOs zu entwickeln.

Dritte Phase: Visualisierung der strategischen Optionen

Nachdem sie ihre Nutzenkurven zwei Wochen lang immer wieder überarbeitet hatten, stellten die beiden Teams ihre strategischen Konturen auf einem *Marktplatz der strategischen Optionen* vor. Natürlich waren auch Topmanager von EFS da; die meisten Leute aber gehörten zu den Gruppen, mit denen die Manager bei ihrer Feldforschung gesprochen hatten, waren also

Nichtkunden, Kunden der Konkurrenz oder besonders anspruchsvolle Kunden von EFS selbst. Innerhalb von zwei Stunden präsentierten die Teams alle zwölf Kurven, sechs pro Team. Dafür bekamen sie jeweils nur zehn Minuten; eine Idee, die man anderen nicht in dieser Zeit vermitteln kann, dürfte nämlich zu kompliziert sein, um etwas zu bringen. Die Kurven wurden an die Wand gehängt, damit das Publikum sie sich genau ansehen konnte.

Nach der Präsentation der zwölf Strategien erhielt jeder der als Juroren geladenen Zuhörer fünf Haftzettel, die er neben den von ihm bevorzugten Vorschlägen anbringen sollte. Falls die Juroren eine bestimmte Strategie wirklich überzeugend fanden, durften sie dort alle fünf Zettel befestigen. Dieses Verfahren war so transparent und direkt, dass es nicht den politischen Erwägungen unterlag, die den Prozess der strategischen Planung manchmal bestimmen. Die Manager mussten sich auf die Originalität und Klarheit der Kurven und ihre Botschaft verlassen. Eine begann mit den Worten: »Unsere Strategie ist so clever, dass Sie unsere Fans sein werden, nicht unsere Kunden!«

Die Juroren wurden dann aufgefordert, ihre Wahl zu begründen, sodass der Prozess der Strategieentwicklung eine weitere Feedback-Ebene bekam. Außerdem sollten sie erläutern, weshalb sie nicht für die anderen Nutzenkurven gestimmt hatten.

Als die Teams sich einen Überblick über die gemeinsamen Vorlieben und Abneigungen der Juroren verschafft hatten, erkannten sie, dass immerhin ein Drittel jener Faktoren, die sie für Schlüsselelemente beim Wettbewerb gehalten hatten, für die Kunden kaum von Bedeutung war. Ein weiteres Drittel war nicht gut artikuliert oder in der Phase der Visualisierung des Aufbruchs übersehen worden. Man würde also die Annahmen, von denen man bis dahin ausgegangen war, zum Teil neu beurteilen müssen – zum Beispiel die Trennung des Online- und des traditionellen Geschäfts.

Die Topmanager lernten außerdem, dass die Käufer aus allen Märkten die gleichen Grundbedürfnisse hatten und ähnliche Dienstleistungen erwarteten. Wenn man diese gemeinsamen Grundbedürfnisse erfüllte, würden die Kunden begeistert auf alles andere verzichten. Regionale Unterschiede wurden nur dann signifikant, wenn es bei den Grundbedürfnissen ein Problem gab. Für viele Leute, die behauptet hatten, ihre Regionen seien einzigartig, war das etwas ganz Neues.

Nach dem Marktplatz der strategischen Optionen konnten die Teams ihre Mission endlich erfüllen: Sie konnten eine Nutzenkurve zeichnen, die das aktuelle strategische Profil besser wiedergab als alles, was sie bis dahin produziert hatten – nicht zuletzt, weil das neue Bild die trügerische Unterscheidung zwischen dem Online- und dem traditionellen Geschäft ignorierte. Noch wichtiger aber war, dass die Manager jetzt eine Strategie für die Zukunft entwerfen konnten, durch die EFS sich nicht nur von der Konkurrenz abheben, sondern auch ein echtes, aber verborgenes Bedürfnis im Markt erfüllen würde. Abbildung 4.4 zeigt, wie groß die Unterschiede zwischen der bisherigen und der neuen Strategie von EFS waren.

Die neue Strategie von EFS eliminierte also das Beziehungsmanagement und reduzierte die Aufwendungen für die Kundenbetreuer, die es nun nur noch für »AAA«-Kunden gab. So konnte EFS seine Kosten ganz erheblich senken, denn die Beziehungsmanager und die Kundenbetreuer waren die teuersten Elemente seines Geschäfts. Die neue Strategie betonte die Faktoren Benutzerfreundlichkeit, Sicherheit, Genauigkeit und Schnelligkeit; man wollte sie durch eine Umstellung auf EDV liefern, die es den Kunden ermöglichen sollte, Daten direkt einzugeben, statt sie an EFS zu faxen, was in der Branche damals die Regel war.

Dadurch würden die Händler des Unternehmens viel Zeit sparen, die sie bis dahin für Papierkram und die Verbesserung von Fehlern aufwenden mussten. In Zukunft würden sie in der Lage sein, eingehendere Marktkommentare zu liefern – ein Schlüsselfaktor für Erfolg. EFS würde allen Kunden

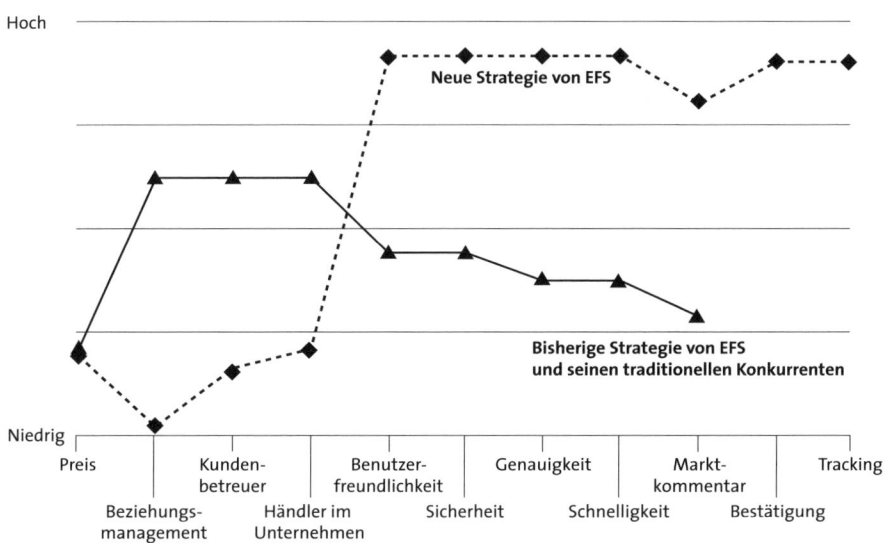

Abb. 4.4: EFS: vorher und nachher

automatische elektronische Bestätigungen schicken. Außerdem würde man einen Tracking-Dienst für die Zahlungsvorgänge anbieten, wie FedEx und UPS für Pakete. Diese Dienste hatte bisher noch niemand in der Branche offeriert. In Abbildung 4.5 werden die vier Aktionen von EFS zur Erzeugung einer Nutzeninnovation, des Grundpfeilers jeder SEO, zusammengefasst.

Die neue Nutzenkurve erfüllte alle Kriterien für eine erfolgreiche Strategie: Sie war stärker fokussiert als die alte, es wurde jetzt viel gezielter investiert, und sie hob sich von den existierenden Me-too-Kurven der Branche ab und stand unter einem überzeugenden Slogan: »Das FedEx beim Devisengeschäft von Unternehmen: einfach, zuverlässig, schnell und verfolgbar.« Da EFS das Online- und das traditionelle Geschäft zu einem schlüssigen Gesamtangebot zusammenfasste, reduzierte sich die operative Komplexität seines Geschäftsmodells erheblich, sodass dessen systematische Umsetzung viel einfacher wurde.

Vierte Phase: Visualisierung der Kommunikation

Wenn die Strategie für die Zukunft feststeht, muss sie noch so kommuniziert werden, dass jeder im Unternehmen sie kennt und begreift. EFS verteilte nur ein einziges Blatt; es zeigte das neue und das alte strategische Profil, sodass alle sehen konnten, wo das Unternehmen stand und wo es seine Anstrengungen fokussieren musste, um eine zwingende Zukunft zu erschaffen. Die Topmanager, die die Strategie mitentwickelt hatten, hielten Besprechungen mit den ihnen unmittelbar unterstellten Leuten ab; dabei erklärten sie ihnen anhand des Blattes, was eliminiert, reduziert, gesteigert und kreiert werden musste, damit man einen blauen Ozean erobern konnte. Diese Leute gaben die Nachricht dann nach unten weiter. Die Beschäftigten fanden den klaren Schlachtplan so motivierend, dass viele sich das Blatt mit der strategischen Kontur ins Büro hängten, als ständige Erinnerung an die neuen Prioritäten von EFS und die Lücken, die geschlossen werden mussten.

Das Blatt mit den strategischen Profilen wurde ein Bezugspunkt für alle Entscheidungen über Investitionen. Es wurden nur noch Ideen abgesegnet, die EFS der neuen Nutzenkurve näher bringen würden. Wenn beispielsweise die Regionalbüros neue Links in die Website eingefügt haben wollten – was früher ohne jede Diskussion gemacht worden wäre –, forderte die IT-Abteilung sie auf, zu erläutern, inwiefern EFS sich durch diese Links auf das neue Profil zubewegen würde. Falls die Regionalbüros keine entsprechende Erklärung liefern konnten, wurde ihre Bitte abgelehnt; so blieb die

4 Fokussierung auf das Gesamtbild 89

Eliminierung	Steigerung
Beziehungsmanagement	Benutzerfreundlichkeit
	Sicherheit
	Genauigkeit
	Schnelligkeit
	Marktkommentar
Reduzierung	**Kreierung**
Kundenbetreuer	Bestätigung
Händler im Unternehmen	Tracking

Abb. 4.5: ERSK-Quadrat für EFS

Website übersichtlich. Und als die IT-Abteilung dem Topmanagement ein mehrere Millionen Dollar teures Backoffice-System vorschlug, wurde es vor allem an seiner Fähigkeit gemessen, die mit der neuen Nutzenkurve verbundenen strategischen Bedürfnisse zu erfüllen.

Visualisierung der Strategie auf der Unternehmensebene

Eine grafische Darstellung der Strategie kann auch den Dialog zwischen den einzelnen Geschäftsbereichen und der Firmenzentrale verbessern. Außerdem können die Geschäftsbereiche sich dann gegenseitig ihre strategischen Konturen präsentieren, sodass alle die anderen Geschäfte im Portfolio des Unternehmens besser verstehen. Dieser Prozess fördert auch den Transfer strategischer Best Practices zwischen den Geschäftsbereichen.

Einsatz der strategischen Konturen

Wie das funktioniert, können wir uns am Beispiel von Samsung Electronics (Korea) ansehen. Auf einer seiner Jahresversammlungen zum Beispiel, an der mehr als 70 Topmanager einschließlich des CEOs teilnahmen, präsentierten die Leiter der einzelnen Geschäftsbereiche ihre strategischen Konturen und ihre Umsetzungspläne. Es kam zu hitzigen Diskussionen. Einige der Geschäftsbereichsleiter führten an, der starke Wettbewerb, dem sie sich gegenübersahen, beschränke ihre Freiheit, Strategien für die Zukunft zu entwickeln. Bereiche mit schlechter Performance waren der Ansicht, dass ihnen kaum etwas anderes übrig blieb, als sich den Angeboten der Konkurrenz anzupassen. Diese Hypothese wurde jedoch widerlegt, als eine der am schnellsten wachsenden Sparten – das Geschäft mit den Handys – ihre strategische Kontur vorstellte; sie hatte nämlich nicht nur eine charakteristische Nutzenkurve, sondern war auch dem härtesten Wettbewerb ausgesetzt.

Samsung Electronics institutionalisierte die Verwendung strategischer Konturen bei den Schlüsselentscheidungen über neue Geschäfte durch die Gründung des VIP Center (Value Innovation Program) schon 1998. Samsung stand damals an einem Scheideweg. Im Gefolge der asiatischen Finanzkrise von 1997, deren Folgen immer noch spürbar waren, sah der von Jong-Yong Yun geführte Konzern die dringende Notwendigkeit, aus dem Konkurrenzkampf im Bereich der Massenware auszubrechen und Produkte und Geschäftsbereiche zu kreieren, die sowohl differenziert als auch kostengünstig waren. Nur dadurch konnte das Unternehmen Yuns Ansicht nach zu einem führenden Unternehmen der elektronischen Konsumgüterindustrie werden. Mit diesem Ziel wurde unter dem Einfluss unserer Nutzeninnovationstheorie das VIP Center gegründet.[7] Das Zentrum ist ein fünfstöckiges Gebäude, eingebettet in den riesigen Industriekomplex von Samsung in der südkoreanischen Stadt Suwon. Dort kommen seitdem Mitglieder von bereichsübergreifenden Kernteams aus den verschiedenen Sparten zusammen. Sie beraten über ihre strategischen Projekte mit Codenamen wie »Regenbogen« oder »Havanna«[8], und fast immer stehen dabei die strategischen Konturen im Mittelpunkt.

Jedes Jahr durchlaufen mehr als 2000 Menschen das VIP Center in Suwon, wo Designer, Ingenieure, Planer und Programmierer jeweils für einige Tage (oder auch Monate) zusammenkommen und detaillierte Spezifikationen für neue Produkte entwerfen, die den SEOs des Unternehmens entsprechen. Das Zentrum verfügt über einen festen Mitarbeiterstab zur Unterstützung der im Zentrum geplanten Projekte, und diese sind alle darauf angelegt, die Nutzeninnovation bei der neuen Generation von Samsung-Produkten voranzutreiben.

Mit seinem Wissen über die Nutzeninnovation unterstützt das mit 20 Projekträumen ausgestattete Zentrum die Sparten bei deren Entscheidungen über ihre Produkt- und Dienstleistungsangebote. Im Durchschnitt werden in dem Zentrum jedes Jahr etwa 90 strategische Projekte diskutiert. Außerdem eröffnete Samsung mehr als zehn VIP-Zweige, um die steigenden Anforderungen der Geschäftsbereiche erfüllen zu können.

In diesem Geist veranstaltet Samsung Electronics jedes Jahr eine Versammlung zur Nutzeninnovation, die von all seinen Topmanagern geleitet wird. Dabei werden die wichtigsten Projekte zur Nutzeninnovation präsentiert und ausgestellt und die besten ausgezeichnet. Nicht zuletzt auf diesem Weg etabliert Samsung Electronics ein gemeinsames Sprachsystem, eine Unternehmenskultur und strategische Normen, die sein Geschäftsportfolio aus den roten Ozeanen in blaue bringen.[9]

Seit der Einführung des VIP-Zentrums hat Samsung Electronics einen weiten Weg zurückgelegt. Sein Umsatz ist von 16,6 Milliarden Dollar im Jahr 1998 auf 216,7 Milliarden im Jahr 2013 gewachsen, und sein Markenwert ist parallel dazu regelrecht explodiert. Samsung Electronics ist heute weltweit eine der zehn wertvollsten Marken.[10] Seine Fokussierung auf die Nutzeninnovation hat stark zu seinen Umsätzen, seinem Markenwert und seiner Marktführerschaft beigetragen, dennoch wird es in Zukunft einen noch stärkeren Nutzeninnovationsschub brauchen, da kostengünstigere Anbieter und unkonventionelle Akteure auf den extrem veränderlichen Markt für Hightech-Konsumelektronik drängen.

Verstehen die Leiter der verschiedenen Geschäftsbereiche die anderen im Portfolio auch in Ihrem Unternehmen nicht gut genug? Lässt die Kommunikation zwischen den Bereichen über die strategischen Best Practices zu wünschen übrig? Schieben die Sparten mit schlechter Performance die Schuld dafür sofort auf die Wettbewerbssituation? Falls Sie eine dieser Fragen mit Ja beantwortet haben, sollten Sie die einzelnen Sparten auffordern, ihre strategischen Konturen zu zeichnen und sie dann den anderen zu zeigen.

Das PMS-Quadrat

Eine bildliche Darstellung kann es den für die Unternehmensstrategie verantwortlichen Managern auch erleichtern, die künftige Entwicklung beim Wachstum und bei den Gewinnen vorherzusagen und zu planen. Alle von uns untersuchten Unternehmen, die blaue Ozeane erobern konnten, waren in ihrer Branche Pioniere – nicht unbedingt bei der Entwicklung neuer Technologien, aber beim Vortreiben des Nutzens für die Kunden an neue Grenzen. Wenn man das Bild vom Pionier ausbaut, kann man das Wachstumspotenzial der gegenwärtigen und künftigen Geschäfte besser beurteilen.

Die *Pioniere* eines Unternehmens sind jene Geschäfte, die einen ganz neuen Nutzen bieten. Sie verfolgen Strategien zur Eroberung blauer Ozeane und sind die stärksten Quellen profitablen Wachstums. Diese Geschäfte haben eine große Masse von Kunden, und ihre Nutzenkurve in der strategischen Kontur unterscheidet sich deutlich von denen der Konkurrenz. Den Gegenpol bilden die *Siedler* – Geschäfte, deren Nutzenkurven mit der Grundform der Branche übereinstimmen. Sie sind die Me-too-Geschäfte, stecken im roten Ozean fest und tragen im Allgemeinen nicht viel zum künftigen Wachstum des Unternehmens bei.

Das Potenzial der *Migranten* liegt irgendwo dazwischen. Diese Geschäfte erweitern die Kurve der Branche, indem sie den Kunden mehr für weniger geben, doch die Grundform dieser Kurve verändern sie nicht. Sie bieten einen besseren Nutzen, aber keinen innovativen. Ihre Strategien liegen auf der Grenze zwischen den roten und den blauen Ozeanen.

Führungsteams, die ein profitables Wachstum anstreben, sollten die gegenwärtigen und geplanten Portfolios ihres Unternehmens in einem *Pionier-Migrant-Siedler-Quadrat* (PMS-Quadrat) abstecken. Dabei werden die Siedler als Me-too-Geschäfte definiert, die Migranten als Angebote, die besser als die meisten auf dem Markt sind, und die Pioniere sind ihre Nutzeninnovationsangebote.

Falls sowohl das gegenwärtige Portfolio als auch die geplanten Angebote vorwiegend aus Siedlern bestehen, hat das Unternehmen eine flache Wachstumskurve, ist größtenteils auf rote Ozeane beschränkt und muss sich um eine Nutzeninnovation bemühen. Auch wenn es derzeit profitabel sein mag, da seine Siedler ihm noch Geld einbringen, kann es sich schon auf den Vergleich mit der Konkurrenz, eine Nachahmung und einen intensiven Wettbewerb über den Preis eingelassen haben.

Bestehen sowohl die gegenwärtigen als auch die geplanten Angebote aus vielen Migranten, so kann mit einem zufriedenstellenden Wachstum gerechnet werden. Das Unternehmen schöpft sein Wachstumspotenzial jedoch nicht aus und läuft Gefahr, an den Rand gedrängt zu werden, wenn einem der Konkurrenten eine Nutzeninnovation gelingt. Unserer Erfahrung nach ist die Chance, durch eine Nutzeninnovation einen neuen Markt zu schaffen, umso größer, je mehr Siedler es in der Branche gibt.

Das PMS-Quadrat ist besonders für Topmanager nützlich, die über die heutige Performance hinausblicken wollen. Umsatz, Profitabilität, Marktanteil, Kundenzufriedenheit – das alles sind Größen für die gegenwärtige Position eines Unternehmens. Entgegen dem klassischen strategischen Denken können diese Größen aber nicht den Weg in die Zukunft weisen, denn

4 Fokussierung auf das Gesamtbild

die Umgebung verändert sich einfach zu schnell. Im heutigen Marktanteil spiegelt sich lediglich wider, wie gut die Performance eines Geschäfts in der Vergangenheit war. Denken Sie nur an den strategischen Umschwung und das Umschlagen bei den Marktanteilen, als CNN im US-amerikanischen Nachrichtenmarkt auftauchte: ABC, CBS und NBC – alle mit historisch starken Marktanteilen – mussten verheerende Verluste hinnehmen.

Als wichtigste Parameter für das Management ihres Geschäftsportfolios sollten die Chefetagen stattdessen den Nutzen und die Innovation verwenden – die Innovation, weil die Unternehmen sich sonst in Verbesserungen beim Wettbewerb verfangen, und den Nutzen, weil innovative Ideen nur dann profitabel sein können, wenn sie mit etwas verbunden sind, wofür die Kunden bereitwillig bezahlen.

Die Topmanager müssen ihre Organisationen also unbedingt dazu bringen, ihr Portfolio für die Zukunft in Richtung der Pioniere zu verschieben. Das ist der Weg zum profitablen Wachstum! Das PMS-Quadrat in Abbildung 4.6 zeigt diese Entwicklung für ein fiktives Unternehmen, dessen zwölf Geschäfte durch Punkte wiedergegeben werden: Das heutige Übergewicht der Siedler macht einem ausgeglicheneren Verhältnis zwischen den Siedlern, Migranten und Pionieren Platz.

Wenn die Topmanager ihre Geschäfte zu den Pionieren hin verschieben, dürfen sie allerdings nicht vergessen, dass die Siedler zwar nur ein geringes Wachstumspotenzial haben, gegenwärtig aber häufig das Geld bringen. Wie

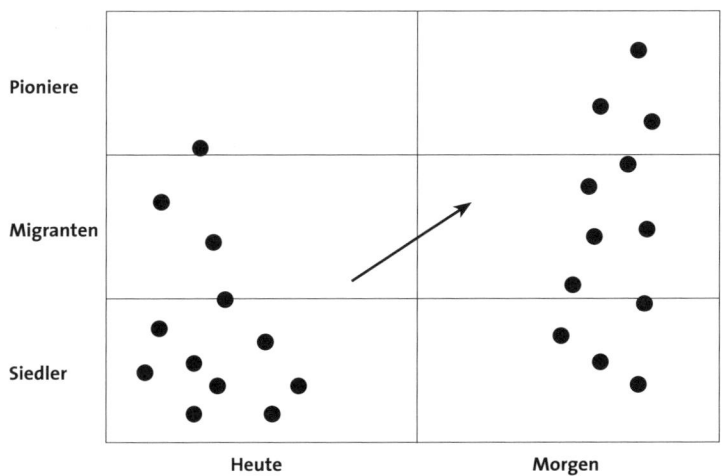

Abb. 4.6: Untersuchung des Wachstumspotenzials eines Geschäftsportfolios

kann das Topmanagement zum gegebenen Zeitpunkt ein solches Gleichgewicht zwischen dem Wachstum und den verfügbaren Geldmitteln herstellen, dass im gesamten Konzern ein profitables Wachstum entsteht? Was wäre langfristig gesehen die beste Erneuerungsstrategie für das Geschäftsportfolio des Unternehmens? Wie würde eine solche Erneuerungsstrategie in der Praxis funktionieren? Diese wichtigen Fragen werden in Kapitel 10 behandelt.

Die Grenzen der strategischen Planung sprengen

Viele Manager sind mit der derzeitigen strategischen Planung unzufrieden. Ihrer Ansicht nach sollte es bei dieser Kernaktivität jeder Strategie mehr um den Aufbau von kollektivem Wissen und Verständnis gehen als um eine Planung von oben nach unten oder umgekehrt. Die strategische Planung sollte nicht nur auf Grundlage von Dokumentationen erfolgen, sondern auch durch Gespräche, und statt Rechenprozessen sollte das Zusammensetzen des Gesamtbilds im Vordergrund stehen; sie sollte nicht allein auf Analysen beruhen, sondern auch eine kreative Komponente haben, und die Mitarbeit der Belegschaft nicht primär durch Verhandlungen erreichen, sondern stärker auf die Motivation ausgerichtet sein, sodass es zu einer freiwilligen Mitarbeit kommt. Trotz dieses Hungers nach Veränderungen lässt eine tragfähige Alternative zur existierenden strategischen Planung weitgehend noch auf sich warten. Dabei ist die strategische Planung heute die wichtigste Aufgabe der Topmanager, da sich nicht nur fast alle Unternehmen auf der Welt damit beschäftigen, sondern viele von ihnen jedes Jahr mehrere aufreibende Monate brauchen, um sie abzuschließen. Anders formuliert: Viele Unternehmen haben ein klares Verfahren für die Planung, aber weder eine Theorie noch ein Verfahren für die Entwicklung einer echten Strategie. Unserer Ansicht nach kann der hier vorgeschlagene Vier-Phasen-Prozess einen wesentlichen Beitrag zur Verbesserung dieser Situation leisten. Wird der Prozess um grafische Darstellungen herum aufgebaut, so werden die meisten Punkte, mit denen die Topmanager bei der derzeitigen strategischen Planung unzufrieden sind, und auch die Ergebnisse verbessert. Schon Aristoteles sagte: »Die Seele denkt nie ohne ein Bild.«

Natürlich kann der Prozess der strategischen Planung nicht nur darin bestehen, eine strategische Kontur und ein PMS-Quadrat zu zeichnen. Irgendwann wird man auch Zahlen und Unterlagen zusammentragen und besprechen müssen. Wir sind jedoch überzeugt, dass die Details sich leichter zusammenfügen lassen, wenn man mit dem großen Bild, wie man sich von der Konkurrenz lösen kann, anfängt. Die hier präsentierten Methoden der grafischen Darstellung werden die Strategie in die strategische Planung zurückbringen und Ihre Chancen, einen blauen Ozean zu erobern, erheblich verbessern.

Wie kann man dafür sorgen, dass der blaue Ozean, den man erschließt, möglichst groß ist? Mit dieser Frage befassen wir uns im nächsten Kapitel.

5 Über die vorhandene Nachfrage hinausgreifen

Wer sich aus den roten Ozeanen hinauswagt, will natürlich nicht in einer Pfütze landen. Die Frage ist: Wie kann man dafür sorgen, dass der blaue Ozean, den man erobert, möglichst groß ist? Das bringt uns zum dritten Prinzip von SEOs: dem Hinausgreifen über die vorhandene Nachfrage – einer Schlüsselkomponente der Nutzeninnovation. Dabei wird die größte Nachfrage nach einem neuen Angebot gebündelt, also das mit der Schaffung eines neuen Marktes verbundene Größenrisiko verringert.

Dazu müssen die Unternehmen zwei traditionelle strategische Praktiken auf den Prüfstand stellen: die Fokussierung auf die existierenden Kunden und das Streben nach immer stärkerer Segmentierung, um die Unterschiede zwischen den Kunden zu berücksichtigen. Die Unternehmen versuchen ihren Marktanteil üblicherweise zu steigern, indem sie die vorhandenen Kunden halten und aus dem gleichen Bereich neue hinzugewinnen. Das führt dann oft zu einer stärkeren Segmentierung, um die Vorlieben der Kunden besser zu erfüllen. Je intensiver der Wettbewerb ist, desto kundenspezifischer sind gewöhnlich die Angebote. Dabei besteht aber die Gefahr, dass die Zielmärkte zu klein werden.

Wenn der blaue Ozean so groß wie möglich sein soll, müssen die Unternehmen gerade umgekehrt vorgehen. Statt sich auf die Kunden zu konzentrieren, müssen sie sich um die Nichtkunden kümmern; statt den Fokus auf die Unterschiede bei den Kunden zu legen, müssen sie auf den starken Gemeinsamkeiten bei dem, was den Käufern wichtig ist, aufbauen. So können sie die Grenzen der bisherigen Nachfrage sprengen und sich eine neue Masse von Kunden, die es bisher nicht gab, erschließen.

Denken Sie nur an Callaway Golf. Dort sicherte man sich eine neue Nachfrage nach seinen Produkten, indem man die Nichtkunden ansprach. Während die US-amerikanische Golfbranche um größere Anteile bei den vorhandenen Kunden kämpfte, eroberte Callaway einen blauen Ozean – indem man untersuchte, weshalb Sportbegeisterte und Leute im Country Club *nicht* Golf als Sport betrieben. Man sah sich an, was die Leute abschreckte, und entdeckte bei der Masse der Nichtkunden eine entscheidende Gemeinsamkeit: Sie fanden es zu schwierig, den Golfball zu treffen.

Der Schlägerkopf war nämlich so klein, dass eine enorme Koordination von Auge und Hand erforderlich war; das zu lernen, kostete viel Zeit und Konzentration. Daher machte Golf Neulingen keinen Spaß, und es dauerte einfach zu lange, bis man dabei gut war.

Daraus lernte man bei Callaway, wie man neue Nachfrage für seine Produkte erzeugen konnte: Man brachte Big Bertha auf den Markt, einen Golfschläger mit einem so großen Kopf, dass der Ball viel leichter zu treffen war. Dieser Schläger machte nicht nur Nichtkunden der Branche zu Kunden, sondern er gefiel auch den bereits vorhandenen Kunden – er fand bei allen reißenden Absatz. Es stellte sich heraus, dass auch die Masse der bisherigen Kunden (mit Ausnahme der Profis) frustriert gewesen war – weil es so schwierig für sie war, ihr Spiel zu verbessern und sich die Fertigkeiten anzueignen, die nötig waren, um den Ball immer wie gewünscht zu treffen. Der große Kopf von Big Bertha brachte auch in dieser Hinsicht Abhilfe.

Interessanterweise hatten die vorhandenen Kunden, anders als die Nichtkunden, stillschweigend akzeptiert, dass Golf so schwierig war. Das gefiel den meisten von ihnen zwar auch nicht, doch sie hatten es hingenommen. Statt die Hersteller der Schläger wissen zu lassen, dass sie unzufrieden waren, hatten sie sich bemüht, ihr Spiel zu verbessern. Als Callaway sich mit den Nichtkunden befasste und sich nicht mehr auf die Unterschiede konzentrierte, sondern auf die wichtigsten Gemeinsamkeiten, erkannte man, wie man neue Nachfrage erzeugen und der Masse der Kunden wie der Nichtkunden einen Nutzengewinn bieten konnte. In der Folge erschloss Callaway einen lukrativen blauen Ozean, der fast ein Jahrzehnt Bestand hatte.

Worauf ist Ihre Aufmerksamkeit gerichtet – wollen Sie sich einen größeren Teil der vorhandenen Kunden sichern oder Nichtkunden der Branche zu Kunden machen und so neue Nachfrage erzeugen? Suchen Sie nach den entscheidenden Gemeinsamkeiten bei dem, was den Käufern wichtig ist, oder wollen Sie auf die Unterschiede bei den Kunden eingehen und weiter segmentieren? Wenn Sie die Grenzen der bestehenden Nachfrage sprengen wollen, müssen Sie primär auf die Nichtkunden, die Gemeinsamkeiten und eine Desegmentierung setzen, nicht auf die vorhandenen Kunden, die Unterschiede und eine weitere Segmentierung.

Die drei Kategorien der Nichtkunden

Obwohl die Welt der Nichtkunden fast immer große Chancen zur Eroberung blauer Ozeane bietet, wissen nur wenige Firmen genau, wer die Nichtkunden sind und wie man sie sich erschließen kann. Um aus dieser riesigen latenten Nachfrage eine tatsächliche zu machen, müssen die Unternehmen die Welt der Nichtkunden besser kennenlernen.

Es gibt drei Kategorien von Nichtkunden, die sich in Kunden verwandeln lassen. Sie unterscheiden sich durch die relative Entfernung von Ihrem Markt. Wie in Abbildung 5.1 gezeigt, ist die erste Kategorie Ihrem Markt am nächsten – diese Nichtkunden stehen an seinem Rand. Sie nutzen das Angebot Ihrer Branche, soweit sie das müssen, sind aber mental Nichtkunden Ihrer Branche und warten nur darauf, abzuwandern, sobald sich die Gelegenheit dazu ergibt. Würde man ihnen jedoch einen Nutzengewinn bieten, so würden sie bleiben – und die Häufigkeit ihrer Käufe würde sich vervielfachen, sodass eine enorme latente Nachfrage erschlossen würde.

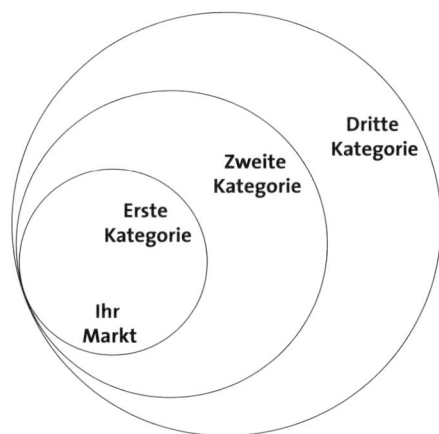

Erste Kategorie: »baldige« Nichtkunden, die am Rand Ihres Marktes stehen und darauf warten, abzuwandern.
Zweite Kategorie: »sich verweigernde« Nichtkunden, die sich bewusst gegen Ihren Markt entschieden haben.
Dritte Kategorie: »unentdeckte« Nichtkunden, die in weit von Ihrem Markt entfernten Märkten sind.

Abb. 5.1: Die drei Nichtkunden-Kategorien

Die zweite Kategorie der Nichtkunden sind Leute, die sich weigern, die Angebote Ihrer Branche zu nutzen. Sie haben diese Angebote als Möglichkeit zur Erfüllung ihrer Bedürfnisse in Erwägung gezogen, sich aber gegen sie entschieden. Bei Callaway waren das die Sportbegeisterten, vor allem die Tennisspieler im Country Club, die sich bewusst gegen Golf entschieden hatten.

Die dritte Kategorie der Nichtkunden ist am weitesten von Ihrem Markt entfernt – sie haben die Angebote Ihres Marktes noch nie in Betracht gezogen. Wenn die Unternehmen sich auf die entscheidenden Gemeinsamkeiten dieser Nichtkunden mit den vorhandenen Kunden konzentrieren, können sie sie in ihren neuen Markt ziehen.

Wir wollen uns die drei Kategorien der Nichtkunden nun nacheinander ansehen, um herauszufinden, wie Sie sie anziehen und Ihren blauen Ozean ausdehnen können.

Erste Kategorie: Die baldigen Nichtkunden

Die *baldigen* Nichtkunden nutzen die gegenwärtigen Angebote Ihres Marktes nur minimal, um hinzukommen, solange sie nichts Besseres gefunden haben. Sobald sie eine bessere Alternative entdecken, werden sie abspringen. In diesem Sinne stehen sie am Rande Ihres Marktes. Wenn die Zahl dieser Nichtkunden steigt, beginnt der Markt, zu stagnieren, und bekommt ein Wachstumsproblem. In den Nichtkunden dieser Kategorie schlummert jedoch eine enorme bisher brachliegende Nachfrage, die nur auf ihre Erschließung wartet.

Die 1988 gegründete britische Fast-Food-Kette Pret A Manger schaffte es, die riesige latente Nachfrage bei den Nichtkunden der ersten Kategorie anzuzapfen und ihren blauen Ozean dadurch auszudehnen. Bis zur Gründung von Pret A Manger gingen die Berufstätigen in den europäischen Innenstädten in der Mittagspause vor allem in Restaurants. Dort konnte man sich hinsetzen und in einer netten Umgebung etwas essen, was schmeckte. Doch die Zahl der Nichtkunden der ersten Kategorie war groß und stieg immer weiter. Da man zunehmend Wert darauf legte, sich gesund zu ernähren, ging man seltener ins Restaurant. Die Berufstätigen fanden nicht mehr jeden Tag die Zeit, um in aller Ruhe zu essen. Außerdem waren manche Restaurants zu teuer, um dort täglich zu speisen. Daher aßen die Leute immer häufiger etwas im Stehen, brachten sich ihr Mittagessen von zu Hause mit oder ließen es ganz ausfallen. Diese Nichtkunden der ersten Kategorie suchten nach besseren Lösungen. Bei ihnen gab es zwar viele Unterschiede, aber auch drei ganz wichtige Gemeinsamkeiten: Sie wollten ihr Mittagessen schnell, es sollte frisch und gesund sein, und der Preis sollte angemessen sein. Als Pret A Manger diese Gemeinsamkeiten erkannt hatte, konnte die Kette die bisher brachliegende Nachfrage erschließen. Ihr Erfolgsrezept ist ganz einfach: Sie bietet Sandwichs von Restaurantqualität, die jeden Tag frisch und nur aus den besten Zutaten gemacht werden, und zwar schneller als normale und auch als Fast-Food-Restaurants. Und das in einer ansprechenden Umgebung und zu einem angemessenen Preis.

Wer ein Geschäft von Pret A Manger betritt, hat das Gefühl, in ein hell erleuchtetes Art-déco-Studio zu kommen. Saubere Kühlregale enthalten über 30 verschiedene Sorten von Sandwichs, Baguettes oder Wraps, die erst an diesem Tag in diesem Geschäft gemacht wurden, und zwar aus frischen, am Morgen angelieferten Zutaten. Die Kunden können sich auch für andere frisch hergestellte Produkte entscheiden, zum Beispiel Salate, Joghurt, Parfaits, Saftcocktails und Sushi. Jedes Geschäft hat seine eigene Küche; diejenigen Produkte, die nicht frisch sind, werden nur von ausgewählten Herstellern bezogen. Selbst in New York stammen die Baguettes aus Paris, die Croissants aus Belgien und das Blätterteiggebäck aus Dänemark. Die Reste werden nicht etwa bis zum nächsten Tag aufbewahrt, sondern an Einrichtungen für Obdachlose verteilt.

Die gesunden Sandwichs und anderen frischen Produkte sind aber nicht das Einzige, was Pret A Manger auszeichnet. Man hat die Bestell-Erfahrung der Kunden von dem für Fast Food üblichen Zyklus »Schlange stehen, bestellen, bezahlen, warten, in Empfang nehmen, sich hinsetzen« auf einen viel schnelleren reduziert: »gucken, nehmen, zahlen, gehen«. Von dem Augenblick an, in dem die Kunden vor die Regale treten, dauert es durchschnittlich nur 90 Sekunden, bis sie das Geschäft wieder verlassen. Möglich wurde das, weil Pret A Manger in großer Zahl und mit hoch standardisierten Verfahren Sandwichs und anderes produziert, nicht auf Bestellung anfertigt und seine Kunden nicht bedient – sie bedienen sich selbst, wie im Supermarkt.

Während die Nachfrage bei den Restaurants mit Sitzplätzen und Bedienung stagnierte, gelang es Pret A Manger, die Masse der Nichtkunden der ersten Kategorie zu begeisterten Stammkunden zu machen, die häufiger dorthin gehen als vorher in Restaurants. Wie bei Callaway strömen aber auch diejenigen, die vorher durchaus damit zufrieden waren, ihr Mittagessen im Restaurant einzunehmen, zu Pret A Manger. Obwohl das Essen im Restaurant für diese Leute akzeptabel gewesen war und sie vorher nicht auf die Idee gekommen waren, ihre Gewohnheiten beim Mittagessen infrage zu stellen, fanden die drei entscheidenden Gemeinsamkeiten der baldigen Nichtkunden auch bei ihnen Anklang. Fazit: Die Nichtkunden liefern meist viel bessere Erkenntnisse darüber, wie man einen blauen Ozean erschließen und erweitern kann, als die relativ zufriedenen existierenden Kunden.

Heute, fast 30 Jahre später, erfreut sich Pret A Manger immer noch eines robusten Wachstums und bewegt sich immer noch in dem blauen Ozean, den es erschlossen hat. Es hat die britische Sandwichbranche revolutioniert und besitzt heute in Großbritannien, den Vereinigten Staaten, Hongkong und Frankreich 335 Geschäfte mit einem jährlichen Umsatz von etwa 450 Millionen Pfund.[1]

Was sind die entscheidenden Gründe dafür, dass Nichtkunden der ersten Kategorie aus Ihrer Branche abwandern wollen? Suchen Sie nach den Gemeinsamkeiten bei Ihren Antworten. Konzentrieren Sie sich auf diese Gemeinsamkeiten, nicht auf die Unterschiede. Dann werden Sie erkennen, wie Sie die Käufer desegmentieren und einen Ozean latenter, brachliegender Nachfrage erschließen können.

Zweite Kategorie: Die sich verweigernden Nichtkunden

Die zweite Kategorie bilden die sich verweigernden Nichtkunden – Leute, die die gegenwärtigen Angebote Ihres Marktes unannehmbar oder unerschwinglich finden und sie daher nicht nutzen oder sich das gar nicht leisten können. Sie befriedigen ihre Bedürfnisse entweder auf andere Weise oder überhaupt nicht. Auch diese Nichtkunden bilden ein großes Reservoir noch unerschlossener Nachfrage.

JCDecaux, einem französischen Anbieter von Reklameflächen im Freien, gelang es, die Masse der sich verweigernden Nichtkunden in seinen Markt zu ziehen. Bis 1964, als JCDecaux ein neues Konzept – die »Straßenmöbel« – entwickelte, fand die Außenwerbung vor allem auf Plakatwänden und Fahrzeugen statt. Die Plakatwände standen im Allgemeinen in den Randgebieten und an Straßen, über die der Verkehr schnell rollte; die Werbung auf Fahrzeugen erfolgte größtenteils an Bussen und Taxis, die an den Leuten vorbeibrausten.

Bei vielen Unternehmen war die Außenwerbung nicht beliebt, da die Leute sie immer nur so kurz und meist auch nur einmal sahen. Vor allem für weniger bekannte Unternehmen waren Werbemedien dieser Art unattraktiv, weil sie darin nicht die umfangreiche Botschaft unterbringen konnten, die zur Einführung neuer Namen und Produkte nötig ist. Daher weigerten sich viele von ihnen, diese mit so wenig Mehrwert verbundene Form der Werbung zu benutzen – weil sie entweder unannehmbar war oder ein Luxus, den man sich nicht leisten konnte.

Als man bei JCDecaux über die entscheidenden Gemeinsamkeiten bei den sich verweigernden Nichtkunden der Branche nachdachte, erkannte man den Hauptgrund dafür, dass die Branche so klein und unbeliebt war: das Fehlen stationärer Standorte in den Innenstädten. Bei der Suche nach einer Lösung entdeckte man, dass die Stadtverwaltungen solche Standorte liefern konnten – zum Beispiel an Bushaltestellen, wo die Leute meist ein paar Minuten warten müssen und daher Zeit haben, Werbung zu lesen und sich von ihr beeinflussen zu lassen. Wenn es gelang, sich diese Standorte für Werbezwecke zu sichern, würde man die Nichtkunden der zweiten Kategorie als Kunden gewinnen können.

So kam man auf die Idee, den Stadtverwaltungen »Straßenmöbel«, einschließlich Wartung und Instandhaltung, umsonst zur Verfügung zu stellen. Solange die Einnahmen aus dem Verkauf der Werbeflächen die Kosten für die Bereitstellung und Instandhaltung der Straßenmöbel mit einer attraktiven Gewinnspanne überstiegen, würde das Unternehmen sich auf einer Kurve starken, profitablen Wachstums befinden. Daher wurden Straßenmöbel mit eingebauten Reklametafeln entworfen.

Auf diese Weise erzeugte JCDecaux einen Durchbruch beim Nutzen – für die Nichtkunden der zweiten Kategorie, die Stadtverwaltungen und das Unternehmen selbst. Die Strategie eliminierte die traditionellen Ausgaben der Städte für Bänke und Ähnliches. Im Gegenzug erhielt JCDecaux das Exklusivrecht für die Platzierung von Werbung auf den Straßenmöbeln in den Innenstädten. Da man jetzt Reklameflächen in den Stadtzentren anbieten konnte, erhöhte sich die durchschnittliche Betrachtungszeit erheblich, und die Erinnerungswirkung verbesserte sich. Die längere Betrachtungszeit erlaubte außerdem umfangreichere Inhalte und komplexere Botschaften. Und als Instandhalter der Straßenmöbel konnte JCDecaux seinen Kunden helfen, ihre Werbekampagnen in zwei oder drei Tagen einzuführen, gegenüber 15 Tagen bei den traditionellen Kampagnen mit Plakatwänden.

Das besondere Nutzenangebot von JCDecaux lockte die Masse der sich verweigernden Nichtkunden in die Branche. Die Straßenmöbel entwickelten sich zu einem wichtigen Werbemedium.

JCDecaux schloss mit den Stadtverwaltungen Verträge über zehn bis 25 Jahre ab, sicherte sich die Exklusivrechte für die Reklame auf den Straßenmöbeln also auf lange Zeit. Nach der Anfangsinvestition gab es nur noch einen Kostenfaktor für das Unternehmen: die Instandhaltung und Ersetzung der Straßenmöbel. Die Gewinnspanne war hoch: 40 Prozent gegenüber 14 Prozent bei den Plakatwänden und 18 Prozent bei der Werbung auf

Fahrzeugen. Durch die Exklusivverträge und die hohe Gewinnspanne entstand eine stabile Quelle langfristiger Umsätze und Gewinne. Mit diesem Geschäftsmodell konnte JCDecaux sowohl seinen Kunden als auch sich selbst einen Nutzengewinn verschaffen.

Heute, 50 Jahre später, ist JCDecaux immer noch weltweit der führende Anbieter in dem Markt von Werbeflächen auf Straßenmöbeln, den es erschlossen hat. Das Unternehmen hat heute fast 500 000 Reklametafeln in 1800 Städten in 48 Ländern rund um den Erdball.[2] Durch die Beschäftigung mit den Nichtkunden der zweiten Kategorie und die Konzentration auf die entscheidenden Gemeinsamkeiten, die sie zu Verweigerern machten, steigerte man auch die Nachfrage nach Außenwerbung bei den existierenden Kunden der Branche. Bis dahin hatten diese Kunden sich damit befasst, welche Buslinien oder Standplätze von Plakatwänden sie sich wie lange und zu welchem Preis sichern konnten. Sie hielten es für selbstverständlich, dass es keine anderen Möglichkeiten gab, und bewegten sich innerhalb dieses Rahmens. Auch hier brauchte man also die Nichtkunden, um zu erkennen, welche stillschweigenden Annahmen der Branche geändert werden konnten, um für alle einen Nutzengewinn zu erreichen.

Was sind die entscheidenden Gründe dafür, dass Nichtkunden der zweiten Kategorie sich weigern, die Produkte oder Dienstleistungen Ihrer Branche zu nutzen? Suchen Sie nach den Gemeinsamkeiten bei ihren Antworten. Konzentrieren Sie sich auf diese Gemeinsamkeiten, nicht auf die Unterschiede. So werden Sie erkennen, wie Sie einen Ozean latenter, brachliegender Nachfrage erschließen können.

Dritte Kategorie: Die unentdeckten Nichtkunden

Die dritte Kategorie der Nichtkunden ist am weitesten von den existierenden Kunden einer Branche entfernt. Gewöhnlich wurden diese unentdeckten Nichtkunden bisher noch von keinem Unternehmen in der Branche als potenzielle Kunden oder gar als Zielgruppe betrachtet; man ging nämlich stets davon aus, dass ihre Bedürfnisse und die damit verbundenen Ertragsmöglichkeiten zu anderen Märkten gehörten.

Viele Unternehmen würde es verrückt machen, wenn sie wüssten, auf wie viele Nichtkunden der dritten Kategorie sie verzichten. Denken Sie nur an die so lange gehegte Annahme, dass das Bleichen der Zähne ausschließlich von den Zahnärzten angeboten werden könne, nicht von den Unternehmen, die Verbraucherprodukte für die Zahnpflege herstellten. Daher befassten solche Unternehmen sich bis vor Kurzem überhaupt nicht mit den Bedürfnissen dieser Nichtkunden. Als sie es dann doch taten, entdeckten sie einen Ozean latenter Nachfrage, die nur darauf wartete, erschlossen zu werden – und dass sie durchaus Lösungen für das Weißen der Zähne anbieten konnten, die sicher, von hoher Qualität und mit niedrigen Kosten verbunden waren. Daraufhin explodierte der Markt.

Dieses Potenzial besteht bei den meisten Branchen. Wir wollen hier die US-amerikanische militärische Luft- und Raumfahrtindustrie als Beispiel nehmen. Dass man die Kosten für die Flugzeuge nicht unter Kontrolle halten konnte, galt als große Schwächung der langfristigen Militärkraft der USA.[3] Laut einem Bericht des Pentagons aus dem Jahre 1993 hatten in die Höhe schießende Kosten zusammen mit ständigen Budgetkürzungen dazu geführt, dass das amerikanische Militär keinen tragfähigen Plan für die Ersetzung seiner veraltenden Kampfflugzeugflotte hatte.[4] Die militärischen Führer befürchteten, dass die USA nicht genug Flugzeuge für eine angemessene Verteidigung ihrer Interessen haben würden, wenn man keine Möglichkeit fand, die Flugzeuge auf andere Weise zu bauen.

Die Navy, die Marines und die Air Force hatten schon immer unterschiedliche Vorstellungen vom idealen Kampfflugzeug gehabt und daher unabhängig voneinander jeweils ihre eigenen Flugzeuge entworfen und gebaut. Die Navy wollte ein robustes Flugzeug, das die Belastungen bei Landungen auf Flugzeugträgern aushielt. Die Marines wollten ein für Expeditionen geeignetes Flugzeug, mit dem kurze Starts und Landungen möglich waren. Die Air Force wollte das schnellste und technisch ausgefeilteste Flugzeug.

Diese Unterschiede galten als selbstverständlich, seit es Flugzeuge gab; alle gingen davon aus, dass die militärische Luft- und Raumfahrtindustrie aus drei getrennten Segmenten bestand. Doch dann wurde ein neues Programm zur Herstellung eines gemeinsamen Kampfflugzeugs (Joint Strike Fighter, JSF) auf den Weg gebracht, das von ganz anderen Voraussetzungen ausging.[5] Jetzt wurden alle drei Segmente als noch unentdeckte Nichtkunden betrachtet, die in einen neuen Markt leistungsstärkerer und billiger Kampfflugzeuge gezogen werden konnten. Statt die bestehende Segmentierung zu akzeptieren und Produkte zu entwickeln, die den Unterschieden bei den verlangten Spezifikationen und Charakteristika Rechnung trugen, stellte das JSF-Programm diese Unterschiede auf den Prüfstand. Man suchte nach den entscheidenden Gemeinsamkeiten bei den drei Teilstreitkräften, die sich bis dahin gegenseitig ignoriert hatten.

Es stellte sich heraus, dass die beiden kostenträchtigsten Komponenten bei allen drei Teilstreitkräften die gleichen waren: die Flugelektronik (Avionik), die Motoren und wichtige strukturelle Komponenten der Flugzeugzelle. Wenn man diese beiden Komponenten gemeinsam nutzen und produzieren konnte, versprach das enorme Kostenersparnisse. Außerdem zeigte sich, dass die Navy, die Marines und die Air Force zwar lange Listen mit ganz spezifischen Anforderungen hatten, die meisten Flugzeuge aber die gleichen Einsätze ausführten.

Das JSF-Team untersuchte, wie viele dieser hochspezifischen Charakteristika die Kaufentscheidungen der drei Teilstreitkräfte entscheidend beeinflussten. Interessanterweise ging es der Navy nicht um ein großes Spektrum von Faktoren, sondern im Wesentlichen nur um Robustheit und leichte Instandhaltung. Da ihre Flugzeuge auf Trägern stationiert sind und es oft im Umkreis von Tausenden von Kilometern keinen Hangar für die Wartung gibt, will die Navy ein Kampfflugzeug, das leicht zu warten ist; gleichzeitig muss es äußerst robust sein, damit es die Erschütterungen bei den Landungen auf einem Träger und die ständige Einwirkung salzhaltiger Luft verkraftet. Die Navy befürchtete, dass diese beiden Schlüsselmerkmale unter den Anforderungen der Marines und der Air Force leiden würden, und kaufte ihre Flugzeuge deshalb separat.

Die Anforderungen der Marines unterschieden sich bei vielen Punkten von denen der beiden anderen Teilstreitkräfte, doch auch hier gab es nur zwei, wegen der sie sich entschieden gegen gemeinsame Flugzeugkäufe sträubten: die Fähigkeit zu kurzen Starts und senkrechten Landungen (*Short Takeoff Vertical Landing*, STOVL) sowie zu massiven Gegenmaßnahmen. Um Truppen in weit entfernten Gebieten bei Kriegshandlungen unterstützen zu können, brauchen die Marines ein Flugzeug, das wie ein Düsenjäger funktioniert, aber auch wie ein Helikopter in der Luft hängen kann. Und angesichts der geringen Höhe und des Erkundungscharakters ihrer Einsätze wollen sie ein Flugzeug, das mit Gegenmaßnahmen wie Leuchtkugeln und elektronischen Störgeräten ausgerüstet ist, sodass es feindlichen Boden-Luft-Geschossen ausweichen kann; wegen der Nähe zum Boden sind ihre Flugzeuge nämlich relativ gesehen leichtere Ziele.

Die Air Force, deren Aufgabe die Aufrechterhaltung der globalen Lufthoheit ist, verlangt das schnellste Flugzeug und höchste taktische Beweglichkeit – die Fähigkeit, alle gegenwärtigen und künftigen Feindflugzeuge auszumanövrieren. Außerdem muss das Flugzeug mit Stealth-Technologie ausgerüstet sein: Das Material und die Strukturen müssen Radarwellen schlucken, sodass es für das Radar des Feindes kaum zu erkennen ist und seinen Geschossen und Flugzeugen leichter entgehen kann. Da den Flugzeugen der Navy und der Marines diese Faktoren fehlten, hatte die Air Force sie bis dahin nicht in Betracht gezogen.

5 Über die vorhandene Nachfrage hinausgreifen

Diese Erkenntnisse über die Nichtkunden der dritten Kategorie machten den JSF zu einem Projekt, das sich realisieren ließ. Das Ziel war, für alle drei Teilstreitkräfte eine einzige Flugzeugzelle in drei Varianten zu bauen, die 70 Prozent der Teile gemeinsam hatten, und all jene Faktoren zu reduzieren oder zu eliminieren, die die einzelnen Teilstreitkräfte zwar als selbstverständlich betrachtet hatten, die aber, wie aus Abbildung 5.2 ersichtlich, für ihre Kaufentscheidung nicht ausschlaggebend waren.

Das JSF-Programm versprach eine Kostensenkung von etwa einem Drittel pro Maschine. Gleichzeitig soll der Joint Strike Fighter, jetzt F-35 genannt, bei der Leistung die jeweils besten Flugzeuge der drei Teilstreitkräfte übertreffen: den F-16 (Air Force), den Harrier-Jet AV-8B (Marines) und den F-18 (Navy). Durch die Fokussierung auf die Schlüsselfaktoren und die Eliminierung oder Reduzierung aller anderen Faktoren bei den drei Hauptfeldern der Kundenspezifikation (Bauart, Bewaffnung und Einsätze) konnte

Air Force	Navy	Marines	
Geringes Gewicht	Zwei Motoren	STOVL	
Integrierte Avionik	Zweisitzer	Geringes Gewicht	
Stealth-Technologie	Große Tragflächen	Kurze Tragflächen	Kundenspezifikationen bei der Bauart
Hochleistungsmotor	Robustheit	Gegenmaßnahmen	
Große Reichweite	Große Reichweite		
Beweglichkeit	Leichte Instandhaltung		
Feste interne Waffennutzlast	Große/flexible Waffennutzlast	Große/flexible Waffennutzlast	
Bestückung mit Luft-Luft-Waffen	Bestückung mit Luft-Luft- und Luft-Boden-Waffen	Bestückung mit Luft-Boden-Waffen	Kundenspezifikationen bei der Bewaffnung
		Elektronische Kriegsführung	
Ein für alle Einsätze gebautes Flugzeug	Ein für alle Einsätze gebautes Flugzeug	Ein für alle Einsätze gebautes Flugzeug	Kundenspezifikationen bei der Bewaffnung

Das JSF-Programm eliminierte oder reduzierte bis auf die grau unterlegten alle existierenden Wettbewerbsfaktoren.

Abb. 5.2: Die Schlüsselfaktoren beim Wettbewerb in der militärischen Luft- und Raumfahrtindustrie nach dem JSF-Programm

das JSF-Programm zu niedrigeren Kosten ein viel besseres Kampfflugzeug bieten. Außerdem bestand die Annahme, dass die Kosten durch die Lieferung an alle drei Teilstreitkräfte noch weiter sinken würden.

Im Herbst 2001 bekam Lockheed Martin den Auftrag für den JSF, bei dem es um 200 Milliarden US-Dollar geht – den größten Militärauftrag in der Geschichte –, und schlug damit Boeing aus dem Feld. Das Pentagon war überzeugt, dass das Programm ein uneingeschränkter Erfolg würde – nicht nur, weil das strategische Profil des F-35 einen besonderen Nutzen erreichte, sondern auch (und das ist genauso wichtig), weil er sich bei allen drei Teilstreitkräften durchgesetzt hatte, die unbedingt ihre veraltenden Luftflotten ersetzen wollten.[6]

Konzeption und Prototyp des F-35 stießen auf große Zustimmung, aber bei einem Projekt dieser Größenordnung gibt es immer ungewöhnliche Probleme bei der Umsetzung. Da es bei der Umsetzung tatsächlich viel zu lernen gab, kommen wir in Kapitel 8 noch einmal auf das Projekt zurück und behandeln dort die Umsetzungsprobleme. Bei der Umsetzung eines Projekts kommt es nämlich nicht nur auf eine kreative Konzeption, sondern auch auf deren richtige Durchführung an.[7]

Auf das größte Reservoir zielen

Es gibt keine feste Regel dafür, auf welche Nichtkunden-Kategorie die Unternehmen sich konzentrieren sollten und wann. Wie groß die Chancen zur Eroberung blauer Ozeane sind, die man über eine bestimmte Nichtkunden-Kategorie erschließen kann, hängt ja von der Branche ab und ändert sich außerdem im Laufe der Zeit. Daher sollte man sich auf diejenige Kategorie konzentrieren, die für das eigene Unternehmen gerade das größte Reservoir darstellt. Man sollte aber auch untersuchen, ob es bei allen drei Nichtkunden-Kategorien Gemeinsamkeiten gibt, die sich überschneiden. So lässt sich nämlich der Umfang der latenten Nachfrage, die man anzapfen kann, vergrößern. Falls es solche Gemeinsamkeiten gibt, sollte man sich nicht auf eine bestimmte Kategorie konzentrieren, sondern über die einzelnen Kategorien hinausgreifen. Die Regel lautet dann: Zielen Sie auf das größte Reservoir, das ihr Unternehmen erschließen kann.

Die natürliche strategische Orientierung vieler Unternehmen ist – besonders angesichts von Wettbewerbsdruck – darauf gerichtet, sich die vorhandenen Kunden zu erhalten und nach weiteren Möglichkeiten zur Segmentierung zu suchen. Das kann zwar eine gute Vorgehensweise sein, um einen fokussierten Wettbewerbsvorteil zu erringen und seinen Anteil am existierenden Markt zu vergrößern, wird aber wahrscheinlich keinen blauen Ozean produzieren, der den Markt erweitert und neue Nachfrage erzeugt. Wir wollen hier nicht behaupten, dass es falsch ist, sich auf die vorhandenen Kunden oder eine Segmentierung zu konzentrieren, sondern diese verbreiteten, als selbstverständlich betrachteten strategischen Orientierungen infrage stellen. Unserer Ansicht nach sollten Unternehmen, die die Größe ihres blauen Ozeans maximieren wollen, bei der Formulierung ihrer Strategien für die Zukunft zunächst über die bestehende Nachfrage hinausblicken – auf die Nichtkunden und eine Desegmentierung.

Falls sich keine entsprechenden Chancen finden lassen, können Sie immer noch die Unterschiede zwischen den vorhandenen Kunden besser ausnutzen. Sie müssen sich aber bewusst sein, dass Sie durch eine strategische Bewegung dieser Art schließlich in einem kleineren Markt landen könnten – und dass viele Ihrer bisherigen Kunden abwandern könnten, falls es einem Ihrer Konkurrenten gelingt, durch eine Nutzeninnovation die Masse der Nichtkunden anzuziehen; dann könnten nämlich auch Ihre Kunden bereit sein, sich über ihre Unterschiede hinwegzusetzen und sich den angebotenen Nutzengewinn zu sichern.

Es reicht nicht, dafür zu sorgen, dass Ihr blauer Ozean möglichst groß wird. Sie müssen auch von ihm profitieren und ein dauerhaftes Win-win-Ergebnis erzielen. Im nächsten Kapitel zeigen wir Ihnen, wie Sie ein tragfähiges Geschäftsmodell entwickeln können, das Ihrem Angebot ein nachhaltiges profitables Wachstum sichert.

6 Die richtige strategische Abfolge einhalten

Sie haben jetzt die Wege zur Eroberung möglicher blauer Ozeane betrachtet. Sie haben eine strategische Kontur gezeichnet, die Ihre künftige SEO klar wiedergibt. Und Sie haben untersucht, wie Sie sich für Ihre Idee die größtmögliche Käufermasse sichern können. Der nächste Schritt besteht darin, ein robustes Geschäftsmodell zu entwickeln, damit Sie aus Ihrer Idee einen gesunden Profit ziehen können.

Das bringt uns zum vierten Prinzip von SEOs: der Einhaltung der richtigen strategischen Abfolge, durch die man Ideen zur Eroberung blauer Ozeane Substanz verleihen und ihre Wirtschaftlichkeit sicherstellen kann. Wenn man versteht, wie die richtige strategische Abfolge aussieht und wie man Ideen zur Erschließung blauer Ozeane anhand der Schlüsselkriterien bei dieser Abfolge beurteilen kann, verringert sich das mit dem Geschäftsmodell verbundene Risiko ganz erheblich.

Die richtige strategische Abfolge

Wie Abbildung 6.1 zeigt, müssen Unternehmen ihre SEOs in der Abfolge Nutzen für den Käufer, Preis, Kosten und Annahme aufbauen.

Ausgangspunkt ist der Nutzen für den Käufer. Bringt Ihr Angebot ihm einen besonderen Nutzen? Gibt es für die Masse der Leute einen zwingenden Grund, es zu kaufen? Wenn nicht, ist von vornherein kein Potenzial für die Eroberung eines blauen Ozeans vorhanden. Dann bleiben Ihnen nur zwei Möglichkeiten: die Idee auf Eis zu legen oder umzudenken, bis Sie diese Frage bejahen können.

Der zweite Schritt ist die Festsetzung des richtigen strategischen Preises. Denken Sie daran, dass man die Nachfrage nicht allein über den Preis erzeugen sollte! Die Schlüsselfrage lautet hier: Ist der Preis Ihres Angebots so darauf ausgerichtet, die Masse der Zielkäufer anzuziehen, dass sie Ihr Angebot bezahlen können und wollen?

Bei diesen beiden ersten Schritten geht es um die Umsatzseite Ihres Geschäftsmodells; sie gewährleisten, dass Sie den Käufern einen größeren Nettowert bieten. Dieser Nettowert ist gleich dem Nutzen, den die Käufer erhalten, minus dem Preis, den sie dafür bezahlen.

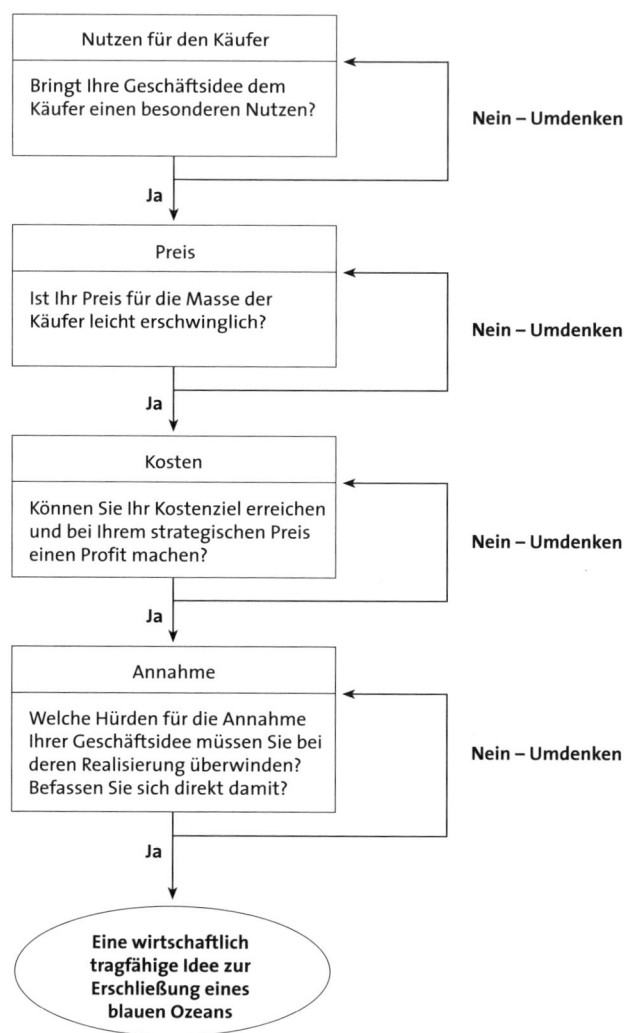

Abb. 6.1: Abfolge bei SEOs

Die Sicherung der Profitseite bringt uns zum dritten Element, den Kosten. Können Sie die Zielkosten einhalten und dabei eine gesunde Gewinnspanne erzielen? Können Sie bei Ihrem strategischen Preis – dem Preis, der für die Masse der Zielkäufer leicht erschwinglich ist – einen Profit einfahren? Sie dürfen nicht zulassen, dass die Kosten den Preis in die Höhe treiben. Sie dürfen aber auch nicht den Nutzen verringern, wenn hohe Kosten verhindern, dass Sie bei Ihrem strategischen Preis einen Profit machen. Falls die Zielkosten sich nicht einhalten lassen, müssen Sie entweder von Ihrer Idee Abstand nehmen, da der blaue Ozean nicht profitabel sein würde, oder Ihr Geschäftsmodell umgestalten. Die Kostenseite Ihres Geschäftsmodells gewährleistet nämlich, dass Ihr Unternehmen für sich selbst einen Nutzengewinn erzeugt – in Form eines Profits, das heißt, Preis des Angebots minus Herstellungskosten. Nur die Kombination von besonderem Nutzen, strategischer Preisgestaltung und Einhaltung der Zielkosten ermöglicht es den Unternehmen, eine Nutzeninnovation – einen Nutzengewinn sowohl für die Käufer als auch für sie selbst – zu erreichen.

Schließlich müssen Sie sich noch mit den Hindernissen für die Annahme beschäftigen. Welche Hürden stehen der Annahme Ihrer Idee im Weg? Haben Sie sich direkt mit ihnen befasst? Die Formulierung einer SEO ist nur dann vollständig, wenn Sie sich gleich am Anfang mit diesen Hürden – zu denen beispielsweise Widerstand der Einzelhändler oder Partner gehört – beschäftigen können. Da SEOs eine signifikante Abwendung von den roten Ozeanen bedeuten, muss man sich unbedingt direkt mit den Hürden für ihre Annahme befassen.

Wie können Sie diese vier Kriterien auf Ihre eigene SEO anwenden? Und wie können Sie Ihre Idee so weiterentwickeln, dass sie die einzelnen Hürden nimmt? Mit diesen beiden Fragen wollen wir uns jetzt befassen.

Untersuchung auf besonderen Nutzen

Dass Sie den Nutzen Ihres Angebots für den Käufer beurteilen müssen, mag Ihnen selbstverständlich erscheinen. Viele Unternehmen versäumen es aber, einen besonderen Nutzen zu liefern, weil sie von der Neuheit ihres Produkts oder ihrer Dienstleistung besessen sind – besonders, wenn dabei eine neue Technologie eine Rolle spielt.

Der CD-i von Philips beispielsweise war ein wahres Wunderwerk der Technik, doch er bot den Leuten keinen zwingenden Grund, ihn zu kaufen. Wegen seiner Funktionsvielfalt wurde er als »Traummaschine« angepriesen; er war gleichzeitig Videogerät, Musiksystem, Spielekonsole und Lehrmittel. Trotz dieser vielen Funktionen verfügte er jedoch nicht über eine einfache oder intuitiv verständliche Benutzerschnittstelle, sodass die Leute ohne beträchtlichen Zeitaufwand für das Studium von Gebrauchsanweisungen nicht verstehen konnten, wie man ihn benutzt. Außerdem gab es keine attraktiven Titel für die Software. Obwohl der CD-i also theoretisch eine Fülle von

Möglichkeiten bot, konnte man tatsächlich nur sehr wenig mit ihm machen. Die Kunden hatten keinen zwingenden Grund, ihn zu kaufen, und der Absatz kam nie richtig in Schwung.

Die für den CD-i verantwortlichen Manager bei Philips hatten sich im gleichen Fallstrick verfangen wie die bei Motorola für das Iridium zuständigen: In ihrer Begeisterung über ihre grandiose neue Technologie gingen sie von der Voraussetzung aus, dass eine brandneue Technologie per se einen brandneuen Nutzen für die Käufer bedeutet. Unsere Untersuchungen haben jedoch ergeben, dass das nur selten stimmt.

Über den Fallstrick, in dem Philips und Motorola sich verfingen, stolpern auch die besten und klügsten Unternehmen immer wieder. Falls eine Technologie den Käufern das Leben aber nicht ganz erheblich erleichtert (es bequemer, produktiver, weniger riskant, fröhlicher oder moderner macht), wird sie die Massen nicht anziehen, auch wenn sie noch so viele Preise bekommt. Eine Nutzeninnovation ist nicht dasselbe wie eine technologische Innovation!

In Kapitel 2 haben wir beschrieben, wie man diesen Fallstrick umgehen kann: indem man zunächst ein strategisches Profil entwickelt, das die erste Nagelprobe besteht, also fokussiert und divergent ist und einen überzeugenden Slogan aufweist, der die Käufer anspricht. Danach können die Unternehmen untersuchen, wo und wie ihr neues Angebot das Leben der Käufer verändern wird. Dieser Unterschied bei der Perspektive ist deshalb wichtig, weil die Art und Weise, wie ein Produkt oder eine Dienstleistung entwickelt wird, dann nicht mehr so sehr von den technischen Möglichkeiten bestimmt wird, sondern stärker vom Nutzen für die Käufer.

Die grafische Darstellung des Nutzens für die Käufer (siehe Abbildung 6.2) hilft den Managern, diesen Punkt aus der richtigen Perspektive zu betrachten. Sie erfasst einerseits alle Hebel, die die Unternehmen ziehen können, um den Käufern einen besonderen Nutzen zu liefern, andererseits die möglichen Erfahrungen der Käufer mit einem Produkt oder einer Dienstleistung. Dadurch sehen die Manager das ganze Spektrum der Nutzenräume, die ihr Angebot füllen könnte. Mit den verschiedenen Dimensionen dieser Darstellung wollen wir uns nun eingehender beschäftigen.

Die sechs Phasen beim Erfahrungszyklus der Käufer

Die Erfahrungen der Käufer lassen sich gewöhnlich in einen Zyklus mit sechs Phasen aufgliedern, die vom Kauf bis zur Entsorgung mehr oder weniger nacheinander ablaufen. Jede umfasst eine große Vielfalt spezifischer Er-

6 Die richtige strategische Abfolge einhalten

Die sechs Phasen beim Erfahrungszyklus der Käufer

	1. Kauf	2. Lieferung	3. Benutzung	4. Ergänzungen	5. Instandhaltung	6. Entsorgung
Kundenproduktivität						
Einfachheit						
Leichtigkeit						
Risiko						
Spaß und Image						
Umweltfreundlichkeit						

Die sechs Nutzen-Hebel

Abb. 6.2: Käufer-Nutzen-Matrix

fahrungen. So kann zum Kauf ebenso das Herumblättern bei eBay gehören wie die Fahrt in einen Supermarkt. In jeder Phase können die Manager eine Reihe von Fragen stellen, um die Erfahrungen der Käufer zu beurteilen (siehe Abbildung 6.3).

Die sechs Nutzen-Hebel

Quer über die Phasen der Käufererfahrungen verlaufen die Nutzen-Hebel: die Möglichkeiten der Unternehmen, einen besonderen Nutzen für die Käufer zu erschließen. Die meisten dieser Hebel leuchten von selbst ein: Bei Einfachheit, Spaß und Image sowie Umweltfreundlichkeit sind keine großen Erläuterungen nötig. Dass ein Produkt die Risiken des Kunden im finanziellen, physischen oder Glaubwürdigkeitsbereich senken kann, liegt ebenfalls auf der Hand. Leichtigkeit bieten Produkte oder Dienstleistungen, wenn sie leicht zu erhalten, zu benutzen oder zu entsorgen sind. Der am häufigsten benutzte Hebel ist die Kundenproduktivität – das Angebot erlaubt es dem Käufer, Dinge schneller oder besser zu erledigen.

Um den Faktor des besonderen Nutzens zu untersuchen, sollten die Unternehmen überprüfen, ob ihr Angebot beim gesamten Erfahrungszyklus

Kauf	→	Lieferung	→	Benutzung	→	Ergänzungen	→	Instandhaltung	→	Entsorgung
Wie lange dauert es, das benötigte Produkt zu finden?		Wie lange dauert es, bis das Produkt geliefert wird?		Erfordert das Produkt ein Training oder die Hilfe eines Experten?		Braucht man noch andere Produkte oder Dienstleistungen, damit dieses Produkt funktioniert?		Ist für das Produkt eine externe Instandhaltung erforderlich?		Entstehen durch die Benutzung des Produkts Abfallstoffe?
Ist der Kaufort attraktiv und leicht erreichbar?		Wie schwierig ist es, das neue Produkt auszupacken und zu installieren?		Lässt sich das Produkt leicht verstauen, wenn es nicht benützt wird?		Falls ja: Wie teuer sind sie?		Wie leicht ist es, das Produkt instand zu halten und auszubauen?		Wie leicht lässt das Produkt sich entsorgen?
Wie sicher ist die Umgebung, in der die Transaktion stattfindet?		Müssen die Käufer selbst für die Lieferung sorgen? Wie teuer und schwierig ist das?		Wie effektiv sind die Leistungsmerkmale und Funktionen des Produkts?		Wie viel Zeit nehmen sie in Anspruch?		Wie teuer ist die Instandhaltung?		Sind bei der Entsorgung des Produkts gesetzliche Vorschriften oder Aspekte des Umweltschutzes zu beachten?
Wie schnell kann man einen Kauf tätigen?				Bietet das Produkt viel mehr Leistung oder Möglichkeiten, als der Durchschnittsbenutzer braucht? Ist es mit technischer Raffinesse überladen?		Wie viel Mühe verursachen sie?				Wie teuer ist die Entsorgung?
						Wie leicht sind sie erhältlich?				

Abb. 6.3: Erfahrungszyklus der Käufer

6 Die richtige strategische Abfolge einhalten 117

der Käufer die größten Nutzen-Hindernisse beseitigt – sowohl für die Kunden als auch für die Nichtkunden. Die größten Nutzen-Hindernisse sind nämlich oft die besten und auch dringlichsten Möglichkeiten, einen besonderen Nutzen zu erschließen. Abbildung 6.4 zeigt, wie Unternehmen die zwingendsten Chancen zur Erschließung von besonderem Nutzen ermitteln können. Wenn Sie das von Ihnen ins Auge gefasste Angebot in die Käufer-Nutzen-Matrix (Abbildung 6.2) einzeichnen, können Sie deutlich sehen, ob und inwiefern Ihre neue Idee einerseits einen Nutzen erzeugt, der sich von dem der vorhandenen Angebote unterscheidet, und andererseits die größten Nutzen-Hindernisse, die der Verwandlung von Nichtkunden in Kunden im Wege stehen, beseitigt. Falls Ihr Angebot in die gleichen Kästchen fällt wie die anderer Unternehmen, dürfte es nicht möglich sein, dadurch einen blauen Ozean zu erobern.

Wir wollen das Modell T von Ford als Beispiel nehmen: Bevor es auf den Markt kam, konzentrierten sich die mehr als 500 Autohersteller in den USA darauf, Luxusautos für die Reichen nach deren Wünschen anzufertigen. Mit Blick auf den Nutzen für die Käufer betrachtet, war also die gesamte Branche auf das Image in der Benutzungsphase fokussiert – man baute Luxusautos für Wochenendausflüge, die damals groß in Mode waren. Mit anderen Worten: Nur einer der 36 Nutzenräume war belegt.

Für die Masse der Leute aber bestanden die größten Nutzen-Hindernisse nicht darin, dass der Luxus des Autos und sein Image nicht ausreichen, sondern es ging dabei um zwei andere Faktoren. Einer war die Leichtigkeit

	Kauf	Lieferung	Benutzung	Ergänzungen	Instandhaltung	Entsorgung
Kundenproduktivität			In welcher Phase gibt es die größten Hindernisse für die Kundenproduktivität?			
Einfachheit			In welcher Phase gibt es die größten Hindernisse für die Einfachheit?			
Leichtigkeit			In welcher Phase gibt es die größten Hindernisse für die Leichtigkeit?			
Risiko			In welcher Phase gibt es die größten Hindernisse für die Reduzierung von Risiken?			
Spaß und Image			In welcher Phase gibt es die größten Hindernisse für Spaß und Image?			
Umweltfreundlichkeit			In welcher Phase gibt es die größten Hindernisse für die Umweltfreundlichkeit?			

Abb. 6.4: Ermittlung der Hindernisse für den Käufernutzen

der Benutzung: Auf den unbefestigten, mit Schlaglöchern übersäten, schlammigen Straßen, die zu Anfang des Jahrhunderts den Großteil der Verkehrswege ausmachten, fühlten sich zwar die Pferde wohl, doch für die wenig robusten Autos waren sie oft nicht zu bewältigen. Das bedeutete eine erhebliche Einschränkung der Tage und Strecken, wo man mit dem Auto fahren konnte (bei Regen oder Schnee war das nicht ratsam), sodass die Benutzung des Autos begrenzt und mit Schwierigkeiten verbunden war. Das zweite Nutzen-Hindernis war das Risiko in der Instandhaltungsphase: Die Autos, die anfällig und mit zahlreichen Extras ausgestattet waren, blieben oft liegen; für die Reparatur brauchte man dann Spezialisten, die jedoch knapp und teuer waren.

Mit seinem Modell T – dem »Auto für die große Masse« – beseitigte Ford diese beiden Hindernisse auf einen Streich. Es gab lediglich ein einziges Modell, mit ganz wenig Extras und auch nur in einer einzigen Farbe, nämlich Schwarz. So eliminierte Ford die Ausgaben für das Image in der Benutzungsphase. Statt Autos für Wochenendausflüge aufs Land – ein Luxus, den kaum jemand rechtfertigen konnte – zu bauen, stellte er ein Auto für den täglichen Gebrauch her. Es war zuverlässig, hielt lange und war so konstruiert, dass man sich damit auch bei schlechtem Wetter auf unbefestigte Straßen wagen konnte. Außerdem ließ es sich leicht reparieren und benutzen – die Leute konnten an einem einzigen Tag lernen, es zu fahren.

Die Käufer-Nutzen-Matrix zeigt also deutlich die Unterschiede zwischen Ideen, die tatsächlich einen neuen, besonderen Nutzen erzeugen, und jenen, die im Wesentlichen Modifizierungen bereits vorhandener Angebote oder nicht mit dem Nutzen in Zusammenhang stehende technologische Durchbrüche sind. Ziel ist, zu überprüfen, ob Ihr Angebot – wie das Modell T – den Test auf besonderen Nutzen besteht. Durch dieses diagnostische Instrument können Sie herausfinden, wie Ihre Idee verbessert werden muss.

Was sind die größten Hindernisse für den Nutzen beim Erfahrungszyklus Ihrer eigenen Kunden und Nichtkunden? Beseitigt Ihr Angebot diese Hindernisse effektiv? Sonst dürfte es eine Innovation um der Innovation willen oder eine Modifizierung bereits vorhandener Angebote sein. Falls das Angebot Ihres Unternehmens diesen Test besteht, können Sie zum nächsten Schritt übergehen.

Vom besonderen Nutzen zur strategischen Preisgestaltung

Um sicherzustellen, dass Ihr Angebot Ihnen einen starken Umsatzfluss bringt, müssen Sie es zum richtigen strategischen Preis offerieren. Dieser Schritt sorgt dafür, dass die Leute Ihr Angebot nicht nur kaufen wollen, sondern es auch bezahlen können. Viele Unternehmen gehen jedoch umgekehrt vor: Sie wählen bei der Einführung einer neuen Geschäftsidee zunächst diejenigen Kunden als Zielgruppe, die scharf auf Neues sind und für die der Preis keine Rolle spielt; erst im Laufe der Zeit senken sie dann den Preis, um die große Masse der Käufer anzuziehen. Es wird aber immer wichtiger, schon von Anfang an zu wissen, durch welchen Preis man die Masse der Zielkunden schnell für sich gewinnen kann.

Dafür gibt es zwei Gründe. Zum einen entdecken die Unternehmen jetzt, dass ein großes Volumen heute einen höheren Ertrag bringt als früher. Da die Güter immer wissensintensiver werden, entfällt nämlich ein viel größerer Teil ihrer Kosten auf die Produktentwicklung als auf die Herstellung. Ein besonders gutes Beispiel ist die Softwarebranche. So kostete es Apple Milliarden Dollar, seine iOS-Software zu produzieren, dann jedoch konnte sie mit minimalem Kostenaufwand in einer unendlichen Zahl von Computern installiert werden. Dadurch wird das Volumen zum Schlüsselfaktor.

Der zweite Grund ist, dass der Wert eines Produkts oder einer Dienstleistung für den Käufer stark davon abhängen kann, wie viele Leute sie insgesamt benutzen. Ein klassisches Beispiel ist der Online-Versteigerungsdienst von eBay, der für Käufer wie Verkäufer umso attraktiver wird, je mehr Leute ihn benutzen. Dieses Phänomen, die Wichtigkeit der *Zugehörigkeit zu einem Netzwerk*, führt dazu, dass es bei vielen Produkten und Dienstleistungen um alles oder nichts geht – man verkauft entweder sofort Millionen davon oder gar nichts.[1]

Durch die Zunahme wissensintensiver Produkte wird außerdem das Potenzial für eine Nachahmung erzeugt. Das steht mit dem konkurrenzlosen und nur zum Teil ausschließbaren Charakter des Wissens in Zusammenhang.[2] Die Verwendung eines *nicht konkurrenzlosen Gutes* durch eine Firma macht seine Verwendung durch eine andere unmöglich. So können Nobelpreisträger, die fest bei IBM angestellt sind, nicht gleichzeitig von einem anderen Unternehmen beschäftigt werden. Und Schrott, der von einem Stahlproduzenten verbraucht wird, kann nicht gleichzeitig von einem anderen verbraucht werden.

Wird dagegen ein *konkurrenzloses* Gut von einem Unternehmen verwendet, kann es trotzdem auch von anderen benutzt werden. Zu dieser Kategorie gehören die Ideen. Als Virgin Atlantic Airways seine Upperclass-Marke, einführte, bei der die breiten Sitze und die Beinfreiheit der traditionellen ersten Klasse mit dem Preis von Tickets für die Businessclass verbunden wurden, stand es daher anderen Fluggesellschaften frei, diese Idee für ihre eigene Businessclass zu übernehmen; die Fähigkeit von Virgin, sie zu benutzen, wurde dadurch nicht geschmälert. Das macht die Nachahmung für die Konkurrenten nicht nur möglich, sondern auch billiger. Die mit der Entwicklung einer innovativen Idee verbundenen Kosten und Risiken trägt allein der Pionier, nicht der Nachahmer.

Der Faktor der *Ausschließbarkeit* macht die Situation noch schwieriger. Ausschließbarkeit hängt einerseits von der Art des Gutes ab, andererseits von den Gesetzen. Ein Gut ist dann ausschließbar, wenn das Unternehmen andere – zum Beispiel durch Zugangsbeschränkungen oder einen Patentschutz – daran hindern kann, es zu benutzen. So kann Intel andere Hersteller von Halbleiterchips aufgrund von Gesetzen zum Schutz des Eigentums davon abhalten, seine Produktionsanlagen zu nutzen. Das asiatische Friseurgeschäft QB House dagegen kann es niemandem verwehren, in eines seiner Geschäfte zu gehen, sich die Gestaltung, die Atmosphäre und die Technik des Haareschneidens anzusehen und dann dieses innovative Konzept zu imitieren. Wenn eine Idee verwirklicht ist, gelangt das entsprechende Wissen natürlich bald auch zu anderen Unternehmen.

Fehlende Ausschließbarkeit erhöht das Risiko, dass Nachahmer auf den Plan treten. Wie die kreativen Konzepte von Pret A Manger oder JCDecaux haben viele der besonders wirkungsvollen Ideen zur Eroberung blauer Ozeane zwar einen enormen Wert, bestehen an sich aber aus keinen neuen technologischen Entdeckungen. Sie sind somit weder patentfähig noch ausschließbar – und daher ist die Gefahr einer Nachahmung groß.

Der strategische Preis, den Sie für Ihr Angebot festsetzen, muss also nicht nur eine große Zahl von Käufern anziehen, sondern Ihnen auch helfen, sie zu behalten. Angesichts des hohen Potenzials für eine Nachahmung müssen Angebote sich schon am ersten Tag einen guten Ruf erwerben; der Aufbau einer Marke hängt nämlich immer stärker von Mund-zu-Mund-Propaganda ab, und die verbreitet sich in unserer vernetzten Gesellschaft schnell. Die Unternehmen müssen daher mit einem Angebot anfangen, das die Käufer nicht ausschlagen können, und dafür sorgen, dass das so bleibt. Deshalb ist die strategische Preisgestaltung einer der Schlüsselfaktoren. Dabei geht es um folgende Frage: Ist Ihr Preis so gestaltet, dass Ihr Angebot von Anfang

6 Die richtige strategische Abfolge einhalten 121

an die Masse der Zielkäufer anzieht und sie es bezahlen können und wollen? Wenn man einen besonderen Nutzen mit einer strategischen Preisgestaltung verbindet, werden potenzielle Nachahmer abgeschreckt.

Wir haben ein Tool entwickelt, durch das die Manager den richtigen Preis für ein unwiderstehliches Angebot – der nicht notwendigerweise der niedrigere Preis ist – besser finden können: den *Preiskorridor der angepeilten Masse* (siehe Abbildung 6.5). Es besteht aus zwei miteinander zusammenhängenden Schritten.

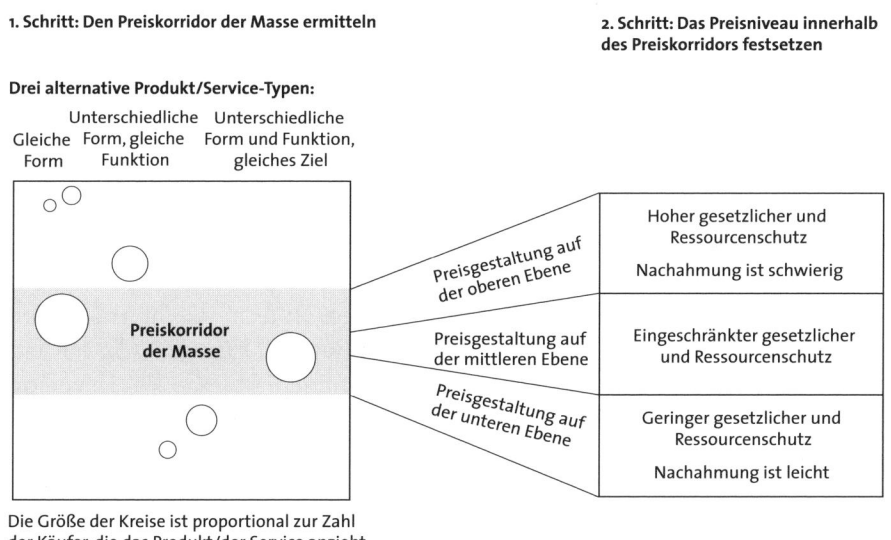

Abb. 6.5: Preiskorridor der angepeilten Käufermasse

Erster Schritt: Den Preiskorridor der angepeilten Käufermasse ermitteln

Bei der Festlegung des Preises blicken alle Unternehmen zuerst auf diejenigen Produkte und Dienstleistungen, die ihrer eigenen Idee von der Form her am ähnlichsten sind, und zwar gemeinhin in ihrer eigenen Branche. Das ist natürlich immer noch nötig, reicht aber nicht aus, um neue Kunden anzuziehen. Die Hauptaufgabe bei der Festsetzung eines strategischen Preises ist somit, die Reaktion derjenigen Leute zu verstehen, die das neue Produkt oder die neue Dienstleistung mit einer Vielzahl ganz anders aussehender, außerhalb der Gruppe der traditionellen Wettbewerber angebotener Produkte und Dienstleistungen vergleichen werden.

Wie kann man über die Grenzen der eigenen Branche hinausblicken? Eine gute Methode besteht darin, Produkte und Dienstleistungen aufzulisten, die zwar eine andere Form haben, aber die gleiche Funktion erfüllen, oder eine andere Form und eine andere Funktion, aber das gleiche übergreifende Ziel haben.

ANDERE FORM, GLEICHE FUNKTION: Viele Unternehmen, die blaue Ozeane erobern, ziehen Kunden aus anderen Branchen an – Benutzer eines Produkts oder einer Dienstleistung mit der gleichen Funktion oder dem gleichen Kernnutzen wie das neue Angebot, aber mit einer ganz anderen physischen Form. Ford beispielsweise betrachtete vor der Einführung des Modells T die Pferdekutsche. Sie hatte den gleichen Kernnutzen wie das Auto: die Beförderung von Einzelpersonen und Familien. Ihre Form aber war ganz anders: keine Maschine, sondern ein lebendiges Tier. Ford gelang es, die Mehrheit der Nichtkunden der Autobranche, nämlich die Kunden der Pferdekutschen, in Kunden seines blauen Ozeans zu verwandeln – weil er sich beim Preis des Modells T an den Pferdekutschen orientierte, nicht an den Autos anderer Hersteller.

Bei den Lieferanten von Schulverpflegung führte diese Frage zu einer interessanten Erkenntnis: Plötzlich tauchten jene Eltern, die ihren Kindern das Mittagessen selbst machten, in der Gleichung auf. Für viele Kinder hatten die Eltern nämlich dieselbe Funktion: sie mit dem Mittagessen zu versorgen. Sie hatten allerdings eine völlig andere Form: Mama und Papa gegenüber der Schlange in der Cafeteria.

ANDERE FORM UND FUNKTION, GLEICHES ZIEL: Manche Unternehmen locken sogar aus noch größerer Entfernung Kunden an – Cirque du Soleil beispielsweise aus einem breiten Spektrum von Aktivitäten am Abend. Sein Wachstum beruhte zum Teil darauf, dass es Leute von Aktivitäten abzog, die eine andere Form und eine andere Funktion hatten. So haben Bars und Restaurants physisch kaum etwas mit einem Zirkus gemeinsam. Auch ihre Funktion ist anders, denn sie bieten eine angenehme Gesprächsatmosphäre beziehungsweise erfreuliche gastronomische Erlebnisse – Erfahrungen, die sich von der visuellen Unterhaltung in einem Zirkus stark unterscheiden. Trotz dieser Unterschiede bei Form und Funktion haben die Leute bei diesen drei Aktivitäten aber das gleiche Ziel: einen schönen Abend außer Haus.

Durch die Auflistung der alternativen Produkte und Dienstleistungen können die Manager genau sehen, welche Käufer sie anderen Branchen wegschnappen beziehungsweise aus Nichtbranchen wie den Eltern (bei der Schulverpflegung) oder dem Drehbleistift (bei der Finanzsoftware für den

Privathaushalt) gewinnen können. Danach sollten Preis und Volumen dieser Alternativen, wie in Abbildung 6.5 gezeigt, grafisch dargestellt werden.

So kann man auf unkomplizierte Weise herausfinden, wo die Masse der Zielkäufer ist und welche Preise diese Käufer für diejenigen Produkte und Dienstleistungen zahlen, die sie gegenwärtig benutzen. Der Bereich, der die größten Zielkäufergruppen einschließt, ist der Preiskorridor der angepeilten Käufermasse.

Der Preiskorridor der angepeilten Masse kann sehr groß sein. Im Fall von Southwest Airlines zum Beispiel umfasste er die Gruppe jener Leute, die durchschnittlich etwa 400 Dollar für einen Kurzstreckenflug in der Economyclass oder etwa 60 Dollar für die gleiche Strecke im Auto zahlen. Der entscheidende Punkt ist, sich bei der Preisgestaltung nicht an der Konkurrenz innerhalb der eigenen Branche zu orientieren, sondern an Alternativen und Ersatzprodukten in anderen Branchen und außerhalb aller Branchen. Hätte Ford sich beim Preis seines Modells T nach anderen Autos gerichtet (die über dreimal so teuer waren wie die Pferdekutschen), wäre der Markt für das Modell T nicht explodiert.

Zweiter Schritt: Das Niveau innerhalb des Preiskorridors festsetzen

Durch unser Tool können die Manager außerdem ermitteln, wie hoch sie mit ihrem Preis innerhalb des Korridors gehen können, ohne die Konkurrenz zur Nachahmung einzuladen. Das hängt von zwei Hauptfaktoren ab: inwieweit das Produkt oder die Dienstleistung gesetzlich durch Patente oder Copyrights geschützt ist; ob das Unternehmen exklusiv Einrichtungen (zum Beispiel eine teure Fertigungsstätte oder eine einzigartige Designkompetenz) oder Kernkompetenzen besitzt, durch die eine Nachahmung verhindert werden kann. So kann Dyson, ein britischer Hersteller von Elektrogeräten, seit der Einführung seines beutellosen Staubsaugers im Jahre 1995 bis heute dafür einen hohen Preis verlangen, da man über starke Patente, Servicefähigkeiten, die schwer nachzuahmen sind, und ein verblüffendes Design verfügt.

Viele andere Unternehmen haben ebenfalls strategische Preise an der Obergrenze benutzt, um die Masse der Zielkäufer anzuziehen – zum Beispiel Philips mit ALTO bei der professionellen Beleuchtung, DuPont mit seiner Marke Lycra bei den Spezialchemikalien (die inzwischen Invista gehört), SAP bei der Unternehmens- und Bloomberg bei der Finanzsoftware.

Unternehmen mit unzureichendem Patent- und Ressourcenschutz hingegen sollten ihren Preis in der Mitte des Korridors ansiedeln. Und Unternehmen, denen dieser Schutz ganz fehlt, müssen einen relativ niedrigen Preis wählen. Da Southwest Airlines sich seinen Service nicht patentieren lassen konnte und er auch keine besonderen Einrichtungen erforderte, fielen seine Ticketpreise in den unteren Bereich des Korridors – Maßstab war nämlich, was die entsprechenden Autofahrten kosteten. Falls einer der folgenden Punkte zutrifft, sollten Unternehmen ihren strategischen Preis von Anfang an im mittleren bis unteren Bereich ansiedeln:

- Das Angebot, mit dem sie einen blauen Ozean erobern wollen, ist mit hohen Fixkosten und geringen variablen Kosten verbunden.
- Die Attraktivität ihres Angebots hängt stark von der Zugehörigkeit zu einem Netzwerk ab.
- Ihre Kostenstruktur profitiert von enormen Größen- und Bereichsvorteilen. Dann bringt das Volumen nämlich erhebliche Kostenvorteile mit sich, sodass eine auf ein großes Volumen ausgerichtete Preisgestaltung besonders wichtig ist.

Der Preiskorridor der angepeilten Käufermasse zeigt den Unternehmen nicht nur, welche Zone sie bei der strategischen Preisgestaltung wählen müssen, um sich einen Ozean neuer Nachfrage sichern zu können, sondern auch, wie sie ihre ursprünglichen Preiskalkulationen gegebenenfalls ändern müssen.

Von der strategischen Preisgestaltung zu den Zielkosten

Bei der Festlegung der Zielkosten, dem nächsten Schritt der strategischen Abfolge, geht es um die Profitseite des Geschäftsmodells. Wenn Unternehmen das Profitpotenzial einer Idee zur Erschließung eines blauen Ozeans voll ausschöpfen wollen, müssen sie mit dem strategischen Preis anfangen und davon ihre gewünschte Gewinnspanne abziehen, um die Zielkosten zu erhalten. Damit die Kostenstruktur einerseits profitabel und andererseits für eventuelle Nachahmer nicht leicht nachzuvollziehen ist, muss man also zunächst den Preis und davon ausgehend die Zielkosten ermitteln, nicht umgekehrt.

Wenn die Festlegung der Zielkosten auf der strategischen Preisgestaltung beruht, ist sie gewöhnlich aggressiv. Wie aber lässt sich die Herausforderung, die Zielkosten einzuhalten, bewältigen? Zum Teil durch den Aufbau eines strategischen Profils, das nicht nur Divergenz aufweist, sondern auch einen Fokus, sodass für das Unternehmen weniger Kosten anfallen. Cirque du Soleil und Ford gelangen ja große Kosteneinsparungen, indem sie die Tiere und Stars eliminierten beziehungsweise das Modell T in nur einer Farbe und als nur ein Modell mit wenig Extras anboten.

Manchmal genügen diese Einsparungen, um das Kostenziel zu erreichen, oft jedoch nicht. So musste Ford Innovationen bei den Kosten einführen, um seine aggressiven Zielkosten für das Modell T einhalten zu können. Er musste das übliche Herstellungssystem, bei dem die Autos von Hand und nur von Facharbeitern gefertigt wurden, aufgeben; stattdessen führte er das Fließband ein, sodass die Facharbeiter durch Hilfsarbeiter ersetzt werden konnten, die jeweils nur eine einzige kleine Aufgabe erledigten. Das war schneller und effizienter, sodass ein Modell T sich statt in 21 nun in vier Tagen herstellen ließ und die Arbeitsstunden um 60 Prozent verringert wurden.[3] Ohne die Einführung dieser Kosteninnovationen hätte Ford seinen strategischen Preis nicht profitabel erreichen können.

Wenn Unternehmen – statt wie Ford eine tief gehende Analyse vorzunehmen und nach Möglichkeiten zu suchen, die Zielkosten auf kreative Weise einzuhalten – den leichteren Weg einschlagen und den strategischen Preis erhöhen oder den Nutzen reduzieren, werden sie nicht in einen lukrativen blauen Ozean gelangen. Um das Kostenziel zu erreichen, kann man drei verschiedene Hebel einsetzen.

Man kann erstens seine Operationen rationalisieren und von der Herstellung bis zum Vertrieb Kosteninnovationen einführen. Können Sie die für Ihr Produkt oder Ihre Dienstleistung verwendeten Rohstoffe durch unkonventionelle, billigere ersetzen – beispielsweise ein Metall durch einen Kunststoff? Kann das Callcenter aus Europa nach Asien verlegt werden? Lassen sich Aktivitäten in Ihrer Wertschöpfungskette, die mit hohen Kosten, aber geringem Mehrwert verbunden sind, eliminieren, erheblich reduzieren oder outsourcen? Können Sie den physischen Standort Ihres Produkts oder Ihrer Dienstleistung aus erstklassigen und daher teuren Gebieten in billigere verlegen, wie The Home Depot, IKEA und Wal-Mart im Einzelhandel und Southwest Airlines mit dem Wechsel von den großen zu kleineren Flughäfen? Können Sie bei der Produktion die Zahl der Teile oder der Schritte verringern, indem Sie das Herstellungsverfahren ändern, wie Ford durch die Einführung des Fließbands? Können Sie Aktivitäten digitalisieren, damit die Kosten sinken?

Durch die Beschäftigung mit solchen Fragen gelang es beispielsweise Swatch, eine Kostenstruktur zu erreichen, die um etwa 30 Prozent unter der aller anderen Uhrenhersteller auf der Welt liegt. Der Chef des Unternehmens, Nicolas Hayek, stellte zunächst ein Projektteam zusammen, das den strategischen Preis für die Swatch bestimmen sollte. Damals eroberten gerade billige (um 75 US-Dollar), sehr genaue Quarzuhren aus Japan und Hongkong den Massenmarkt. Swatch setzte seinen Preis bei knapp über der Hälfte an. So konnten die Leute sich mehrere Swatch-Uhren als modische Accessoires kaufen, und den Unternehmen aus Japan und Hongkong blieb keine Gewinnspanne, um Swatch nachzuahmen und seinen Preis zu unterbieten. Das Projektteam wurde angewiesen, die Swatch zu genau diesem Preis zu verkaufen. Es arbeitete dann rückwärts, um zu den Zielkosten zu kommen; dabei musste es die Spanne ermitteln, bei der man genug Marketing und Kundendienst betreiben und einen Profit machen konnte.

Angesichts der hohen Arbeitskosten in der Schweiz konnte Swatch dieses Ziel nur durch radikale Veränderungen beim Produkt und den Herstellungsmethoden erreichen. So verwendete man statt der traditionelleren Materialien Metall und Leder jetzt Kunststoffe. Außerdem wurde das Innenleben der Uhr ganz erheblich vereinfacht – die Zahl der Teile wurde von 150 auf 51 gesenkt. Schließlich entwickelte man neue, billigere Montageverfahren; so wurden die Gehäuse durch Schweißen mit Ultraschall versiegelt, nicht durch Schrauben verschlossen. Insgesamt konnte Swatch die direkten Arbeitskosten durch diese Änderungen beim Produkt und bei der Herstellung von 30 Prozent der Gesamtkosten auf unter zehn Prozent drücken. Dank dieser Kosteninnovationen entstand eine fast unschlagbare Kostenstruktur; heute beherrscht Swatch den Massenmarkt für Uhren, in dem vorher wegen der billigeren Arbeitskräfte Hersteller aus Asien dominierten, und macht dabei Profit.

Der zweite Hebel, durch den man seine Zielkosten erreichen kann, sind Partnerschaften. Wenn Unternehmen ein neues Produkt oder eine neue Dienstleistung auf den Markt bringen, versuchen sie oft, alle Herstellungs- und Vertriebsaktivitäten selbst durchzuführen – doch das kann ein Fehler sein. Die Unternehmen machen das, weil sie ihr Produkt oder ihre Dienstleistung als Plattform für die Entwicklung neuer Leistungspotenziale betrachten oder einfach nicht über andere Möglichkeiten nachdenken. Durch das Eingehen von Partnerschaften können Unternehmen sich jedoch einerseits schnell und effektiv Fähigkeiten verschaffen, die sie brauchen, und andererseits ihre Kostenstruktur drücken. So können sie die Erfahrung und die Größenvorteile anderer Unternehmen nutzen. Dazu gehört auch, Lücken bei den Fähigkeiten durch kleine Zukäufe zu schließen, falls das schneller und billiger ist, um Zugang zu Prozessen und Verfahren, die bereits bewältigt wurden, zu erlangen.

Dass beispielsweise IKEA seine Zielkosten erreichen kann, verdankt es zu einem großen Teil seinen Partnerschaften. Das schwedische Möbelhaus sichert sich über Partnerschaften mit etwa 2000 Herstellern in über 50 Ländern die niedrigsten Preise für die Materialien und die Produktion. So kann es sich für seine Palette von rund 20 000 Produkten jeweils die geringsten Kosten und die schnellste Fertigung verschaffen.

Ein anderes Beispiel ist SAP, der in Deutschland ansässige, 40 Jahre nach seiner Gründung immer noch weltweit führende Hersteller von Unternehmenssoftware. Durch die anfängliche Partnerschaft mit Oracle sparte SAP Hunderte, wenn nicht sogar Tausende von Millionen Dollar bei den Entwicklungskosten und bekam außerdem eine Datenbank von Weltrang, nämlich die von Oracle (auf der die ersten beiden blauen Ozeane von SAP, R/2 und später R/3, beruhten). SAP ging sogar noch einen Schritt weiter: Durch Partnerschaften mit führenden Consulting-Firmen wie Capgemini und Accenture verschaffte man sich über Nacht und ohne zusätzliche Kosten schnell Zugang zu einer weltweiten Absatzorganisation und einem Einführungsteam. Während Oracle so nur die Fixkosten für eine viel kleinere Absatzorganisation zu tragen hatte, konnte SAP die starken globalen Netzwerke von Capgemini und Accenture einsetzen, um schnell seine eigenen Zielkunden zu erreichen, ohne dass ihm dafür Kosten entstanden wären. SAP unterhält bis heute ein sehr ausgedehntes Umfeld von Partnern, die eine wichtige Rolle spielen, wenn Unternehmen Softwarelösungen von SAP kennenlernen, kaufen und einführen.

Manchmal können Unternehmen ihre Zielkosten aber selbst dann nicht einhalten, wenn sie ihre Operationen rationalisieren und Kosteninnovationen einführen oder Partnerschaften eingehen. Dann können sie einen dritten Hebel benutzen, um die angestrebte Gewinnspanne zu erreichen, ohne von ihrem strategischen Preis abzurücken: die Änderung des Preisgestaltungsmodells ihrer Branche.

NetJets zum Beispiel führte als Preisgestaltungsmodell für Jets die Teilnutzung ein, um seinen strategischen Preis zu realisieren. Das in New Jersey ansässige Unternehmen macht mit diesem Modell Flugzeuge einem größeren Spektrum von Firmenkunden und wohlhabenden Einzelpersonen zugänglich. Die Kunden erwerben nur das Nutzungsrecht für eine bestimmte Zeit und kaufen nicht das Flugzeug selbst, was die Nachfrage massiv begrenzen würde. Ein weiteres Modell ist das *Slice-Sharing*. Dabei ermöglichen beispielsweise die Manager offener Investmentfonds kleineren Anlegern die

Nutzung von qualitativ hochwertigem Portfolio-Management – das traditionell die Privatbanken für die Reichen erbringen –, indem sie nicht das ganze Portfolio verkaufen, sondern jeweils Teile (*slices*) davon.

Eine weitere Preisgestaltungsstrategie ist *Freemium*. Dabei wird ein Produkt oder eine Dienstleistung (meistens ein digitales Angebot wie Software, Medien, Spiele oder Webservices) umsonst angeboten, um die angepeilte Käufermasse zu gewinnen, jedoch eine Gebühr für zusätzliche Merkmale, Funktionen oder virtuelle Güter erhoben. Indem ein Unternehmen sowohl freie als auch gebührenpflichtige Produkte und Dienstleistungen anbietet, versucht es, seine Preise strategisch so zu gestalten, dass es sowohl die angepeilte Käufermasse erreicht als auch Gewinn mit den gebührenpflichtigen Angeboten macht, die die Kunden nach Nutzung des Basisangebots käuflich erwerben. All das sind Beispiele für *Innovationen bei der Preisgestaltung*.

Allerdings ist das, was in der einen Branche eine Innovation bei der Preisgestaltung bedeutet, in anderen oft schon längst das Standardmodell. IBM zum Beispiel erreichte eine massive Vergrößerung des Rechnermarktes, indem es das Preisgestaltungsmodell der Branche vom Verkauf auf Leasing umstellte und so bei Deckung seiner Kosten seinen strategischen Preis einführte.

Abbildung 6.6 zeigt, wie man den Gewinn durch eine Nutzeninnovation unter Verwendung der drei eben beschriebenen Hebel maximieren kann: Das Unternehmen beginnt mit seinem strategischen Preis; davon zieht es die angestrebte Gewinnspanne ab, um seine Zielkosten zu ermitteln. Zur Erreichung des für diesen Gewinn erforderlichen Kostenziels können Unternehmen zwei Hebel einsetzen: zum einen Rationalisierung und Kosteninnovationen, zum anderen das Eingehen von Partnerschaften. Lassen sich die Zielkosten trotz aller Bemühungen, ein Geschäftsmodell mit niedrigen Kosten zu entwickeln, nicht erreichen, sollte man mit dem dritten Hebel – einer Innovation bei der Preisgestaltung – versuchen, unter Beibehaltung des strategischen Preises einen Gewinn zu machen. Natürlich kann man auch dann, wenn es gelingt, die Zielkosten zu erreichen, eine Innovation bei der Preisgestaltung verfolgen. Hat ein Unternehmen sich eingehend mit der Gewinnseite seines Geschäftsmodells befasst, kann es zum letzten Schritt der strategischen Abfolge von SEOs übergehen.

Geschäftsmodelle, die in der Abfolge besonderer Nutzen, strategische Preisgestaltung und Festlegung der Zielkosten aufgebaut sind, erzeugen eine Nutzeninnovation. Im Gegensatz zur Praxis der traditionellen technologischen Neuerer beruhen Nutzeninnovationen auf einem Win-win-Spiel zwischen den Käufern, den Unternehmen und der Gesellschaft. Im Anhang C,

6 Die richtige strategische Abfolge einhalten   129

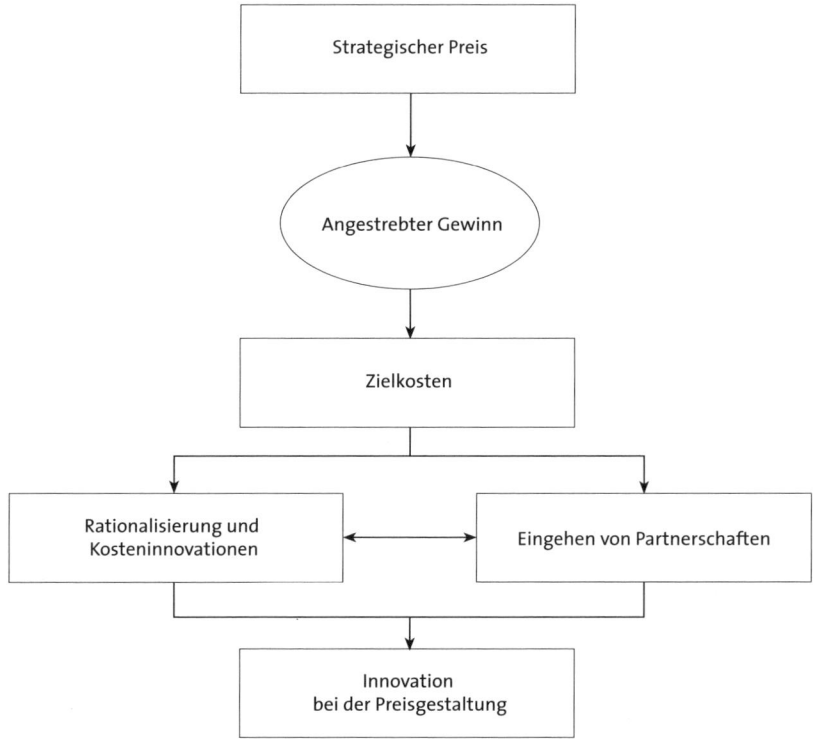

Abb. 6.6: Gewinnmodell für SEOs

»Die Marktdynamik der Nutzeninnovation«, zeigen wir, wie dieses Spiel im Markt abläuft und welche wirtschaftlichen und sozialen Vorteile es den Beteiligten bringt.

Von Nutzen, Preis und Kosten zur Annahme

Selbst ein unschlagbares Geschäftsmodell reicht nicht immer aus, um den kommerziellen Erfolg einer Idee zur Eroberung eines blauen Ozeans zu garantieren. Es bedroht fast per definitionem den Status quo und kann daher bei den Beschäftigten und den Partnern des betreffenden Unternehmens, aber auch bei der breiten Öffentlichkeit Angst und Widerstand hervorrufen. Bevor Unternehmen Geld in ihre neuen Ideen stecken, müssen sie zunächst diese Ängste ausräumen.

Die Beschäftigten

Die Unternehmen müssen sich mit den Sorgen und Befürchtungen befassen, die ihre Beschäftigten hinsichtlich der Folgen einer neuen Geschäftsidee für ihre Arbeit und ihren Lebensunterhalt hegen. Tun sie das nicht, kann es sie teuer zu stehen kommen. Als beispielsweise das Management von Merrill Lynch Pläne zur Kreierung eines Online-Maklerdienstes verkündete, fielen seine Aktien um 14 Prozent – weil bekannt wurde, dass es in der großen Privatkundenabteilung der Firma Widerstand und Auseinandersetzungen gab.

Bevor Unternehmen mit einer Idee an die Öffentlichkeit gehen und mit ihrer Umsetzung beginnen, sollten sie ihren Beschäftigten unbedingt vermitteln, dass sie sich bewusst sind, welche Bedrohungen mit der Umsetzung der Idee verbunden sind. Sie sollten gemeinsam mit den Beschäftigten daran arbeiten, diese Bedrohungen zu entschärfen, sodass trotz der Veränderungen bei der Rolle und Verantwortlichkeit der Leute alle gewinnen. Ganz anders als Merrill Lynch verfuhr zum Beispiel Netflix, als es vor der schwierigen Aufgabe stand, vom DVD-Versand auf Videostreaming umzustellen. Es machte große Anstrengungen, seine Mitarbeiter von der Notwendigkeit der Umstellung zu überzeugen, erklärte ihnen, welche Folgen sie für sie haben würde, und informierte sie zum Beispiel über die Besonderheiten des Streaminggeschäfts. Die Ergebnisse sind bis jetzt positiv: Netflix gewinnt kontinuierlich neue Kunden, und die Zahl seiner Abonnenten hat 2013 erstmals 40 Millionen überschritten.

Die Geschäftspartner

Noch schädlicher als die Ablehnung durch die Beschäftigten kann der Widerstand von Partnern sein, die durch die neue Geschäftsidee ihre Umsatzflüsse oder ihre Marktposition bedroht sehen. Diesem Problem stand SAP gegenüber, als man dort ASAP (AcceleratedSAP) entwickelte, eine Methode für eine schnellere und kostengünstigere Enführung seines Softwaresystems für Unternehmen. Durch ASAP kam die Unternehmenssoftware erstmals auch für mittelgroße und kleine Unternehmen infrage. Das Problem war, dass die Entwicklung der Best-Practice-Schablonen für ASAP die aktive Mitarbeit großer Consulting-Firmen erforderte. Da diese Firmen aber mit den langwierigen Implementierungsprozessen bei den anderen SAP-Produkten gute Geschäfte machten, war es eigentlich nicht in ihrem Interesse, die schnellste Möglichkeit für die Implementierung von ASAP zu finden.

Bei SAP löste man dieses Problem, indem man offen mit den Partnern darüber sprach. Die Führungskräfte konnten die Consulting-Firmen davon überzeugen, dass ihr Geschäft durch die Kooperation wachsen würde. ASAP würde zwar die Implementierungszeit für mittelgroße und kleine Unternehmen verkürzen; die Berater würden aber Zugang zu einem neuen Kundenreservoir bekommen, das sie für die verlorenen Umsätze bei den größeren Unternehmen reichlich entschädigen würde. Außerdem würde das neue System ihnen die Möglichkeit bieten, die immer lauter werdenden Beschwerden der Kunden, dass die Implementierung der Unternehmenssoftware zu lange dauere, abzustellen. Der Erfolg von ASAP war für SAP eine wichtige Voraussetzung, um seine Software nicht nur an Großunternehmen, sondern auch an mittlere und kleinere Firmen zu verkaufen.

Die breite Öffentlichkeit

Der Widerstand gegen eine neue Geschäftsidee kann auch auf die breite Öffentlichkeit übergreifen – insbesondere, wenn die Idee etablierte gesellschaftliche oder politische Normen bedroht. Das kann verheerende Folgen haben! Wir wollen Monsanto, das gentechnisch verändertes Saatgut herstellt, als Beispiel nehmen. Vor allem aufgrund der Bemühungen von Umweltschutzorganisationen wie Greenpeace, Friends of the Earth und Soil Association hegten die europäischen Verbraucher Zweifel an den Absichten von Monsanto. In Europa, wo es starke Bauernlobbys gibt und der Umweltschutz eine lange Geschichte hat, fielen die Angriffe dieser Gruppen auf fruchtbaren Boden.

Das Problem genetisch veränderter Nahrungsmittel ist durchaus umstritten. Monsanto aber beging den Fehler, die Leitung der Debatte nicht selbst in die Hand zu nehmen. Man hätte sowohl die Umweltschützer als auch die Öffentlichkeit proaktiv über das Potenzial gentechnisch veränderter Lebensmittel und die Chance, zum Beispiel durch robustere Pflanzen mit einem besseren Nährwert den Hunger und viele Krankheiten auf der Welt zu besiegen, aufklären müssen. Als die Produkte auf den Markt kamen, hätte Monsanto die Kennzeichnung genetisch veränderter Lebensmittel unterstützen sollen, damit die Verbraucher sich bewusst für organische oder gentechnisch veränderte Lebensmittel hätten entscheiden können. Hätte Monsanto diesen Weg beschritten, sich mit den Einwänden auseinandergesetzt und auf die Sorgen der Verbraucher etwa mit einer deutlichen Kennzeichnung der gentechnisch veränderten Produkte reagiert, wäre es vielleicht nicht verteufelt worden, sondern hätte in der Öffentlichkeit mehr Vertrauen gewonnen. Ja vielleicht wäre es dann sogar positiv als ein Unternehmen gesehen worden, das mit seiner Technologie einen Beitrag zur Bekämpfung von Hunger und Krankheit leisten wollte.

Der Schlüsselfaktor bei der Aufklärung der Beschäftigten, der Geschäftspartner und der breiten Öffentlichkeit ist eine offene Diskussion darüber, weshalb die Annahme der neuen Idee notwendig ist. Sie müssen ihre Vorteile erläutern, klare Erwartungen im Hinblick auf ihre Auswirkungen äußern und beschreiben, wie Ihr Unternehmen damit umgehen will. Die drei Interessengruppen müssen wissen, dass man sie gehört hat und dass es keine Überraschungen geben wird. Unternehmen, die sich dieser Diskussion stellen, werden die Erfahrung machen, dass sich die dafür aufgewendete Zeit und Mühe wirklich lohnen. (Wie die Unternehmen ihre internen und externen Stakeholder einbeziehen können, besprechen wir in Kapitel 8 ausführlich.)

Der Index für Ideen zur Eroberung blauer Ozeane

Obwohl die Unternehmen ihre SEOs in einer festen Abfolge – Nutzen, Preis, Kosten und Annahme – aufbauen sollten, müssen diese Kriterien insgesamt ein Ganzes bilden, wenn der wirtschaftliche Erfolg gewährleistet sein soll. Der *Index für Ideen zur Eroberung blauer Ozeane* (BOI, *blue ocean idea*) liefert einen einfachen, aber aussagekräftigen Prüfstein für diese systematische Betrachtung (siehe Abbildung 6.7).

Abbildung 6.7 zeigt: Wenn Philips und Motorola ihre Ideen nach dem BOI-Index beurteilt hätten, hätten sie gesehen, wie weit sie mit dem CD-i beziehungsweise dem Iridium von der Erschließung lukrativer blauer Ozeane entfernt waren. Der CD-i von Philips erzeugte mit seinem Angebot komplexer technologischer Funktionen und seinen begrenzten Softwaretiteln keinen besonderen Käufernutzen; er war für die angepeilte Käufermasse zu teuer, und der Herstellungsprozess war sehr aufwendig. Aufgrund seines komplizierten Designs dauerte es über 30 Minuten, ihn Kunden zu erklären und zu verkaufen – für die Verkäufer im schnellen Einzelhandel unserer Zeit wahrlich kein Anreiz! Mit anderen Worten: Trotz der Milliarden, die Philips in den CD-i gesteckt hatte, erfüllte er kein einziges der vier Kriterien beim BOI-Index.

Hätte Philips die Geschäftsidee des CD-i während der Entwicklung nach dem BOI-Index überprüft, hätte man ihre Unzulänglichkeiten erkennen und sich direkt mit ihnen befassen können – durch eine Vereinfachung des

		CD-i (Philips)	Iridium (Motorola)	i-Modus (DoCoMo, Japan)
Nutzen	Gibt es einen besonderen Nutzen? Gibt es zwingende Gründe, Ihr Angebot zu kaufen?	–	–	+
Preis	Ist Ihr Preis für die Masse der Käufer erschwinglich?	–	–	+
Kosten	Hält Ihre Kostenstruktur die Zielkosten ein?	–	–	+
Annahme	Haben Sie sich direkt mit den Hürden für die Annahme befasst?	–	+/–	+

Abb. 6.7: Index für Ideen zur Eroberung blauer Ozeane (BOI-Index)

Geräts, die Gewinnung von Partnern für die Entwicklung ansprechender Softwaretitel, die Festsetzung eines für die angepeilte Masse erschwinglichen strategischen Preises, eine vom Preis ausgehende Ermittlung der Kosten statt einer auf den Kosten beruhenden Preisgestaltung und eine Zusammenarbeit mit dem Einzelhandel (damit die Verkäufer das Gerät innerhalb von ein paar Minuten erklären und verkaufen konnten).

Das Iridium von Motorola war aufgrund hoher Produktionskosten unvernünftig teuer. Es bot der angepeilten Masse der Käufer keinen attraktiven Nutzen, da man in Gebäuden und Autos nicht mit ihm telefonieren konnte und es die Größe eines Ziegelsteins hatte. Im Hinblick auf die Annahme machte Motorola es besser: Man erfüllte viele Vorschriften und sicherte sich in zahlreichen Ländern Übertragungsrechte. Die Beschäftigten, die Partner und die Gesellschaft wurden stark genug dazu motiviert, die Idee zu akzeptieren. Die Absatzorganisation und die Vertriebswege in den globalen Märkten aber waren schlecht. Da es Motorola nicht gelang, den Markt effektiv zu lesen, waren manchmal keine Iridium-Telefone vorhanden, wenn sie angefordert wurden. Schwache Positionen beim Nutzen, beim Preis und bei den Kosten sowie Durchschnitt bei der Förderung der Annahme – so konnte die Iridium-Idee nur ein Flop werden!

Bei NTT DoCoMo dagegen sah die Situation ganz anders aus, als man 1999 in Japan den i-Modus auf den Markt brachte. Während sich die meisten Mobilfunkanbieter damals auf ein Rennen bei der Technologie und einen Preiswettbewerb bei den Geräten zur drahtlosen Sprachübertragung konzentrierten, führte NTT DoCoMo, der größte Mobilfunkanbieter in Japan, den i-Modus ein, der es ermöglichte, mit dem Handy ins Internet zu gehen. I-mode-Handys waren die ersten Smartphones, die in einem Land massenweise gekauft wurden. Schon zuvor hatte die normale Mobiltelefonie in Japan im Hinblick auf die Faktoren Mobilität, Sprachqualität, Benutzerfreundlichkeit und Gerätedesign eine sehr hohe Ausgereiftheit erreicht. Sie bot aber kaum datenbasierte Dienste wie E-Mail, Zugang zu Informationen, Nachrichten und Spielen oder Transaktionsmöglichkeiten, die bei den PC-Benutzern gerade die gefragtesten Internetanwendungen waren. Mit dem i-Modus änderte sich das. Er verband die entscheidenden Vorteile dieser beiden Alternativbranchen – Handys und PC-Internet – miteinander, sodass ein großer besonderer Nutzen für die Käufer entstand.

Der i-Modus bot den Käufern diesen besonderen Nutzen zu einem Preis, der für die angepeilte Käufermasse in Japan erschwinglich war. Die monatliche Grundgebühr, die Kosten für die Stimm- und Datenübertragung und der Preis für den Content lagen in jener strategischen Preiszone, in der die Verbraucher nicht lange nachdenken mussten; sie regten also zu Spontankäufen an und erreichten die Massen sehr schnell. So entsprach die Grundgebühr für eine Content-Site etwa dem Preis der beliebtesten Wochenzeitschriften, die sich die meisten Japaner regelmäßig an ihrem Bahnhofskiosk kaufen.

Nach der Festlegung eines für die Zielgruppe attraktiven Preises ging NTT DoCoMo daran, sich die nötigen Fähigkeiten zu verschaffen, um den Dienst innerhalb des Kostenziels liefern zu können. Dabei beschränkte man sich nicht auf das eigene Reservoir. NTT DoCoMo selbst konzentrierte sich auf seine traditionelle Rolle als Mobilfunkanbieter, um ein Hochgeschwindigkeitsnetz von hoher Kapazität für den i-Modus zu entwickeln und zu unterhalten; gleichzeitig bemühte man sich aber, durch aktive Partnerschaften mit den Herstellern von Handsets und den Anbietern von Informationen andere Schlüsselelemente seines Angebots zu liefern.

Durch den Aufbau eines Partnerschaftsnetzes, das allen Gewinne bringt, gelang es dem Unternehmen, die durch seinen strategischen Preis bestimmten Zielkosten zu erreichen und auch weiter einzuhalten. Zu diesem Netz gehören zahlreiche Partner, und es hat viele Dimensionen; einige Aspekte sind in unserem Zusammenhang aber von besonderer Relevanz. Erstens gab NTT DoCoMo immer wieder Know-how und Technologie an die Handset-Hersteller unter seinen Partnern weiter, um ihnen zu helfen, sich ihren Vorsprung vor der Konkurrenz zu bewahren. Zweitens übernahm NTT DoCoMo selbst die Rolle des Portals und Gateways zu dem drahtlosen Netzwerk, die Liste der über den i-Modus zugänglichen Sites wurde ständig erweitert und aktualisiert, außerdem holte man Content-Provider mit ins Boot, die den Content erzeugen sollten, durch den die Benutzung stark anziehen würde. Im Gegenzug nahm NTT DoCoMo den Content-Providern für ein geringes Entgelt die Ausstellung und Zusendung der Rechnungen ab und ermöglichte ihnen dadurch große Kosteneinsparungen im Zusammenhang mit der Entwicklung eines Abrechnungssystems. Dadurch sicherte man sich andererseits selbst ständig wachsende Umsätze.

Noch wichtiger war, dass beim i-Modus für die Erstellung der Sites nicht die Wireless Markup Language (WML) unter dem WAP-Standard benutzt wurde, sondern c-HTML, eine in Japan bereits sehr häufig verwendete Sprache. Dadurch wurde der i-Modus für die Content-Provider attraktiver; die Softwareentwickler brauchten ja kein Training, um ihre schon vorhandenen, für die Internetumgebung entworfenen Websites in Sites für die Verwendung im i-Modus konvertieren zu können, sodass dafür keine zusätzlichen Kosten anfielen. Außerdem schloss NTT DoCoMo mit wichtigen ausländischen Partnern wie Microsoft Vereinbarungen über eine Zusammenarbeit, um die Gesamtkosten für die Entwicklung und die Zeit bis zur Einführung eines attraktiven Produkts reduzieren zu können.

Ein weiterer strategischer Schlüsselaspekt war die Art, wie das i-Modus-Projekt durchgeführt wurde. Ein speziell für dieses Projekt gebildetes Team bekam einen klaren Auftrag und Autonomie. Der Leiter des Teams wählte die meisten Mitglieder selbst aus und führte mit ihnen eine offene Diskussion darüber, wie man den neuen Markt der mobilen Datenübertragung schaffen konnte, sodass sie sich wirklich für das Projekt engagierten. Durch all das entstand bei NTT DoCoMo eine positive Umgebung für die Annahme des i-Modus. Auch das Win-win-Spiel, das man für seine Partner erzeugte, und die Bereitschaft der Japaner, datenbasierte Dienste zu nutzen, trugen zu seiner Annahme bei.

Der i-Modus erfüllte also alle vier Kriterien beim BOI-Index (siehe Abbildung 6.7).

Wenn Unternehmen ihre SEOs anhand des BOI-Indexes überprüft haben, können sie von der Formulierung zur Umsetzung übergehen. Die Schlüsselfrage lautet dann: Wie bringt man Organisationen dazu, solche Strategien umzusetzen, obwohl sie oft einen Bruch mit der Vergangenheit bedeuten? Damit kommen wir zum dritten Teil dieses Buches und zum fünften Prinzip von SEOs: der Überwindung der entscheidenden Hürden in den Organisationen.

Teil 3

Umsetzung von SEOs

7 Überwindung der entscheidenden Hürden in der Organisation

Hat ein Unternehmen eine SEO mit einem profitablen Geschäftsmodell entwickelt, muss sie es ausführen. Natürlich stellt sich diese Aufgabe bei jeder Strategie; für den Einzelnen wie für die Unternehmen ist es eine harte Zeit, wenn sie ihre Gedanken in die Tat umsetzen müssen – ob nun in roten Ozeanen oder in blauen. Im Gegensatz zu den Strategien für rote Ozeane beinhalten SEOs jedoch eine erhebliche Abkehr vom Status quo. Ihr Erfolg hängt davon ab, dass bei den Nutzenkurven ein Wechsel von der Konvergenz zur Divergenz gelingt, und zwar zu niedrigeren Kosten. Dadurch ist die Umsetzung noch schwieriger.

Viele Manager haben uns bestätigt, dass diese Herausforderung nicht leicht zu bewältigen ist. Dabei sind nämlich vier Hürden zu nehmen. Die erste ist kognitiv: Man muss den Beschäftigten bewusst machen, dass eine tief greifende Änderung bei der Strategie erforderlich ist. Auch wenn rote Ozeane nicht der Weg zu einem künftigen profitablen Wachstum sind, fühlen die Leute sich darin wohl. Oft ist die Organisation bisher gut darin gefahren – warum sollte man also nicht so weitermachen?

Die zweite Hürde sind beschränkte Ressourcen. Im Allgemeinen geht man von der Annahme aus, dass für die Umsetzung einer Strategieänderung umso mehr Ressourcen benötigt werden, je größer die Änderung ist. Bei vielen der von uns untersuchten Organisationen wurden die Ressourcen jedoch nicht erhöht, sondern gekürzt.

Die dritte Hürde ist die Motivation. Wie bringt man die entscheidenden Leute dazu, sich schnell zu bewegen und hartnäckig auf eine Abkehr vom Status quo hinzuarbeiten? Das wird doch Jahre dauern, und so viel Zeit haben die Manager nicht.

Die letzte Hürde ist die Firmenpolitik. Ein Manager formulierte das so: »In unserer Organisation wird man niedergeschossen, wenn man sich für Veränderungen einsetzt.«

Diese Hürden sind bei den einzelnen Unternehmen unterschiedlich hoch, und viele müssen nicht alle vier überwinden. Der Schlüssel zur Verringerung des Risikos liegt jedoch immer darin, dass man weiß, wie man sie bewältigen kann. Damit sind wir zum fünften Prinzip von Strategien zur

Eroberung blauer Ozeane gelangt: der Überwindung der entscheidenden Hürden in der Organisation.

Das kann den Unternehmen nur dann effektiv gelingen, wenn sie ihre bisherigen Annahmen im Hinblick auf das Erreichen von Veränderungen aufgeben. Der traditionellen Auffassung zufolge benötigt man zur Erzielung der gewünschten Ergebnisse ja umso mehr Zeit und Ressourcen, je größer die Veränderung ist. Diese Ansicht müssen Sie nun auf den Kopf stellen – Sie müssen eine *Tipping-Point-Führung* benutzen.[1] Sie können die vier Hürden nämlich schnell und mit niedrigen Kosten nehmen, wenn Sie sich die Unterstützung der Beschäftigten sichern.

Tipping-Point-Führung in der Praxis

In den 1990er-Jahren setzte die Polizei von New York (New York City Police Department, NYPD) eine SEO um. Als Bill Bratton zum Polizeichef von New York ernannt wurde, standen seine Chancen ausgesprochen schlecht. Die Stadt drohte damals nämlich in Anarchie zu versinken. Es gab mehr Morde als jemals zuvor; Erschießungen durch die Mafia und bewaffnete Raubüberfälle füllten täglich die Schlagzeilen. Die New Yorker befanden sich praktisch in einem Belagerungszustand. Das Budget, das Bratton zur Verfügung stand, war jedoch eingefroren worden. Nach drei Jahrzehnten, in denen die Kriminalitätsrate in New York immer weiter gestiegen war, waren viele Sozialwissenschaftler sogar zu dem Schluss gekommen, dass die Polizei dagegen machtlos war. Die New Yorker riefen lauthals um Hilfe. Die Moral der 36 000 Polizisten im NYPD war auf einen absoluten Tiefpunkt gesunken, was angesichts von schlechter Bezahlung, gefährlichen Arbeitsbedingungen, langen Schichten und kaum Hoffnung auf Vorankommen in einem System, das Beförderungen nach der Dienstzeit vollzog – ganz zu schweigen von den negativen Auswirkungen von Budgetkürzungen, verschlissener Ausrüstung und Korruption –, durchaus verständlich war.

Wirtschaftlich gesehen war das NYPD eine Organisation mit zu knappen finanziellen Mitteln; die dort Beschäftigten waren dem Status quo verhaftet, sie waren unmotiviert und unterbezahlt, die Kunden – die Bürger von New York – waren unzufrieden, und die Performance verschlechterte sich rapide, was sich am Anstieg von Verbrechen, Angst und Chaos zeigte. Dazu kamen noch erbitterte Grabenkämpfe und politische Auseinandersetzungen. Kurz gesagt: Das NYPD dazu zu führen, eine Änderung bei der Strategie umzusetzen, war ein Albtraum, der die Vorstellungskraft der meisten Topmanager bei Weitem überstieg. Die Konkurrenz – die Verbrecher – war stark und auf dem Vormarsch.

Doch Bratton schaffte das schier Unmögliche: In nicht einmal zwei Jahren machte er New York – ohne Erhöhung seines Budgets! – zur sichersten Großstadt der USA. Er löste sich durch eine SEO, die das US-amerikanische Polizeiwesen revolutionierte, aus dem roten Ozean. Die »Profite« der Organisation schnellten in die Höhe: Die Schwerverbrechen sanken um 39, die Morde um 50 und die Diebstähle um 35 Prozent. Die »Kunden« waren ebenfalls Gewinner: Laut Gallup-Umfragen stieg das Vertrauen der Öffentlichkeit in die New Yorker Polizei von 37 auf 73 Prozent. Und auch die Beschäftigten gehörten zu den Gewinnern: Internen Untersuchungen zufolge erreichte die Zufriedenheit mit der Arbeit im NYPD nie gekannte Höhen. Ein Streifenpolizist sagte schlicht: »Für diesen Mann wären wir bis in die Hölle und wieder zurück gegangen!« Das vielleicht Beeindruckendste aber ist, dass die Veränderungen den Mann, dem man sie verdankte, überdauerten: Auch nach Brattons Weggang im Jahre 1996 fielen die Kriminalitätsraten weiter. Bei der Organisationskultur und -strategie des NYPD hatte also eine fundamentale Veränderung stattgefunden. Obwohl das NYPD heute in einem ganz anderen Umfeld und unter ganz neuen politischen Umständen operiert, wurde Bill Bratton 2014 erneut zum Polizeichef von New York ernannt.

Außerhalb des öffentlichen Sektors sehen sich nur wenige Führer so riesigen Hürden in der Organisation gegenüber, wenn es um die Umsetzung einer Abkehr vom Status quo geht. Und noch weniger können einen Leistungsanstieg der Art, wie Bratton ihn erreichte, bewirken – schon gar nicht unter so schwierigen Bedingungen, wie Bratton sie vorfand. Selbst Jack Welch brauchte ungefähr zehn Jahre und Dollarsummen im zweistelligen Millionenbereich für Umstrukturierungen und Training, um aus General Electric ein Spitzenunternehmen zu machen.

Entgegen allen traditionellen Erkenntnissen erzielte Bratton diese unglaublichen Ergebnisse sogar in Rekordzeit und mit knappen Ressourcen. Er hob die Moral der Beschäftigten und schuf eine Situation, in der alle Beteiligten gewannen. Und das war keineswegs sein erster strategischer Turnaround, sondern sage und schreibe sein fünfter; auch die anderen hatte er erreicht, obwohl er sich all jenen Hürden gegenübersah, die die Manager immer wieder dafür verantwortlich machen, dass sie keine SEOs umsetzen können: der Bewusstseinshürde, die den Beschäftigten den Blick dafür verstellt, dass eine radikale Änderung erforderlich ist, der Ressourcenhürde, die in den Unternehmen so verbreitet ist, der Motivationshürde, die die Beschäftigten entmutigt und demoralisiert, und der politischen Hürde des inneren und äußeren Widerstands gegen Veränderungen (siehe Abbildung 7.1).

Der entscheidende Hebel: Asymmetrische Einflussfaktoren

Der Schlüssel zur Tipping-Point-Führung ist eine Konzentration, keine Diffusion. Die Tipping-Point-Führung baut auf der nur selten ausgenutzten Tatsache auf, dass es in allen Organisationen *Leute*, *Handlungen* und *Aktivitäten* gibt, die einen *asymmetrischen Einfluss* auf die Performance haben. Entgegen der herkömmlichen Auffassung geht es bei der Bewältigung einer großen Herausforderung also nicht darum, eine ebenso große Reaktion auszulösen und Leistungsgewinne durch symmetrische Investitionen in Zeit und Ressourcen zu erreichen. Es kommt vielmehr darauf an, Ressourcen und Zeit zu sparen, indem man sich darauf konzentriert, die asymmetrischen Einflussfaktoren in der Organisation zu ermitteln und dann als Hebel einzusetzen.

Die Schlüsselfragen, die Tipping-Point-Führer beantworten müssen, lau-

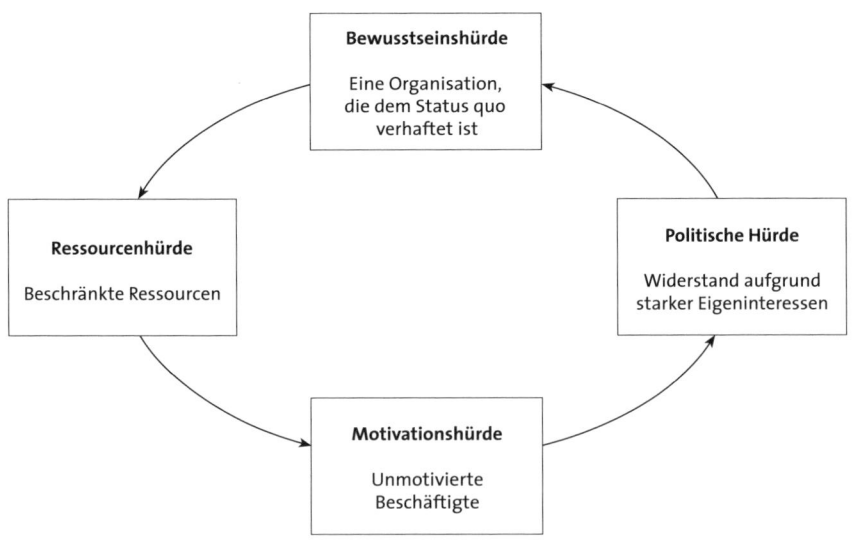

Abb. 7.1: Die vier Hürden in den Organisationen

ten: Welche Faktoren oder Handlungen haben einen asymmetrischen positiven Einfluss auf eine Abkehr vom Status quo? Darauf, aus jedem Euro Ressourcen das Maximum zu gewinnen? Darauf, die entscheidenden Leute dazu zu motivieren, sich aggressiv mit den Veränderungen voranzubewegen? Und darauf, die politischen Hindernisse aus dem Weg zu räumen, die oft selbst die besten Strategien vereiteln? Wenn Tipping-Point-Führer sich ganz auf die asymmetrischen Einflussfaktoren konzentrieren, können sie die vier Hürden nehmen, die der Umsetzung von SEOs im Wege stehen – und zwar schnell und mit niedrigen Kosten.

Wir wollen uns nun ansehen, wie man die asymmetrischen Einflussfaktoren einsetzen kann, um alle vier Hürden zu überwinden und sich vom Denken zum Handeln zu bewegen.

Die Bewusstseinshürde nehmen

Bei vielen Turnarounds und Transformationen von Unternehmen besteht die härteste Schlacht darin, den Leuten bewusst zu machen, dass eine Änderung bei der Strategie erforderlich ist, und Übereinstimmung im Hinblick auf die Ursachen zu erzielen. Die meisten CEOs treten einfach nur für die Änderung ein, indem sie auf die Zahlen verweisen und verlangen, dass das Unternehmen sich bessere Ergebnisse zum Ziel setzt und sie dann auch erreicht: »Bei der Leistung gibt es nur zwei Möglichkeiten: die Ziele zu erreichen oder zu übertreffen.«

Wir wissen aber alle, dass man Zahlen manipulieren kann. Das Beharren auf Leistungszielen dieser Art führt leicht zu Missbrauch beim Budgetierungsprozess. Und das wiederum ruft Feindseligkeit und Misstrauen zwischen den verschiedenen Teilen der Organisation hervor. Selbst wenn die Zahlen nicht manipuliert wurden, können sie irreführend sein. So achten Vertreter, die auf Provisionsbasis arbeiten, meist nicht auf die Kosten der von ihnen hereingeholten Umsätze.

Außerdem bleiben Botschaften, die durch Zahlen vermittelt werden, nur selten bei den Leuten hängen. Die Notwendigkeit von Veränderungen wird als abstrakt empfunden, weit entfernt von der Sphäre der Linienmanager, die aber gerade die Leute sind, die der CEO auf seine Seite bringen muss. Jene, deren Einheiten gut abschneiden, sind überzeugt, dass die Kritik sich nicht gegen sie richtet, dass es sich um ein Problem des Topmanagements handelt. Und die Manager der Einheiten mit schlechter Performance haben das Gefühl, dass das Damoklesschwert der Kündigung über ihnen schwebt;

Leute, die Angst um ihren Job haben, dürften sich aber eher auf dem Stellenmarkt umsehen, als zu versuchen, die Probleme des Unternehmens zu lösen.

Die Tipping-Point-Führung verlässt sich nicht auf Zahlen, um die Bewusstseinshürde in der Organisation zu nehmen. Tipping-Point-Führer wie Bratton konzentrieren sich vielmehr auf die Handlung mit asymmetrischem Einfluss: dass man die Leute dazu bringen muss, die Realität selbst zu sehen und zu erfahren. Forschungen im Bereich der Neurologie und der kognitiven Wissenschaft haben nämlich ergeben, dass die Leute sich am besten an das erinnern, was sie selbst sehen und erleben, und darauf auch am effektivsten reagieren: »Nur was wir mit eigenen Augen sehen, glauben wir.« Positive Reize verstärken das Verhalten, negative Reize dagegen ändern die Einstellung und das Verhalten. Einfach gesagt: Wenn ein Kind seinen Finger in den Tortenguss steckt und ihn abschleckt, wird es das umso öfter wiederholen, je besser es ihm schmeckt. Um das Kind zu diesem Verhalten zu ermutigen, sind keine Ratschläge der Eltern nötig. Wenn ein Kind aber eine heiße Herdplatte anfasst, wird es das nie wieder machen. Nach einer negativen Erfahrung ändern Kinder ihr Verhalten von sich aus; auch hier sind keine Ermahnungen der Eltern erforderlich.[2] Andererseits konnte gezeigt werden, dass Erfahrungen, die nicht das Fühlen, Sehen oder Spüren tatsächlicher Ergebnisse beinhalten – weil sie beispielsweise in Form abstrakter Zahlen präsentiert werden –, kaum eine Wirkung haben und schnell wieder vergessen werden.[3]

Diese Erkenntnisse machen Tipping-Point-Führer sich zunutze, um die Leute zu einer schnellen Änderung der Einstellung zu inspirieren, die aus eigenem Antrieb erfolgt. Sie verlassen sich bei der Überwindung der Bewusstseinshürde nicht auf Zahlen, sondern sorgen dafür, dass die Leute die Notwendigkeit von Veränderungen am eigenen Leib zu spüren bekommen.

In der »elektrischen Gosse« fahren

Soll der Status quo geändert werden, müssen die Leute die schlimmsten operativen Probleme selbst erleben. Es bringt nichts, wenn die Chefetage oder die Ränge darunter Hypothesen über die Realität aufstellen. Zahlen sind anfechtbar und liefern keine Inspiration. Das direkte Erleben schlechter Performance hingegen rüttelt auf und führt zum Handeln. Diese unmittelbare Erfahrung hat einen asymmetrisch großen Einfluss darauf, dass die Bewusstseinshürde der Leute schnell umgestoßen wird.

7 Überwindung der entscheidenden Hürden in der Organisation

Als Beispiel wollen wir das New Yorker U-Bahn-System in den 1990er-Jahren nehmen. Es stank damals förmlich nach Angst – so sehr, dass es als »elektrische Gosse« bezeichnet wurde. Der Umsatz sank rapide, da die Leute die U-Bahn nur benutzten, wenn es gar nicht anders ging. Die Transit Police der Stadt aber stritt das ab. Der Grund dafür lag auf der Hand: In der U-Bahn ereigneten sich nur drei Prozent der Kapitalverbrechen. Daher stießen die lauten Aufschreie der Bevölkerung auf taube Ohren; bei der Polizei hielt es niemand für nötig, die herkömmlichen Strategien zu überdenken.

Dann wurde Bratton zum Polizeichef ernannt – und erreichte innerhalb von ein paar Wochen, dass die New Yorker Polizei ihre Einstellung völlig änderte. Wie er das schaffte? Weder mit Gewalt noch durch das Vorlegen von Zahlen – nein, er ließ die oberen und mittleren Dienstgrade (bei ihm selbst angefangen) Tag und Nacht mit der U-Bahn fahren. Das war eine fundamentale Neuerung.

Obwohl die U-Bahn den Statistiken zufolge sicher war, erlebten die Polizisten jetzt, womit alle New Yorker Tag für Tag konfrontiert wurden: eine U-Bahn am Rande der Anarchie. Banden von Jugendlichen streiften durch die Wagen, die Leute sprangen über die Drehkreuze, und die Fahrgäste wurden durch Graffiti, aggressive Bettelei und Betrunkene, die sich auf den Sitzen breitmachten, belästigt. Nun musste die Polizei die hässliche Wirklichkeit akzeptieren: Es konnte niemand mehr behaupten, dass bei ihren Strategien keine tief greifende Abkehr vom Status quo erforderlich war.

Auch die Einstellung seiner Vorgesetzten kann man ganz schnell verändern, indem man ihnen die nackte Realität zeigt – zum Beispiel, wenn ein Führer sie für das, was er braucht, sensibilisieren will. Doch kaum ein Führer nutzt die Kraft eines solchen starken Weckrufs. Die meisten tun genau das Gegenteil: Sie versuchen, sich durch die Präsentation von Zahlen Unterstützung zu verschaffen (dann fehlt es ihrer Argumentation aber an Dringlichkeit und emotionalen Wirkungen), oder bringen ihre besten operativen Leistungen vor. Beides kann durchaus funktionieren, doch schneller und eindrucksvoller lässt die Bewusstseinshürde der Vorgesetzten sich umwerfen, wenn man ihnen das Schlimmste vor Augen führt.

Wieder kann uns Bratton als Beispiel dienen: In seiner Zeit als Leiter der Polizeiabteilung der Massachusetts Bay Transportation Authority (MBTA) beschloss der Vorstand, kleine Streifenwagen zu kaufen, weil dann sowohl der Erwerb als auch die Wartung billiger sein würden. Das stand im Widerspruch zu Brattons neuer Strategie für die Polizei. Er protestierte aber nicht gegen den Beschluss und forderte auch keinen größeren Etat – das hätte Monate gedauert und wäre letztendlich wohl ohnehin abgelehnt worden –, sondern er lud den Generaldirektor der MBTA zu einer Fahrt durch seinen Bezirk ein.

Um dem Generaldirektor die Schrecken zu zeigen, die er abstellen wollte, holte Bratton ihn mit einem Auto ab, das so klein war wie die gerade neu geordneten. Er stellte die Sitze ganz nach vorn, damit sein Fahrgast merkte, dass einem über 1,80 Meter großen Polizisten so gut wie keine Beinfreiheit bleiben würde, und fuhr dann durch möglichst viele Schlaglöcher. Außerdem hatte er sein Koppel, die Handschellen und seine Waffe angelegt, sodass der Generaldirektor sah, wie wenig Platz es für das Handwerkszeug der Polizisten gab. Nach zwei Stunden hatte der Generaldirektor genug. Er sagte zu Bratton, er verstehe nicht, wie dieser es so lange in einem so engen Auto aushalten könne – schon ohne Kriminelle auf dem Rücksitz. Bratton bekam dann die größeren Wagen, die er für seine neue Strategie brauchte.

Mit unzufriedenen Kunden sprechen

Wer die Bewusstseinshürde umstoßen will, muss seine Manager nicht nur aus ihrem Büro holen, damit sie die operativen Schrecken mit eigenen Augen sehen – er muss sie auch dazu bringen, sich die besonders verärgerten Kunden selbst anzuhören. Man darf sich dabei nicht einfach auf die Marktforschung verlassen! Inwieweit beobachtet Ihr eigenes Topteam den Markt aktiv und trifft sich mit Ihren besonders unzufriedenen Kunden, um sich deren Klagen anzuhören? Fragen Sie sich manchmal, warum der Umsatz Ihrem Vertrauen in Ihr Produkt nicht entspricht? Einfach ausgedrückt: Es ist unerlässlich, sich mit unzufriedenen Kunden zu treffen und ihnen direkt zuzuhören.

Ende der 1970er-Jahre kam es im vierten Polizeibezirk von Boston – in dem das Konzerthaus, die Christian Science Mother Church und weitere Kulturstätten liegen – zu einem starken Anstieg der Kriminalität. Angst machte sich breit; die Leute verkauften ihre Häuser oder Wohnungen und zogen weg, sodass das Viertel in eine Abwärtsspirale geriet. Obwohl die Bürger scharenweise abwanderten, war die von Bratton geleitete Polizei überzeugt, gute Arbeit zu leisten. Die herkömmlichen Performance-Indikatoren, über die sie sich mit anderen Polizeiabteilungen verglich, ließen nämlich nichts zu wünschen übrig: Nach Notrufen war die Polizei schnell vor Ort, und die Zahl der Verhaftungen bei den Schwerverbrechen war hoch. Um diesen Widerspruch zu lösen, arrangierte Bratton mehrere Versammlungen, bei denen seine Polizeibeamten im Rathaus mit den Bewohnern des Viertels zusammenkamen.

Die Erklärung für die unterschiedlichen Wahrnehmungen wurde dann schnell gefunden: Obwohl die Polizisten auf ihr schnelles Eintreffen und ihren Rekord bei der Aufklärung von Schwerverbrechen sehr stolz waren, wussten die Bürger diese Bemühungen nicht zu schätzen – sie bemerkten sie gar nicht, denn von den Schwerverbrechen fühlte sich kaum jemand bedroht. Die Leute störten sich vielmehr an den ständigen kleineren Ärgernissen: Betrunkenen, Bettlern, Prostituierten und Graffiti.

Die Versammlungen im Rathaus führten zu einer neuen Prioritätensetzung bei der Polizei: Von nun an würde man sich auf die SEO der »zerbrochenen Fenster« konzentrieren.[4] Daraufhin sank die Kriminalitätsrate, und die Leute fühlten sich in der Gegend wieder sicher.

Argumentieren Sie mit Zahlen, wenn Sie Ihre Organisation aufrütteln und ihr bewusst machen wollen, dass eine Änderung der Strategie und eine Abkehr vom Status quo erforderlich sind? Oder konfrontieren Sie Ihre Manager, Beschäftigten und Vorgesetzten (und sich selbst) mit Ihren schlimmsten operativen Problemen? Bringen Sie Ihre Manager dazu, in den Markt zu gehen und sich die Beschwerden enttäuschter Kunden selbst anzuhören? Oder lagern Sie Ihre Augen aus und lassen Marktforschung betreiben?

Die Ressourcenhürde aus dem Weg räumen

Wenn die Leute in ihrer Organisation akzeptiert haben, dass eine Änderung der Strategie erforderlich ist, und den Grundzügen der neuen Strategie weitgehend zustimmen, stehen die Führer gewöhnlich vor einem weiteren großen Problem: Die Ressourcen sind beschränkt, und sie haben nicht genug Geld für die nötigen Veränderungen. An diesem Punkt beschneiden die meisten CEOs ihre Ambitionen und demoralisieren ihre Leute damit erneut, oder sie kämpfen bei ihren Banken und Aktionären für mehr Ressourcen – was viel Zeit in Anspruch nehmen und die Aufmerksamkeit von den Grundproblemen ablenken kann. Natürlich kann dieses Vorgehen durchaus notwendig oder lohnend sein, doch die Beschaffung von mehr Ressourcen ist oft ein langwieriger Prozess, bei dem politische Erwägungen eine große Rolle spielen.

Wie bringt man eine Organisation dazu, eine Änderung bei der Strategie mit weniger Ressourcen umzusetzen? Statt sich darauf zu konzentrieren, sich mehr Ressourcen zu besorgen, befassen Tipping-Point-Führer sich vor allem damit, den Wert der ihnen bereits zur Verfügung stehenden Ressourcen zu vergrößern. Wenn die Ressourcen knapp sind, gibt es drei asymmetrische Einflussfaktoren, über die die Führungskräfte einerseits in enormem Umfang Ressourcen frei machen und andererseits den Wert der Ressourcen vervielfachen können: kritische Bereiche, unkritische Bereiche und Tauschhandel.

Kritische Bereiche sind Aktivitäten, die mit wenig Ressourcen auskommen müssen, aber ein hohes Potenzial für Leistungsgewinne haben. *Unkritische Bereiche* hingegen sind Aktivitäten, die mit großen Ressourcen ausgestattet sind, sich aber kaum auf die Performance auswirken. In allen Organisationen gibt es eine Fülle kritischer und unkritischer Bereiche. Bei einem *Tauschhandel* tauschen Sie nicht benötigte Ressourcen Ihrer eigenen Unternehmenseinheit gegen die überschüssigen Ressourcen einer anderen ein, um verbleibende Lücken bei den Ressourcen auszufüllen. Viele Unternehmen stellen fest, dass sie die Ressourcenhürde sofort aus dem Weg räumen können, wenn sie lernen, ihre vorhandenen Ressourcen richtig einzusetzen.

Welche Aktivitäten verschlingen besonders viele Ressourcen, wirken sich aber kaum auf die Performance aus? Und umgekehrt: Welche Aktivitäten beeinflussen die Performance stark, bräuchten aber dringend mehr Ressourcen? Wenn die Fragen so formuliert werden, gewinnen die Organisationen schnell Erkenntnisse darüber, wie sie Ressourcen freibekommen können, die sich bisher nur schlecht auszahlen, und sie lohnenderen Bereichen zuweisen können. So kann man gleichzeitig niedrigere Kosten und einen höheren Nutzen erreichen.

Umlenkung von Ressourcen in die kritischen Bereiche

Brattons Vorgänger bei der New York Transit Police hatten behauptet, sie könnten die U-Bahn nur dann sicher machen, wenn in jedem Zug ein Polizist mitfahren und alle Ein- und Ausgänge der Stationen durch Streifen überwacht würden. Eine Steigerung des Profits (weniger Kriminalität) würde eine Steigerung der Kosten (Polizisten) um ein Vielfaches bedeuten, und das gebe das Budget einfach nicht her. Man glaubte, inkrementelle Verbesserungen bei der Performance nur durch proportionale inkrementelle Verbesserungen bei den Ressourcen erreichen zu können. Von dieser Logik lassen sich auch die meisten Unternehmen bei ihrer Ansicht über Leistungsgewinne leiten.

Bratton aber gelang die stärkste Senkung der Kriminalität, der Angst und des Chaos in der U-Bahn in der Geschichte der Transit Police. Er schaffte das nicht durch mehr Polizisten, sondern durch die Bündelung der vorhandenen Kräfte auf die kritischen Bereiche. Die U-Bahn war zwar ein wahres Labyrinth von Linien, Eingängen und Ausgängen, doch Brattons Analyse ergab, dass sich der Großteil der Verbrechen in einer kleinen Zahl von Stationen und Linien ereignete. Außerdem fand Bratton heraus, dass die Polizei in diesen kritischen Bereichen nicht präsent genug war, obwohl ihre Auswirkungen auf die Kriminalität asymmetrisch hoch waren; andererseits waren Linien und Stationen, in denen es fast keine kriminellen Aktivitäten gab, zahlenmäßig genauso besetzt. Die Lösung lag dann auf der Hand: eine völlige Neufokussierung der Polizisten auf die kritischen Bereiche der U-Bahn, um das kriminelle Element niederdrücken zu können. Das funktionierte tatsächlich – die Kriminalitätsrate schoss nach unten, obwohl die Polizei personell nicht verstärkt wurde.

Beim NYPD ging Bratton nach dem gleichen Prinzip vor. Dort arbeitete das Drogendezernat nur an den Wochentagen und nur von neun bis 17 Uhr und bestand aus nicht einmal fünf Prozent der menschlichen Ressourcen. Um die kritischen Bereiche zu ermitteln, fragte Brattons Stellvertreter Jack Maple die Dezernatsleiter bei einer der ersten Besprechungen, wie hoch ihrer Ansicht nach der Prozentsatz der auf Drogenmissbrauch beruhenden Kriminalität sei. Die meisten sagten, es seien 50 Prozent; die höchste Schätzung lag bei 70, die niedrigste bei 30 Prozent. Diese Zahlen ließen nur den Schluss zu, dass das Drogendezernat, das von der Personalstärke her ja nicht einmal fünf Prozent des NYPD ausmachte, extrem unterbesetzt war. Außerdem stellte sich heraus, dass die Drogenfahnder größtenteils von Montag bis Freitag arbeiteten, obwohl der Drogenverkauf und auch die Drogenkriminalität vor allem am Wochenende stattfanden. Weshalb das so war? Weil es schon immer so gewesen war – das war der Modus Operandi, und bis dahin war niemand auf die Idee gekommen, seine Effektivität anzuzweifeln.

Als Bratton diese Fakten präsentierte, wurde seine Forderung nach einer großen Umverteilung der Polizisten und der Ressourcen im NYPD schnell akzeptiert. Er stattete den kritischen Bereich dann mit mehr Leuten und Ressourcen aus, und die Drogenkriminalität ging stark zurück.

Wo Bratton die nötigen Ressourcen hernahm? Nun, er befasste sich gleichzeitig mit den unkritischen Bereichen seiner Organisation.

Abziehen von Ressourcen aus den unkritischen Bereichen

Die Führer müssen Ressourcen frei machen, indem sie die unkritischen Bereiche ermitteln. Bratton stellte fest, dass einer der größten unkritischen Bereiche im Zusammenhang mit der U-Bahn die Vorführung der Kriminellen bei Gericht war. Selbst wenn es sich nur um Bagatelldelikte handelte, kostete es einen Polizisten durchschnittlich 16 Stunden, die Täter in das in der Innenstadt liegende Gericht zu bringen und dort weiter zu begleiten. In dieser Zeit konnten die Polizisten natürlich nicht in der U-Bahn auf Streife gehen und zu einer Steigerung des Nutzens beitragen.

Bratton änderte das. Er brachte das Gericht sozusagen zu den Kriminellen – in Form alter Busse, die zu kleinen Polizeirevieren umgerüstet und vor den U-Bahn-Stationen geparkt wurden. Jetzt brauchten die Polizisten die Verdächtigen nur noch zu einem dieser Busse zu bringen. Dadurch konnte die Transportzeit von 16 Stunden auf nur eine gesenkt werden, sodass mehr Polizisten für die Streifengänge in der U-Bahn und die Verbrecherjagd frei wurden.

Tauschhandel: Ressourcen tauschen

Tipping-Point-Führer verteilen nicht nur diejenigen Ressourcen um, über die ihre Einheit bereits verfügt, sondern tauschen auch mit viel Geschick nicht benötigte Ressourcen gegen benötigte ein. Wieder kann uns Bratton als Beispiel dienen. Die Leiter von Organisationen im öffentlichen Sektor wissen, dass die Größe ihres Budgets und die Zahl der ihnen unterstellten Leute oft Gegenstand erbitterter Debatten sind, weil die Ressourcen notorisch knapp sind. Daher lassen sie nicht gern bekannt werden, dass sie überschüssige Ressourcen haben – ganz zu schweigen davon, dass sie diese Ressourcen anderen Teilen der Gesamtorganisation zur Verfügung stellen würden; sie befürchten nämlich, dann die Kontrolle über diese Ressourcen zu verlieren. Im Laufe der Zeit führt das nicht zuletzt dazu, dass manche Organisationen gut mit Ressourcen ausgestattet sind, die sie nicht benötigen, während ihnen andererseits Ressourcen, die sie brauchen, nicht in ausreichendem Maße zur Verfügung stehen.

Als Bratton 1990 Chef der Transit Police von New York wurde, spielte sein strategischer Berater Dean Esserman (heute Polizeipräsident von New Haven, Connecticut) eine Schlüsselrolle bei einem Tauschhandel. Esserman fand heraus, dass die Transiteinheit, die in extrem beengten Räumlichkeiten untergebracht war, über eine Reihe neutraler Polizeifahrzeuge verfügte, die sie nur zu einem kleinen Teil benötigte. Die Bewährungsabteilung andererseits hatte zu wenig Autos, aber überschüssige Bürofläche. Esserman und Bratton schlugen den beiden Dezernaten den Handel vor, der sich anbot. Die Verantwortlichen in der Bewährungsabteilung gingen erfreut darauf ein, und die Polizisten der Transiteinheit konnten das erste Stockwerk eines Gebäudes in hervorragender Lage beziehen. Durch diesen Handel erwarb Bratton sich in der Organisation große Glaubwürdigkeit; das machte es ihm später leichter, fundamentalere Änderungen einzuführen. Und seinen Chefs aus der Politik präsentierte er sich damit als ein Mann, der Probleme lösen konnte.

Abbildung 7.2 verdeutlicht, wie radikal Bratton die Ressourcen der Transit Police umfokussierte, um sie aus dem roten Ozean zu befreien und ihre SEO umzusetzen. Die senkrechte Achse zeigt die relative Höhe der Ressourcenzuweisung, die waagerechte die verschiedenen Strategieelemente, in die investiert wurde. Bratton eliminierte einige traditionelle Kennzeichen der Arbeit der Transit Police praktisch oder reduzierte zumindest ihre Bedeutung; gleichzeitig betonte er andere stärker und kreierte neue. So erreichte er eine drastische Änderung bei der Zuweisung der Ressourcen.

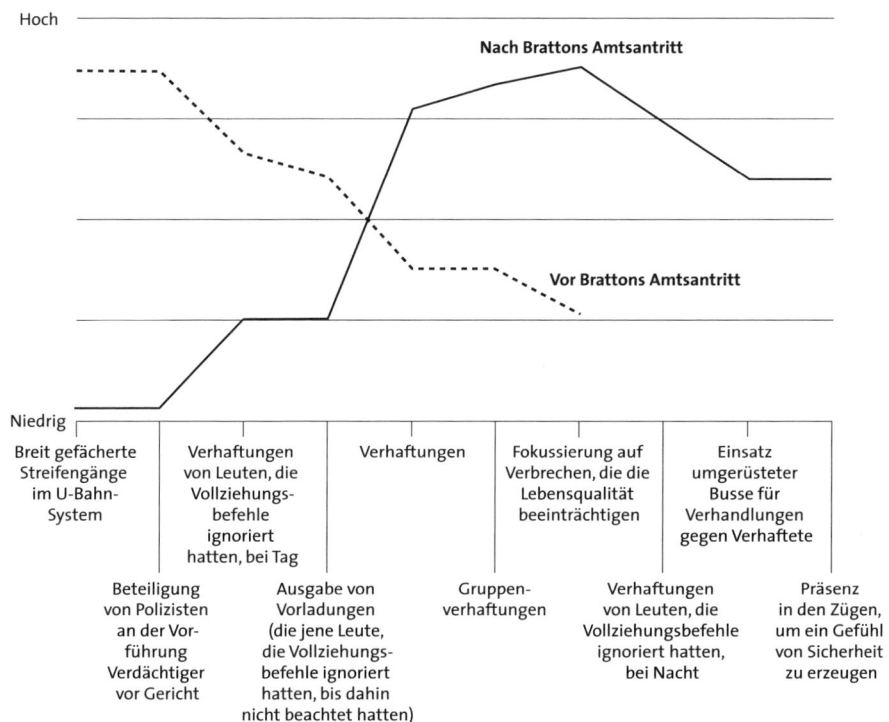

Abb. 7.2: Strategische Kontur der Transit Police: Neufokussierung der Ressourcen durch Bratton

Während durch die Eliminierungen und Reduzierungen die Kosten der Organisation gesenkt wurden, brachten die stärkere Betonung bestimmter Elemente und die Kreierung neuer zusätzliche Kosten mit sich. Aus der strategischen Kontur wird jedoch ersichtlich, dass die Investitionen der Ressourcen insgesamt mehr oder weniger konstant blieben. Gleichzeitig stieg der Nutzen für die Bürger. Durch die Eliminierung der breit gefächerten Überwachung des U-Bahn-Systems und ihre Ersetzung durch eine auf die kritischen Bereiche gerichtete Strategie konnte die Transit Police die Kriminalität in der U-Bahn effizienter und effektiver bekämpfen. Die Reduzierung der Zeit, die die Polizisten mit dem Transport und der Vorführung Verhafteter und in unkritischen Bereichen verbrachten, und die Einführung der zu Revieren umgerüsteten Busse resultierten in einer beträchtlichen Steigerung des Nutzens der Polizei, da die Polizisten ihre Zeit und Aufmerksamkeit nun auf die U-Bahn konzentrieren konnten. Und durch die Erhöhung der Investitionen in die Bekämpfung jener Verbrechen, die sich stark auf die Lebensqualität auswirkten (statt der Kapitalverbrechen), wurden die Ressourcen der Polizei auf die ständigen Gefahrenherde im Alltag der Bürger fokussiert. Aufgrund dieser Bewegungen konnte die Transit Police die Leistung ihrer Polizisten – die jetzt von einem großen Teil des Papierkrams befreit waren und klare Anweisungen dafür bekommen hatten, welche Art von Verbrechen sie vor allem bekämpfen und wo sie das machen sollten – erheblich steigern.

Nehmen Sie selbst die Zuweisung der Ressourcen auf herkömmliche Weise vor oder ermitteln Sie die kritischen Bereiche und konzentrieren die Ressourcen darauf? Wo liegen Ihre kritischen Bereiche – welche Aktivitäten wirken sich besonders stark auf die Performance aus, sind aber nicht ausreichend mit Ressourcen versorgt? Wo liegen Ihre unkritischen Bereiche – welche Aktivitäten sind überreichlich mit Ressourcen ausgestattet, haben aber kaum Einfluss auf die Performance? Haben Sie jemand für den Tauschhandel, und was können Sie dabei einsetzen?

Die Motivationshürde überspringen

Um den Tipping Point Ihrer Organisation zu erreichen und eine SEO durchzuführen, müssen Sie Ihren Leuten klarmachen, dass eine Änderung bei der Strategie erforderlich ist, und ihnen zeigen, wie diese Änderung mit beschränkten Ressourcen realisiert werden kann. Eine neue Strategie wird nur dann eine Bewegung, wenn die Leute erkennen, was gemacht werden muss, und diese Erkenntnis auf nachhaltige, sinnvolle Weise in die Tat umsetzen.

Wie kann man die Beschäftigten schnell und mit niedrigen Kosten motivieren? Die meisten Führer bringen großartige strategische Visionen in Umlauf und greifen zu massiven Mobilisierungsinitiativen von oben nach unten, wenn sie sich vom Status quo lösen und ihre Organisationen umwandeln wollen. Sie glauben nämlich, dass zur Erzeugung massiver Reaktionen entsprechend massive Aktionen erforderlich sind. Angesichts des breiten Spektrums motivationaler Bedürfnisse in den meisten großen Unternehmen ist das jedoch oft ein mühsamer, teurer und zeitraubender Prozess. Und undifferenzierte strategische Visionen rufen häufig eher Lippenbekenntnisse hervor als die gewünschten Handlungen. Einen Flugzeugträger in der Badewanne zu wenden wäre leichter ...

Es gibt aber noch einen anderen Weg: Statt die Bemühungen um Veränderungen weit zu streuen, streben Tipping-Point-Führer eine starke Fokussierung an. Sie konzentrieren sich auf drei Faktoren, die bei der Motivierung der Beschäftigten einen asymmetrisch großen Einfluss haben: die Schlüsselfiguren, das Management durch Rampenlicht und die Aufgliederung der strategischen Herausforderung.

Sich auf die Schlüsselfiguren konzentrieren

Soll eine Änderung der Strategie große Wirkung haben, müssen sich die Beschäftigten auf allen Ebenen in Massen bewegen. Wer eine weitgreifende Bewegung mit positiver Energie auslösen will, darf sich dabei aber nicht verzetteln. Er sollte sich vielmehr auf die *Schlüsselfiguren*, die einflussreichsten Personen in der Organisation, konzentrieren – auf jene Leute, die natürliche Führer sind, geachtet werden, Überzeugungskraft haben oder den Zugang zu den dringend benötigten Ressourcen öffnen oder blockieren können. Diese Personen sind mit den Königen beim Bowling vergleichbar: Wenn man sie direkt trifft, fallen auch die anderen Pins. So werden schließlich alle einbezogen und verändert, ohne dass man sich mit jedem Einzelnen befassen müsste. In den meisten Organisationen gibt es eine relativ kleine Zahl solcher Schlüsselfiguren. Daher ist es für den CEO verhältnismäßig einfach, sie zu identifizieren und zu motivieren.

Bratton konzentrierte sich beim NYPD auf die 76 Bezirksleiter. Sie waren seine Schlüsselfiguren, denn ihnen waren jeweils 200 bis 400 Polizisten unterstellt. Wenn er diese 76 Leute auf seine Linie einschwören konnte, würden letztendlich durch einen natürlichen Welleneffekt alle 36 000 Polizisten erreicht und dazu motiviert werden, die neue Strategie anzunehmen.

Management durch Rampenlicht

Um die Schlüsselfiguren nachhaltig zu motivieren, sollte man ihre Handlungen immer wieder ins Scheinwerferlicht rücken, sodass alle sie sehen können. Bei diesem *Management durch Rampenlicht* werden die Handlungen der Schlüsselfiguren für die anderen nämlich so deutlich sichtbar, als ob sie auf einer Bühne stünden, und es wird für alle viel schwieriger, sich nicht zu beteiligen. Wer hinterherhinkt, sieht sich plötzlich angestrahlt; jenen Leuten aber, die schnell für die Veränderung arbeiten, wird eine Bühne geboten, auf der sie glänzen können. Voraussetzung ist allerdings, dass man für Transparenz, Einbeziehung und einen gerechten Prozess sorgt.

Brattons »Bühne« beim NYPD waren die alle zwei Wochen abgehaltenen Besprechungen zur Überprüfung der Strategie zur Verbrechensbekämpfung (Compstat); dabei befassten die »hohen Tiere« der Stadt sich mit der Performance aller 76 Bezirksleiter bei der Umsetzung der neuen Strategie. Neben den Bezirksleitern mussten auch andere hochrangige Polizeibeamte teilnehmen. Bratton selbst kam, sooft es ihm möglich war. Die Bezirksleiter mussten nacheinander vor ihren Kollegen und Vorgesetzten Rechenschaft über die Verbesserungen und Verschlechterungen bei der Kriminalitätsbekämpfung im Rahmen der neuen strategischen Anweisungen ablegen; riesige, per Computer erstellte Karten und Diagramme zeigten visuell, wie die Performance des Bezirks aussah. Aufgabe des jeweiligen Bezirksleiters war es, die Karten und Diagramme zu erläutern, zu beschreiben, wie seine Leute die Probleme angingen, und darzulegen, weshalb die Performance sich verbessert oder verschlechtert hatte. Diese Besprechungen, in die alle Betroffenen einbezogen wurden, machten die Ergebnisse und Verantwortlichkeiten sofort für jeden klar und transparent.

So entstand innerhalb von ein paar Wochen – nicht in Monaten oder gar Jahren! – eine intensive Performance-Kultur; schließlich wollte keine der Schlüsselfiguren vor den anderen schlecht dastehen, sondern alle wollten vor ihren Kollegen und Vorgesetzten glänzen. Auf der »Bühne« konnten unfähige Bezirksleiter ihre Fehler und Schwächen nicht mehr dadurch verdecken, dass sie die Ergebnisse ihres Bezirks den benachbarten ankreideten, denn deren Leiter waren ja auch da und konnten solche Vorwürfe zurückweisen. Auf der ersten Seite des Handouts war sogar ein Foto desjenigen Bezirksleiters, der »verhört« werden sollte, abgedruckt; dadurch wollte man hervorheben, dass der Bezirksleiter für die Ergebnisse seines Bezirks verantwortlich war.

Andererseits boten diese Besprechungen den Bezirksleitern mit hoher Performance die Gelegenheit, Anerkennung für die Arbeit in ihrem eigenen Bezirk und die Unterstützung anderer einzuheimsen. Außerdem konnten die Bezirksleiter dabei ihre Erfahrungen austauschen; vor Brattons Amtsantritt waren sie nur selten als Gruppe zusammengekommen. Im Laufe der Zeit sickerte diese Form des Managements auch zu den unteren Rängen durch, denn die Bezirksleiter probierten eigene Versionen von Brattons Besprechungen aus. Da ihre Performance bei der Umsetzung der Strategie so genau beobachtet wurde, hatten sie großes Interesse daran, dass alle ihnen unterstellten Polizisten bei der neuen Strategie mitzogen.

Das kann aber nur funktionieren, wenn die Organisationen gleichzeitig den gerechten Prozess zum Modus Operandi machen. Unter einem *gerechten Prozess* verstehen wir: Alle, auf die der Prozess sich auswirkt, werden einbezogen; man erläutert ihnen die Grundlage für die Entscheidungen und die Maßstäbe, nach denen die Leute in Zukunft befördert oder dabei übergangen werden, und man äußert klare Erwartungen im Hinblick darauf, was das für die Performance der Beschäftigten bedeutet. Bei den Besprechungen zur Kriminalitätsstrategie im NYPD konnte niemand behaupten, der Prozess sei nicht gerecht. Alle Schlüsselfiguren mussten ins Scheinwerferlicht treten. Bei der Beurteilung der Performance und ihren Auswirkungen auf eine Beförderung oder Degradierung herrschte Transparenz, und bei allen Besprechungen wurde deutlich gemacht, was von jedem bei der Performance erwartet wurde.

So signalisiert ein gerechter Prozess den Leuten, dass das Spielfeld eben ist und dass die Führer ihren intellektuellen und emotionalen Wert trotz aller Veränderungen, die nötig sein mögen, schätzen. Dadurch werden der Argwohn und die Zweifel, die fast immer bei den Beschäftigten aufkommen, wenn Unternehmen eine große Änderung bei der Strategie anstreben, weitgehend ausgeräumt. Ein gerechter Prozess treibt die Leute zusammen mit der Betonung der reinen Performance (Management durch Rampenlicht) an und bietet ihnen auf ihrem Weg Unterstützung. Er beweist ihnen nämlich, dass die Manager ihren intellektuellen und emotionalen Wert respektieren. (Den gerechten Prozess und seine Auswirkung auf die Motivation besprechen wir in Kapitel 8 ausführlich.)

Aufgliederung der strategischen Herausforderung

Der letzte asymmetrische Einflussfaktor ist die *Aufgliederung*. Dabei geht es um die Formulierung der strategischen Herausforderung – eine Aufgabe der

Tipping-Point-Führer, die viel Fingerspitzengefühl verlangt. Wenn die Leute nicht davon überzeugt sind, dass die strategische Herausforderung sich bewältigen lässt, ist der Veränderung meist kein Erfolg beschieden. Brattons Ziel in New York war eigentlich so ehrgeizig, dass man seine Verwirklichung kaum für möglich halten konnte. Wer hätte denn glauben können, dass es einem einzigen Mann gelingen würde, eine so riesige Stadt von der gefährlichsten im ganzen Land zur sichersten zu machen? Und wer möchte schon seine Zeit und Energie darauf verschwenden, einem unmöglichen Traum nachzujagen?

Um die anscheinend so unglaubliche Aufgabe erreichbar zu machen, gliederte Bratton sie in mundgerechte Stücke auf, die die Polizisten auf den verschiedenen Ebenen bewältigen konnten. Er sagte, das NYPD stehe vor der Herausforderung, die Straßen von New York sicher zu machen – »Block um Block, Bezirk um Bezirk und Stadtteil um Stadtteil«. So formuliert, war die Aufgabe allumfassend und machbar zugleich. Die Polizisten auf der Straße mussten nur ihr Revier oder ihren Block sicher machen, die Bezirksleiter ihren Bezirk – das war alles. Auch für die Polizeichefs der Stadtteile gab es ein konkretes Ziel, das ihre Fähigkeiten nicht überstieg: für Sicherheit in ihrem Stadtteil zu sorgen. Niemand konnte sagen, von ihm werde etwas verlangt, was zu schwierig sei oder größtenteils nicht in seiner Macht liege. So ging die Verantwortung für die Umsetzung von Brattons neuer Strategie von ihm auf jeden einzelnen der 36 000 New Yorker Polizisten über.

Wie sieht es bei Ihnen aus? Versuchen Sie, die Massen unterschiedslos zu motivieren? Oder konzentrieren Sie sich auf die Personen mit dem größten Einfluss, die Schlüsselfiguren? Schalten Sie den Scheinwerfer ein, stellen Sie die Schlüsselfiguren ins Rampenlicht, sodass Ihr Management auf einem gerechten Prozess beruht? Oder verlangen Sie einfach eine hohe Performance und drücken die Daumen, bis die nächsten Quartalszahlen bekannt werden? Verbreiten Sie großartige strategische Visionen? Oder gliedern Sie die Aufgabe auf, sodass sie für alle Ebenen machbar wird?

Die politische Hürde umstoßen

Es heißt, Jugend und Geschick würden stets über Alter und Verrat triumphieren. Doch selbst die Besten und Intelligentesten werden immer wieder bei lebendigem Leibe von Interessenpolitik, Intrigen und Komplotten aufgefressen. Dass mancher sein eigenes Süppchen kochen will, ist bei den Unternehmen ebenso unausweichlich wie im öffentlichen Sektor. Selbst wenn eine Organisation bei der Umsetzung ihrer neuen Strategie den Tipping Point erreicht hat, wird es Leute mit starken Eigeninteressen geben, die sich gegen die anstehenden Veränderungen sträuben. (Siehe auch die Besprechung der Hürden für die Annahme in Kapitel 6.) Je wahrscheinlicher die Veränderungen werden, desto heftiger und lauter werden die internen und externen negativen Einflussnehmer kämpfen, um ihre Position zu verteidigen; ihr Widerstand kann dem Umsetzungsprozess ernstlich schaden und ihn sogar scheitern lassen.

Um diese politischen Kräfte auszuschalten, konzentrieren Tipping-Point-Führer sich auf drei asymmetrische Einflussfaktoren: Sie setzen die »Engel« ein, bringen die »Teufel« zum Schweigen und sorgen dafür, dass es in ihrem Spitzenteam einen »Consigliere« gibt. Die *Engel* sind jene Leute, die von der strategischen Änderung am stärksten profitieren werden; die *Teufel* haben durch sie am meisten zu verlieren. Ein *Consigliere* schließlich ist ein politisch geschickter, aber sehr geachteter Insider, der schon vorher alle Tretminen kennt und weiß, wer gegen Sie kämpfen und wer Sie unterstützen wird.

Für einen Consigliere im Spitzenteam sorgen

Die meisten Führer konzentrieren sich darauf, ein Spitzenteam aufzubauen, das über große funktionelle Fähigkeiten im Marketing-, Finanz- und operativen Bereich verfügt. Tipping-Point-Führer aber besetzen außerdem eine Rolle, an die andere kaum denken: die des Consigliere. Auch Bratton sorgte immer dafür, dass er einen geachteten, erfahrenen Insider in seinem Topteam hatte, der wusste, mit welchen Tretminen er bei der Umsetzung seiner neuen Polizeistrategie rechnen musste. Beim NYPD ernannte er John Timoney zu seinem Stellvertreter. Timoney war bei seinen Leuten sehr beliebt, man achtete und fürchtete ihn wegen seiner aufopferungsvollen Arbeit für das Department und der mehr als 60 Orden und Auszeichnungen, die er bekommen hatte. Nach 20 Jahren bei der Polizei wusste er genau, wer die entscheidenden Leute waren und wie sie das politische Spiel spielten. Eine seiner ersten Aufgaben bestand darin, Bratton über die wahrscheinliche Einstellung der Topleute gegenüber der neuen Strategie des NYPD zu informieren und ihm zu sagen, wer sie bekämpfen oder heimlich sabotieren würde. Das führte dann zu einer Wachablösung im großen Stil.

Die Engel einsetzen und die Teufel zum Schweigen bringen

Um die politischen Hürden umstoßen zu können, müssen Sie sich auch die folgenden Fragen stellen:

- Wer sind die Teufel? Wer wird gegen mich kämpfen? Wer wird durch die künftige SEO am meisten verlieren?
- Wer sind die Engel? Wer wird mir von Natur aus zur Seite stehen? Wer wird durch die Änderung der Strategie am meisten gewinnen?

Kämpfen Sie nicht allein! Holen Sie sich Verbündete. Finden Sie heraus, wer gegen Sie ist und wer Sie unterstützt – die Leute dazwischen können Sie getrost vergessen –, und bemühen Sie sich, für beide Gruppen ein Win-win-Ergebnis zu erzeugen. Sie müssen sich allerdings schnell bewegen. Isolieren Sie Ihre Kritiker, indem Sie schon vor Beginn des Kampfes ein Bündnis mit Ihren Engeln eingehen. Dadurch werden Sie den Krieg verhindern oder doch zumindest entschärfen und verkürzen.

Eine der größten Bedrohungen für Brattons neue Polizeistrategie kam von den New Yorker Gerichten. Sie befürchteten nämlich, dass sie durch die neue Fokussierung auf Verbrechen, die die Lebensqualität beeinträchtigten, mit Fällen von Kleinkriminalität wie Trunkenheit in der Öffentlichkeit überschwemmt werden würden; daher widersetzten sie sich der strategischen Änderung. Um diesen Widerstand zu brechen, zeigte Bratton den Leuten, die ihn unterstützten – darunter der Bürgermeister, die Staatsanwälte und die Gefängnisdirektoren –, dass die Gerichte mit den zusätzlichen Fällen durchaus fertigwerden konnten und dass ihre Arbeitslast sich durch die Fokussierung auf diese Fälle langfristig sogar verringern würde. Daraufhin beschloss der Bürgermeister, sich einzuschalten.

Brattons Bündnis ging dann, unter Führung des Bürgermeisters, in der Presse mit einer klaren, einfachen Botschaft in die Offensive: Wenn die Gerichte nicht bereit waren, ihren Teil beizutragen, würde die Kriminalitätsrate in der Stadt nicht sinken. Durch sein Bündnis mit dem Bürgermeister und der führenden New Yorker Zeitung gelang es Bratton, die Gerichte zu isolieren. Sie konnten es sich ja kaum leisten, in der Öffentlichkeit als Gegner einer Initiative dazustehen, die nicht nur das Leben in New York angenehmer machen, sondern letztendlich auch die Zahl ihrer eigenen Fälle reduzieren würde. Da der Bürgermeister in der Presse aggressiv die Ansicht vertreten hatte, dass Verbrechen, die die Lebensqualität beeinträchtigten, verfolgt werden mussten, und die angesehenste – und liberalste – Zeitung der Stadt an Brattons neue Polizeistrategie glaubte, hätte eine Bekämpfung dieser Strategie die Gerichte unglaublich viel gekostet. Bratton hatte die Schlacht gewonnen: Die Gerichte würden mitziehen. Und er gewann auch den Krieg: Die Kriminalitätsraten sanken tatsächlich.

Der Schlüssel zum Sieg über die Kritiker oder Teufel besteht darin, all ihre wahrscheinlichen Angriffsrichtungen und -ziele zu kennen und eine Gegenposition aufzubauen, die auf unbestreitbaren Fakten und logischen Argumenten beruht. Als beispielsweise die Bezirksleiter des NYPD erstmals aufgefordert wurden, detaillierte Daten und Karten zu den Verbrechen zusammenzustellen, sträubten sie sich dagegen und behaupteten, das würde zu viel Zeit kosten. Bratton hatte jedoch mit dieser Reaktion gerechnet und bereits einen Probelauf durchgeführt, um zu sehen, wie viel Zeit es tatsächlich in Anspruch nehmen würde – nicht mehr als 18 Minuten am Tag! Das belief sich, so erklärte er den Bezirksleitern, auf nicht einmal ein Prozent der durchschnittlichen Arbeitsbelastung ihres Bereichs. Da Bratton sich mit unwiderlegbaren Informationen gewappnet hatte, konnte er die politische Hürde umstoßen und die Schlacht gewinnen, bevor sie überhaupt begonnen hatte.

Haben Sie in Ihrem Topteam einen Consigliere, einen sehr geachteten Insider – oder lediglich einen CFO und andere Leute mit großen funktionellen Fähigkeiten? Wissen Sie, wer Sie bekämpfen und wer sich für die neue Strategie einsetzen wird? Sind Sie mit natürlichen Verbündeten Allianzen eingegangen, damit Sie die Abweichler umzingeln können? Lassen Sie Ihren Consigliere die größten Tretminen entfernen, sodass Sie sich nicht darauf konzentrieren müssen, jene Leute zu ändern, die sich nicht ändern können oder wollen?

Konzentration auf die Extreme

Abbildung 7.3 zeigt die wesentlichen Elemente der Tipping-Point-Führung. Der klassischen Theorie zufolge muss man die Masse verwandeln, wenn man in einer Organisation Veränderungen erreichen will. Daher werden die Bemühungen auf die Bewegung der Masse fokussiert, was jedoch große Ressourcen und Zeitrahmen erfordert – ein Luxus, den sich die wenigsten Führungskräfte leisten können. Tipping-Point-Führer gehen entgegengesetzt vor: Um die Masse zu verändern, konzentrieren sie sich auf die Verwandlung der Extreme – derjenigen Leute, Handlungen und Aktivitäten, die einen asymmetrisch großen Einfluss auf die Performance haben. Durch die Ver-

Klassische Auffassung

Masse der Beschäftigten

Unternehmen
Die Theorie der Veränderungen in Organisationen beruht auf der *Verwandlung der Masse*. Daher werden die Bemühungen auf die Bewegung der Masse fokussiert, was große Ressourcen und Zeitrahmen erfordert.

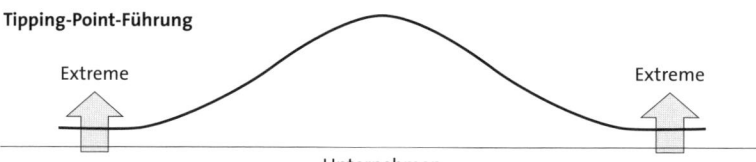

Tipping-Point-Führung

Extreme   Extreme

Unternehmen
Um die Masse zu verändern, konzentriert man sich auf die Extreme – Leute, Handlungen und Aktivitäten, die einen asymmetrisch großen Einfluss auf die Performance haben –, sodass eine Änderung der Strategie sich schnell und bei niedrigen Kosten erreichen lässt.

Abb. 7.3: Klassische Auffassung und Tipping-Point-Führung

wandlung der Extreme können Tipping-Point-Führer den Kern schnell und bei niedrigen Kosten so verändern, dass die Umsetzung ihrer neuen Strategie möglich wird.

Eine Änderung der Strategie durchzuführen ist nie leicht; sie schnell und mit beschränkten Ressourcen zu schaffen ist noch schwieriger. Unsere Forschungen zeigen aber, dass es mit einer Tipping-Point-Führung gelingen kann. Durch die Fokussierung auf asymmetrische Einflussfaktoren und das bewusste Angehen der Hürden für die Umsetzung der Strategie kann man diese Hürden umwerfen und eine Änderung der Strategie erreichen. Dabei dürfen Sie sich allerdings nicht an die klassische Auffassung halten. Nicht immer ist symmetrisches Handeln angebracht! Konzentrieren Sie sich auf Handlungen von asymmetrisch großem Einfluss. Diese Führungskomponente ist ein Schlüsselfaktor, wenn SEOs realisiert werden sollen, denn durch sie werden die Handlungen der Beschäftigten auf die neue Strategie ausgerichtet.

Im nächsten Kapitel dringen wir noch tiefer vor: Wir befassen uns mit der Aufgabe, die Leute mit Leib und Seele auf die neue Strategie einzuschwören – durch den Aufbau einer Kultur, die von Vertrauen, Engagement und freiwilliger Mitarbeit bei der Umsetzung bestimmt wird und in der man den Führer unterstützt.

8 Integration der Umsetzung in die Strategie

Unternehmen können sich nur dann als große Ausführer von Strategien auszeichnen, wenn alle ihre Beschäftigten – vom Topmanagement bis zu den Leuten vor Ort – auf die Strategie eingeschworen wurden und sie uneingeschränkt unterstützen. Die Überwindung der Hürden in der Organisation ist ein wichtiger Schritt in diese Richtung, denn dadurch beseitigt man die Hindernisse, die selbst der besten Strategie den Weg versperren können.

Letztendlich müssen die Unternehmen aber die grundlegendste Aktionsbasis mobilisieren: die Leute tief in der Organisation. Sie müssen eine Kultur erschaffen, die von Vertrauen und Engagement bestimmt wird; nur so kann man die Leute dazu motivieren, die vereinbarte Strategie auszuführen – nicht dem Buchstaben, sondern dem Geist nach. Die Leute müssen sich der neuen Strategie mit dem Kopf und mit dem Herzen verschreiben, sodass jeder sie aus eigenem Antrieb akzeptiert und in freiwilliger Zusammenarbeit umsetzt.

Bei SEOs ist das besonders schwierig. Angst macht sich breit, wenn die Leute ihre Komfortzonen verlassen und ihre bisherige Arbeitsweise ändern sollen. Sie fragen sich dann beklommen: Was sind die wahren Gründe für diese Veränderungen? Sind die da oben ehrlich, wenn sie sagen, dass durch die Änderung beim strategischen Kurs künftiges Wachstum aufgebaut werden soll? Oder versuchen sie, uns überflüssig zu machen und um unsere Jobs zu bringen?

Je weiter die Leute von der Spitze entfernt sind und je weniger sie an der Entwicklung der Strategie beteiligt waren, desto größer ist die Angst. Vor Ort – auf jener Ebene, auf der eine Strategie tagaus, tagein umgesetzt werden muss – können die Leute sich darüber ärgern, dass man ihnen eine Strategie aufzwingt, ohne ihre Gedanken und Gefühle zu berücksichtigen. Gerade wenn man glaubt, alles richtig gemacht zu haben, kann unten in der Organisation plötzlich etwas gründlich schiefgehen.

Das bringt uns zum sechsten Prinzip von SEOs: Um bis nach ganz unten Vertrauen und Engagement aufzubauen und die Leute zu freiwilliger Mitarbeit anzuregen, müssen die Unternehmen die Umsetzung von Anfang an in ihre Strategie integrieren. Dadurch können sie das mit Misstrauen, Verweigerung der Zusammenarbeit und sogar Sabotage verbundene Managementrisiko weitgehend ausschalten. Dieses Risiko besteht zwar auch bei der

Umsetzung von Strategien für rote Ozeane, ist bei SEOs aber größer, da ihre Durchführung oft erhebliche Veränderungen erfordert. Daher ist es ganz wichtig, dass die Unternehmen das Managementrisiko bei der Umsetzung von SEOs minimieren. Sie dürfen sich nicht auf das übliche Verfahren mit Zuckerbrot und Peitsche beschränken, sondern müssen bei der Entwicklung und Verwirklichung ihrer Strategie auf einen gerechten Prozess achten.

Unsere Untersuchungen haben ergeben, dass Prozessgerechtigkeit einer der Schlüsselfaktoren ist, durch die sich erfolgreiche SEOs von jenen unterscheiden, die scheitern. Ohne Prozessgerechtigkeit sind meist auch die größten Anstrengungen zur Umsetzung von SEOs vergebens.

Wie ein schlechter Prozess die Umsetzung der Strategie verderben kann

Wir wollen uns die Geschichte eines Weltmarktführers bei den Kühlmitteln auf Wasserbasis für die Metall verarbeitende Branche ansehen und ihn Lubber nennen. Da es bei der Metallverarbeitung viele Prozessfaktoren gibt, existieren mehrere Hundert komplexe Kühlmitteltypen, zwischen denen die Unternehmen sich entscheiden müssen. Das ist ein schwieriger Prozess – die Kühlmittel müssen zunächst in den Fertigungsmaschinen getestet werden, und die Wahl erfolgt dann oft auf der Grundlage einer unscharfen Logik. Das Ergebnis sind Kosten für den Stillstand der Maschinen und für die Probennahme, und beides wird sowohl für die Kunden als auch für Lubber teuer.

Um den Kunden einen Nutzengewinn zu bieten, entwarf Lubber eine Strategie, durch die man die Komplexität und die Kosten der Erprobungsphase eliminieren wollte. Man entwickelte auf der Grundlage künstlicher Intelligenz ein Expertensystem, mit dem die Ausfallrate bei der Auswahl der Kühlmittel von einem Branchendurchschnitt von 50 Prozent auf unter zehn Prozent gesenkt werden konnte. Außerdem verringerte das System die Zeit, in der die Maschinen nicht für die Produktion zur Verfügung standen, erleichterte den Umgang mit den Kühlmitteln und steigerte die Gesamtqualität der hergestellten Werkstücke. Der Vorteil für Lubber war, dass der Verkaufsprozess drastisch vereinfacht wurde, sodass die Vertreter mehr Zeit für die Akquisition neuer Aufträge hatten und die Umsatzaufwendungen sanken.

Leider war diese für alle Seiten gewinnbringende strategische Nutzeninnovationsbewegung von Anfang an zum Scheitern verurteilt. Nicht dass die

8 Integration der Umsetzung in die Strategie

Strategie nicht gut gewesen wäre oder das Expertensystem nicht funktioniert hätte (es funktionierte sogar hervorragend). Nein, die Strategie konnte keinen Erfolg haben, weil der Außendienst sie bekämpfte.

Die Vertreter, die man weder in den Prozess der Strategieentwicklung einbezogen noch über den Grund für die strategische Veränderung informiert hatte, betrachteten das Expertensystem in einem ganz anderen Licht, als die Leute im Entwicklungs- und Führungsteam gedacht hatten. Sie sahen in ihm nämlich eine direkte Bedrohung ihres wertvollsten Beitrags: der Tüftelei in der Erprobungsphase, um herauszufinden, welches der zahlreichen Kühlmittel das richtige war. Die vielen wunderbaren Vorteile – dass dieser mühsame Teil ihrer Arbeit jetzt entfiel, dass sie mehr Zeit dafür hatten, ihren Umsatz zu steigern, und neue Aufträge hereinholen konnten, weil ihr Produkt in der Branche hervorstach – wussten sie überhaupt nicht zu würdigen.

Da die Außendienstler sich bedroht fühlten und oft gegen das Expertensystem arbeiteten, indem sie Kunden gegenüber seine Effektivität anzweifelten, dümpelte der Verkauf nur vor sich hin. Die Geschichte endete damit, dass das Führungsteam seine Überheblichkeit verfluchte. Man hatte durch bittere Erfahrung gelernt, wie wichtig es ist, sich direkt und auf die richtige Weise mit dem Managementrisiko zu befassen. Nun sah man sich gezwungen, das Expertensystem wieder vom Markt zu nehmen und sich zu bemühen, das Vertrauen des eigenen Außendienstes zurückzugewinnen.

Die Kraft der Prozessgerechtigkeit

Wie sieht ein gerechter Prozess denn aus? Und wie können die Unternehmen dadurch die Umsetzung in ihre Strategie integrieren? Das Thema der Gerechtigkeit hat die Philosophen und Schriftsteller schon immer beschäftigt. Der direkte theoretische Ursprung der Prozessgerechtigkeit lässt sich aber auf zwei Sozialwissenschaftler zurückführen: John W. Thibault und Laurens Walker, die Mitte der 1970er-Jahre ihr Interesse an der Psychologie der Gerechtigkeit mit dem Studium von Prozessen verbanden und den Begriff *Prozessgerechtigkeit* prägten.[1] Sie konzentrierten sich auf Justizfälle und versuchten herauszufinden, was die Leute dazu bringt, einem Rechtssystem zu vertrauen, sodass sie sich freiwillig an die Gesetze halten. Ihre Forschungen ergaben, dass den Leuten die Gerechtigkeit des Prozesses, durch den ein Ergebnis zustande kommt, ebenso wichtig ist wie das Ergebnis selbst. Die Zufriedenheit der Leute mit dem Ergebnis und ihr Engagement dafür stiegen, wenn Prozessgerechtigkeit herrschte.[2]

»Gerechter Prozess« ist unser Ausdruck für die Theorie der Prozessgerechtigkeit im Management. Wie vor Gericht wird die Umsetzung auch bei einem gerechten Prozess in die Strategie integriert, indem man sich auf direkte Weise die Zustimmung und Unterstützung der Leute sichert. Wenn die Entwicklung einer Strategie auf einem gerechten Prozess beruht, sind die Leute bereit, freiwillig bei der Umsetzung der daraus resultierenden strategischen Entscheidungen mitzuarbeiten.

Freiwillige Mitarbeit ist keine bloß mechanische Ausführung, wo die Leute nur das machen, was sie machen müssen, um durchzukommen. Die Leute gehen dann über ihre Pflicht hinaus; jeder Einzelne steckt so viel Energie und Initiative wie möglich in die Umsetzung der resultierenden Strategie und stellt sein eigenes Interesse zurück.[3] In Abbildung 8.1 wird der von uns beobachtete Kausalzusammenhang zwischen Prozessgerechtigkeit, den Einstellungen und dem Verhalten dargestellt.

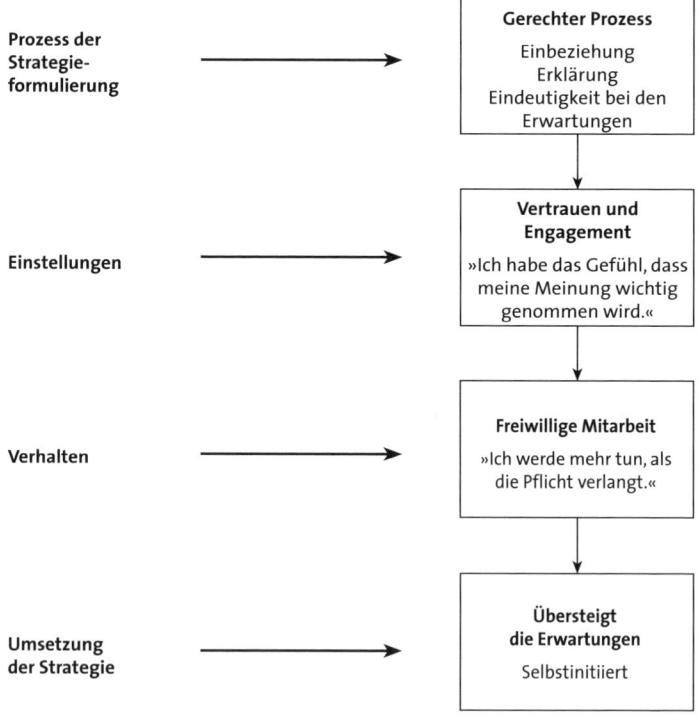

Abb. 8.1: Wie Prozessgerechtigkeit die Einstellungen und das Verhalten der Leute beeinflusst

Die drei E-Prinzipien gerechter Prozesse

Gerechte Prozesse werden durch drei Elemente definiert, die sich gegenseitig verstärken: Einbeziehung, Erklärung und Eindeutigkeit bei den Erwartungen.[4] Alle in einem Unternehmen Beschäftigten, von der Chefetage bis zu den Verkäufern, achten auf diese Elemente, die *drei E-Prinzipien gerechter Prozesse*.

Einbeziehung bedeutet, dass jeder Einzelne an den strategischen Entscheidungen, die Auswirkungen auf ihn haben, beteiligt wird – indem man ihn nach seiner Meinung fragt und ihm erlaubt, die Stichhaltigkeit und die scheinbaren Vorteile der Ideen anderer zu widerlegen. Dadurch bringt die Unternehmensführung zum Ausdruck, dass sie den Einzelnen und seine Ansichten respektiert. Da Ablehnung erlaubt und sogar erwünscht ist, denken alle schärfer, und es kommt insgesamt zu mehr Erkenntnissen. Die Einbeziehung führt zu besseren strategischen Entscheidungen des Managements und zu einem größeren Engagement aller, die an ihrer Umsetzung beteiligt sind.

Erklärung heißt, dass alle Beteiligten und Betroffenen verstehen müssen, weshalb die endgültigen strategischen Entscheidungen gerade so gefällt werden. Wenn man den Leuten erklärt, auf welchen Grundlagen die Entscheidungen basieren, gibt man ihnen die Gewissheit, dass die Führungskräfte ihre Meinung beachtet und ihre Entscheidungen unvoreingenommen im Gesamtinteresse des Unternehmens gefällt haben. Solche Erklärungen ermöglichen es den Beschäftigten, den Absichten der Manager auch dann zu vertrauen, wenn ihre eigenen Ideen abgelehnt wurden. Außerdem dienen sie als starke Feedback-Schleife, die das Lernen verstärkt.

Eindeutigkeit bei den Erwartungen erfordert, dass die Führung nach der Festlegung einer Strategie die neuen Spielregeln klar angibt. Auch wenn die Erwartungen hoch sind, sollten die Beschäftigten unverblümt erfahren, nach welchen Standards man sie beurteilen wird und welche Strafen Versäumnisse nach sich ziehen. Welche Ziele werden mit der neuen Strategie verfolgt? Wie sehen die Etappenziele und Meilensteine jetzt aus? Wer ist wofür verantwortlich? Um Prozessgerechtigkeit zu erreichen, kommt es gar nicht so sehr auf die neuen Ziele, Erwartungen und Verantwortlichkeiten an sich an; wichtig ist vor allem, dass sie klar verstanden werden. Wenn die Leute nämlich genau verstehen, was man von ihnen erwartet, werden politische Rangeleien und Vetternwirtschaft stark zurückgedrängt, und alle können sich darauf konzentrieren, die Strategie schnell umzusetzen.

Zusammen führen diese drei Kriterien dazu, dass alle Urteile auf einem gerechten Prozess beruhen. Wird aber auch nur eines nicht erfüllt, ist keine Prozessgerechtigkeit gegeben.

Prozessgerechtigkeit in der Praxis

Wie wirken sich die drei E-Prinzipien gerechter Prozesse auf die Umsetzung von Strategien tief im Inneren von Organisationen aus? Wir wollen uns die Erfahrungen eines Aufzugherstellers ansehen, den wir Elco genannt haben und der umstrukturiert wurde. Ende der 1980er-Jahre ging der Umsatz in der Aufzugbranche ständig zurück, denn es gab ein Überangebot an Büroflächen, weil in manchen US-amerikanischen Großstädten Leerstände von bis zu 20 Prozent herrschten.

Angesichts der sinkenden Nachfrage im Inland wollte Elco den Käufern einen Nutzengewinn bieten und gleichzeitig seine eigenen Kosten senken, um neue Nachfrage anzuregen und sich von der Konkurrenz zu lösen. Bei der Suche nach einer SEO erkannte man, dass man das System der Serienproduktion aufgeben musste; eine herausragende Performance ließ sich nur durch die Bildung von Teams erreichen, bei denen jeder Einzelne für die Gesamtleistung verantwortlich war. Die Unternehmensleitung war sich einig und bereit, loszulegen. Für die Umsetzung dieses Schlüsselelements ihrer Strategie wählte sie den Weg, den sie für den schnellsten und klügsten hielt.

Man würde das modulare Fertigungssystem zunächst im Werk in Chester einführen. Dahinter stand eine ganz einfache Logik: Dort war das Verhältnis zu den Arbeitern sehr gut – sie waren sogar aus ihrer Gewerkschaft ausgetreten. Die Topmanager waren sicher, dass sie bei der Umsetzung der geplanten strategischen Änderung auf die Mitarbeit der Belegschaft zählen konnten. Einer von ihnen sagte später: »Sie waren einfach die ideale Belegschaft.« Erst danach würde Elco den Prozess auch in High Park einführen. In diesem Werk gab es nämlich eine starke Gewerkschaft, von der Widerstand gegen die Veränderungen zu befürchten war. Die Topmanager gingen davon aus, dass die Umsetzung in Chester bis dahin so viel Schwung erreicht haben würde, dass sie High Park mitreißen würde.

Die Theorie war gut – doch in der Praxis entwickelten sich die Dinge leider ganz anders. Die Einführung des neuen Fertigungsprozesses rief in Chester schnell Unruhe und Auflehnung hervor. Innerhalb weniger Monate sackte die Performance sowohl bei den Kosten als auch bei der Qualität ab. Die Belegschaft sprach darüber, wieder in die Gewerkschaft einzutreten.

Der Werkleiter hatte völlig die Kontrolle verloren und rief in seiner Verzweiflung den Betriebspsychologen von Elco zu Hilfe.

Die als so widerspenstig geltende Belegschaft in High Park dagegen hatte die strategische Veränderung beim Fertigungsprozess akzeptiert. Obwohl der dortige Werkleiter jeden Tag mit dem befürchteten Aufstand rechnete, blieb dieser aus. Den Leuten in High Park gefielen die Entscheidungen auch nicht, doch sie hatten das Gefühl, dass man sie gerecht behandelt hatte; daher arbeiteten sie an der schnellen Umsetzung des neuen Fertigungsprozesses – einer ganz entscheidenden Komponente der neuen Strategie – bereitwillig mit.

Die Gründe für dieses scheinbar paradoxe Verhalten erkennt man, wenn man sich ansieht, wie die strategische Änderung in den beiden Werken vorgenommen wurde. In Chester verstießen die Elco-Manager gegen alle drei Grundprinzipien gerechter Prozesse. Erstens unterließen sie es, die Belegschaft in diejenigen strategischen Entscheidungen einzubeziehen, die sich unmittelbar auf sie auswirkten. Da Elco selbst keine Erfahrung mit der modularen Fertigung hatte, beauftragte man eine Consulting-Firma, einen Masterplan für die Umstellung zu entwickeln. Die Berater wurden angewiesen, schnell zu arbeiten und die Belegschaft möglichst wenig zu stören, damit die Umstellung rasch und schmerzlos vonstattengehen konnte. Und sie hielten sich an diese Anweisungen. Wenn die Leute in Chester zur Arbeit kamen, fanden sie im Werk Fremde vor, die nicht nur anders gekleidet waren – formelle Business-Kleidung –, sondern auch leise miteinander redeten. Um die Arbeiter so wenig wie möglich zu stören, sprachen sie nicht mit ihnen, sondern hielten sich still im Hintergrund, machten sich Notizen und fertigten Zeichnungen an. Bald lief das Gerücht um, dass diese Leute ins ganze Werk ausschwärmten, sobald die Belegschaft es nachmittags verlassen hatte, an den Arbeitsplätzen herumschnüffelten und hitzige Diskussionen führten.

Der Werkleiter ließ sich kaum noch in Chester sehen. Er verbrachte mehr Zeit in der Zentrale von Elco, bei Besprechungen mit den Beratern, die man bewusst nicht im Werk abhielt, damit die Arbeiter nicht abgelenkt wurden. Die Abwesenheit des Werkleiters hatte jedoch nicht den gewünschten Effekt; die Leute bekamen Angst, sie fragten sich, warum der Kapitän ihres Schiffs sie offenbar im Stich ließ; die Gerüchteküche brodelte immer heftiger. Schließlich waren alle überzeugt, dass die Berater im Werk Stellen streichen würden. Die Leute waren sicher, dass sie ihre Arbeit verlieren würden. Dass der Werkleiter ständig abwesend war, ohne ihnen eine Erklärung dafür zu geben – er ging ihnen doch offensichtlich aus dem Weg –, konnte ihrer Ansicht nach nur bedeuten, dass das Management versuchte, sie reinzulegen. Daher verschlechterten sich das Vertrauen und das Engagement in Chester immer mehr.

Bald brachten die Leute Zeitungsausschnitte zur Arbeit mit, in denen stand, dass andere Werke im Land mithilfe von Beratern geschlossen worden waren. Sie waren überzeugt, dass die Unternehmensführung die Belegschaft verkleinern und sie um ihre Arbeit bringen wollte. In Wirklichkeit hatten die Manager von Elco keineswegs die Absicht, das Werk zu schließen. Sie wollten vielmehr den Ausschuss reduzieren und erreichen, dass bei geringeren Kosten schneller Aufzüge von höherer Qualität hergestellt werden konnten, damit das Unternehmen der Konkurrenz davonziehen konnte. Doch das wussten die Leute in Chester eben nicht.

Die Manager erklärten ihnen auch nicht, warum die strategischen Entscheidungen gerade so getroffen worden waren und was sie für ihr berufliches Fortkommen und ihre Arbeitsmethoden bedeuteten. Man informierte die Belegschaft lediglich bei einer 30-minütigen Versammlung über den Masterplan für die Veränderungen. Dort erfuhren die Leute, dass ihre altehrwürdige Arbeitsweise abgeschafft und durch etwas, was »modulare Fertigung« genannt wurde, ersetzt werden sollte. Niemand erklärte ihnen, weshalb die Änderung bei der Strategie nötig war, dass das Unternehmen der Konkurrenz davonziehen musste, um neue Nachfrage anzuregen, und dass die Veränderung des Herstellungsprozesses ein Schlüsselelement dieser Strategie bildete. Die Arbeiter saßen schweigend da; sie waren fassungslos und begriffen die Logik hinter der Veränderung nicht. Die Manager hielten das für Zustimmung – und vergaßen dabei ganz, wie lange sie selbst gebraucht hatten, um sich daran zu gewöhnen, dass die Umsetzung der neuen Strategie die Umstellung auf die modulare Fertigung erforderte.

Mit dem Masterplan in der Hand begann das Topmanagement schnell, das Werk in Chester umzugestalten. Wenn die Arbeiter wissen wollten, was damit erreicht werden sollte, lautete die Antwort: »Mehr Effizienz.« Die Manager hatten keine Zeit, um ihnen zu erklären, weshalb die Effizienz verbessert werden musste, und sie wollten die Belegschaft nicht beunruhigen. Da die Arbeiter nicht wussten, was mit ihnen passierte, und es daher auch nicht verstehen konnten, wurde nicht wenigen von ihnen übel, wenn sie das Werk betraten.

Die Manager unterließen es auch, den Leuten klarzumachen, was im Rahmen des neuen Fertigungsprozesses von ihnen erwartet wurde. Sie informierten sie lediglich darüber, dass man sie nicht mehr nach ihrer individuellen Leistung beurteilen würde, sondern nach der Leistung des ganzen Teams.

Die schnelleren und erfahreneren Arbeiter würden das langsamere Tempo ihrer Kollegen ausgleichen müssen. Das wurde aber nicht weiter ausgeführt – wie das neue modulare System funktionieren sollte, erklärten die Manager nicht.

Diese Verstöße gegen die Prinzipien gerechter Prozesse untergruben das Vertrauen der Arbeiter in die strategische Änderung und in das Management. Tatsächlich brachte das neue modulare System den Leuten enorme Vorteile – es machte beispielsweise die Urlaubsplanung leichter und bot ihnen die Chance, ihre Fähigkeiten zu erweitern und ihre Arbeit abwechslungsreicher zu gestalten. Die Leute konnten aber nur die negative Seite sehen. Sie fingen an, ihre Angst und ihre Wut aneinander auszulassen. Es kam sogar zu Handgreiflichkeiten, weil einige sich weigerten, jenen zu helfen, die sie als »faule Säcke, die ihre Arbeit nicht fertig bekommen«, beschimpften, und andere Hilfsangebote als Einmischung zurückwiesen und murrten: »Das ist meine Arbeit. Bleib du gefälligst an deinem eigenen Platz!«

Die früher so vorbildliche Belegschaft in Chester fiel auseinander. Der einst sehr beliebte Werkleiter erlebte zum ersten Mal, dass Arbeiter sich seinen Anweisungen widersetzten und einfach sagten: »Na und, dann feuern Sie mich doch!« Die Leute hatten das Gefühl, ihm nicht mehr vertrauen zu können. Daher fingen sie an, ihn zu übergehen und sich mit Beschwerden direkt an seinen Chef in der Zentrale zu wenden. Da es keine Prozessgerechtigkeit gegeben hatte, lehnten die Arbeiter die Umstellung ab und weigerten sich, bei der Umsetzung der neuen Strategie mitzuwirken.

In High Park dagegen hielt sich das Management bei der Einführung der strategischen Änderung an alle drei Prinzipien gerechter Prozesse. Als die Berater ins Werk kamen, stellte der Werkleiter sie jedem Einzelnen vor. Man bezog die Leute ein, indem man eine Reihe von Versammlungen abhielt, an denen die ganze Belegschaft teilnahm; dabei sprachen Topmanager von Elco offen über die Verschlechterung des Geschäfts und erklärten, dass man den strategischen Kurs ändern musste, um der Konkurrenz davonzuziehen und bei niedrigeren Kosten einen höheren Nutzen zu erreichen. Sie erzählten, dass sie Werke anderer Unternehmen besucht und dort gesehen hatten, welche Verbesserungen die modulare Fertigung bei der Produktivität bringen konnte. Und sie erklärten, weshalb das ein ganz entscheidender Faktor für die Fähigkeit von Elco, seine neue Strategie erfolgreich umzusetzen, sein würde. Um die berechtigte Angst der Leute vor einem Stellenabbau zu zerstreuen, kündigten sie eine Vorlaufzeit an. Während die alten Leistungsmaßstäbe allmählich abgeschafft wurden, arbeiteten die Manager zusammen mit der Belegschaft daran, neue zu entwickeln und die Verantwortlichkeiten der einzelnen Teams festzulegen. Man sorgte also auch für Eindeutigkeit bei den Erwartungen.

Durch die *gleichzeitige* Berücksichtigung aller drei Prinzipien gerechter Prozesse sicherte das Management sich das Verständnis und die Unterstützung der Belegschaft in High Park. Die Leute sprachen voller Bewunderung von ihrem Werkleiter und bedauerten, dass die Manager von Elco bei der Umsetzung der neuen Strategie und dem Wechsel zur modularen Fertigung so große Schwierigkeiten überwinden mussten. Und sie kamen zu dem Schluss, dass das Ganze eine notwendige, lohnende und positive Erfahrung gewesen war.

Die Manager von Elco aber betrachten diese Erfahrung noch immer als eine der schmerzhaftesten in ihrem ganzen Berufsleben. Sie mussten lernen, dass den Leuten vor Ort ein gerechter Prozess genauso wichtig ist wie denen an der Spitze. Wenn Manager bei der Entwicklung und Umsetzung von Strategien gegen die Prinzipien gerechter Prozesse verstoßen, können sie gerade ihre besten Leute zu den schlechtesten machen und in ihnen Misstrauen und Widerstand gegen die Strategie, zu deren Verwirklichung sie sie brauchen, hervorrufen. Achten die Manager jedoch auf Prozessgerechtigkeit, entsteht Vertrauen. Dann können die schlechtesten Leute die besten werden und selbst schwierige strategische Änderungen bereitwillig und mit großem Engagement umsetzen.

Weshalb Prozessgerechtigkeit so wichtig ist

Weshalb ist ein gerechter Prozess so wichtig für die Einstellungen und das Verhalten der Leute? Genauer gefragt: Wieso kann die Einhaltung eines gerechten Prozesses bei der Entwicklung ausschlaggebend dafür sein, dass eine Strategie erfolgreich umgesetzt wird? Letztendlich, weil wir alle auf intellektuelle und emotionale Anerkennung angewiesen sind.

Emotional streben wir nach der Anerkennung unseres Werts – nicht als »Arbeitskräfte«, »Personal« oder »Humankapital«, sondern als Individuen, die man mit vollem Respekt behandelt, deren Würde man achtet und die unabhängig von ihrem Rang in der Hierarchie wegen ihres persönlichen Werts geschätzt werden. Intellektuell streben wir nach der Anerkennung, dass unsere Ideen gefragt sind, dass man eingehend über sie nachdenkt und dass andere uns genug Intelligenz zugestehen, um uns ihre Gedanken zu erklären. Bei unseren Interviews hörten wir immer wieder Sätze wie »Das gilt für alle, die ich kenne« oder »Jeder Mensch will ja fühlen«; auch die ständigen Verweise auf »die Leute« und »die Menschen« unterstreichen, dass die Manager den beinahe universellen Wert der intellektuellen und emotionalen Anerkennung, die ein gerechter Prozess vermittelt, berücksichtigen müssen.

Die Theorie der intellektuellen und emotionalen Anerkennung

Die Einhaltung eines gerechten Prozesses bei der Strategieentwicklung ist eng mit der intellektuellen und emotionalen Anerkennung verbunden.[5] So zeigt man nämlich einerseits den Wunsch und die Bereitschaft, sich auf den Einzelnen zu verlassen und ihn zu schätzen, andererseits ein tief verwurzeltes Vertrauen in dessen Wissen, Talente und Sachverstand.

Wenn wir uns im Hinblick auf unseren intellektuellen Wert anerkannt fühlen, sind wir bereit, unser Wissen weiterzugeben; wir wollen die Erwartungen, die der andere in unseren intellektuellen Wert setzt, erfüllen und bestätigen, indem wir aktive Ideen beitragen und unser Wissen einbringen.[6] Bei emotionaler Anerkennung fühlen wir uns emotional mit der Strategie verbunden und bemühen uns, wirklich alles zu geben. Frederick Herzberg fand bei seiner klassischen Untersuchung zur Motivation heraus, dass Anerkennung eine starke intrinsische Motivation hervorruft, sodass wir nicht nur unsere Pflicht tun, sondern freiwillig mitarbeiten.[7] Daher werden die Leute ihr Wissen und ihren Sachverstand umso besser anwenden und auch umso eher bereit sein, freiwillig zum Erfolg der Organisation bei der Umsetzung einer Strategie beizutragen, je mehr die mit einem gerechten Prozess verbundenen Urteile intellektuelle und emotionale Anerkennung vermitteln.

Das hat allerdings auch eine Kehrseite, der man mindestens ebenso viel Aufmerksamkeit widmen sollte. Sorgt man nämlich nicht für einen gerechten Prozess und damit auch für die Anerkennung des intellektuellen und emotionalen Werts des Einzelnen, kommt es zu einem Denk- und Verhaltensmuster, das sich folgendermaßen zusammenfassen lässt: Wenn die Leute nicht so behandelt werden, als ob ihr Wissen geschätzt wird, führt das bei ihnen zu intellektueller Empörung. Sie sind dann nicht bereit, andere an ihren Ideen und ihrem Sachverstand teilhaben zu lassen, sondern horten ihre besten Gedanken und ihre kreativen Ideen, sodass neue Erkenntnisse im Verborgenen verkümmern. Und sie selbst erkennen den Wert anderer auch nicht an – als ob sie sagen würden: »Sie würdigen meine Ideen nicht, also würdige ich Ihre auch nicht, und außerdem habe ich kein Vertrauen in die strategischen Entscheidungen, die Sie gefällt haben; sie interessieren mich nicht!«

Wird der emotionale Wert der Leute nicht anerkannt, werden sie wütend und sind nicht bereit, ihre Energie in ihre Handlungen zu stecken; sie arbeiten vielmehr nur schleppend mit und hintertreiben die Bemühungen, bis zur Sabotage, wie im Elco-Werk in Chester. Daher drängt die Belegschaft oft darauf, Strategien, die ihr auf ungerechte Weise aufgezwungen wurden, wieder rückgängig zu machen, selbst wenn diese Strategien an sich gut waren – wichtig für den Erfolg des Unternehmens oder vorteilhaft für die Beschäftigten und die Manager selbst. Wenn die Leute kein Vertrauen in den Prozess haben, durch den die Strategie entwickelt wurde, haben sie auch keins in die daraus resultierende Strategie. Prozessgerechtigkeit kann eben eine sehr starke emotionale Kraft hervorrufen. Leute, die über die Verletzung der Prozessgerechtigkeit erzürnt sind, wollen diese nicht nur wiederherstellen, sondern auch jene bestrafen, die sie verletzt haben. In der betriebswirtschaftlichen Theorie wird dies als Bedürfnis nach *retributiver Gerechtigkeit* bezeichnet. Der beobachtete Kausalzusammenhang wird in Abbildung 8.2 dargestellt.

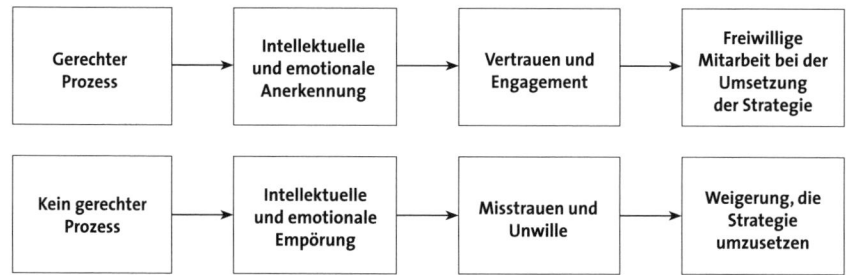

Abb. 8.2: Auswirkungen von Prozessgerechtigkeit bei der Strategieentwicklung auf die Umsetzung

Die Prozessgerechtigkeit und das immaterielle Kapital einer Organisation

Engagement, Vertrauen und freiwillige Mitarbeit sind nicht bloß Einstellungen oder Verhaltensformen, sondern immaterielles Kapital. Wenn die Leute Vertrauen haben, betrachten sie die Absichten und Handlungen der anderen mit mehr Zuversicht. Wenn sie engagiert sind, stellen sie sogar oft die Interessen des Unternehmens über ihre eigenen.

Befragt man Manager aus Unternehmen, die SEOs entwickelt und erfolgreich umgesetzt haben, werden sie schnell versichern, dass dieses immaterielle Kapital für ihren Erfolg ungeheuer wichtig war. Und die Manager aus Unternehmen, die bei der Realisierung von SEOs Schiffbruch erlitten, werden darauf hinweisen, dass der Mangel an diesem Kapital mit dazu beitrug. Ihre Unternehmen schafften es nicht, strategische Veränderungen zu erreichen, weil es den Leuten an Vertrauen und Engagement fehlte. Engagement, Vertrauen und freiwillige Mitarbeit ermöglichen es den Unternehmen, sich bei der Schnelligkeit, Qualität und Konsequenz ihrer Umsetzung von anderen abzuheben und strategische Veränderungen schnell und zu niedrigen Kosten durchzuführen.

Die Frage, mit der die Unternehmen sich herumschlagen müssen, lautet: Wie kann man tief in der Organisation Engagement, Vertrauen und freiwillige Mitarbeit hervorrufen? Nicht, indem man die Formulierung der Strategie von der Umsetzung trennt. Das mag zwar die gängige Praxis sein, bedeutet aber eine langsame, unsichere, bestenfalls mechanische Umsetzung. Die traditionellen Anreize Geld und Druck – Zuckerbrot und Peitsche – helfen natürlich, inspirieren die Leute aber nicht zu einem Verhalten, das über ein ergebnisorientiertes Eigeninteresse hinausgeht. Wo das Verhalten nicht mit Sicherheit überwacht werden kann, gibt es immer noch viel Raum für bewusste Langsamkeit und Sabotage.

Durch Prozessgerechtigkeit lässt sich dieses Dilemma umschiffen. Wenn bei der Formulierung der Strategie die Prinzipien gerechter Prozesse berücksichtigt werden, kann man die Umsetzung von vornherein in die Strategieentwicklung integrieren. Ist für einen gerechten Prozess gesorgt, engagieren die Leute sich meist selbst dann für die daraus resultierende Strategie, wenn sie ihrer Ansicht nach nicht gut ist oder im Widerspruch zu dem steht, was für ihre Einheit strategisch korrekt wäre. Die Leute erkennen, dass Kompromisse und Opfer erforderlich sind, wenn ein starkes Unternehmen aufgebaut werden soll. Sie akzeptieren, dass kurzfristig persönliche Opfer gebracht werden müssen, damit die langfristigen Interessen des Unternehmens gefördert werden können. Diese Akzeptanz ist jedoch nur bei einem gerechten Prozess gegeben. In welchem Kontext die SEOs auch umgesetzt wurden, diese Dynamik haben wir immer wieder beobachtet.

Prozessgerechtigkeit und externe Stakeholder

Der Einfluss der Prozessgerechtigkeit wurde bis jetzt vor allem im Zusammenhang mit den internen Stakeholdern (Beteiligten) einer Organisation behandelt. In dieser von mehr und mehr Interdependenz geprägten Welt spielen aber auch externe Stakeholder für den Erfolg vieler Organisationen eine wichtige Rolle. Tatsächlich ist bei der Umsetzung einer Strategie die Prozessgerechtigkeit für die externen Stakeholder sogar noch wichtiger als für die internen, da jene nicht der hierarchischen Kontrolle der Organisation unterliegen und oft andere Interessen und Auffassungen haben. Verträge und ihre Durchsetzbarkeit bei externen Partnern sind zwar wichtig, aber wegen des Informationsgefälles, das zwischen Organisationen herrscht, und wegen der natürlichen Tendenz, unterschiedliche Interessen und Auffassungen zu haben, ist Prozessgerechtigkeit unverzichtbar. Ohne das Engagement und die Kooperation der externen Stakeholder kann die Umsetzung einer Strategie leicht zu einem Desaster versäumter Fristen, halbherziger qualitativer Ausrichtung und Kostenüberschreitung werden. Je größer und komplexer die Abhängigkeiten von externen Stakeholder sind, umso wahrscheinlicher ist es, dass es zu einem solchen Desaster kommt.

Ein gutes Beispiel dafür ist das F-35-Programm, das wir in Kapitel 5 behandelt haben. Der F-35 war ein konzeptueller Durchbruch im Design von Kampfflugzeugen, der einen blauen Ozean bester Performance und geringer Kosten versprach. Im Jahr 2001 bekam Lockheed Martin den Auftrag, auf der Grundlage des Prototyps, den es entwickelt hatte, den F-35 zu bauen. Im Pentagon war man überzeugt davon, dass das Projekt ein wichtiger Erfolg sein würde.

Von 2014 aus betrachtet, war die Umsetzung des F-35-Projekts jedoch ausgesprochen mangelhaft, war sie doch durch massive Kostenexplosion, Terminverschiebungen und Kompromisse in Bezug auf den versprochenen Nutzen geprägt. Das Projekt ist ein gutes Beispiel für eine SEO, die vor allem wegen ihrer mangelhaften Umsetzung nicht den erwarteten Erfolg brachte. Für die schlechte Umsetzung wurde eine Vielfalt von Gründen genannt, etwa die schiere Größe und Komplexität des Projekts und dass sich

8 Integration der Umsetzung in die Strategie

Lockheed Martin zu stark auf kurzfristige geschäftliche Ziele und zu wenig auf die erfolgreiche Durchführung des Projekts fokussiert habe. Gerade dies unterstreicht jedoch, warum Prozessgerechtigkeit sehr wichtig gewesen wäre. Bei näherer Betrachtung stellt sich heraus, dass viele Probleme bei der Umsetzung des Projekts darauf zurückzuführen sind, dass das Militär, Lockheed Martin und das komplexe Netzwerk externer Stakeholder, von dem die Durchführung des Projekts abhängt, zu wenig Sorgfalt darauf verwendeten, ihre Erwartungen abzuklären. Die mangelhafte Einhaltung der drei E-Prinzipien gerechter Prozesse erschwerte sowohl den notwendigen Wissensaustausch als auch die freiwillige Zusammenarbeit.

Als das Projekt in Angriff genommen wurde, gewährte das Pentagon dem Management der beauftragten Rüstungskonzerne relativ freie Hand – eine Folge der Deregulierungswelle in den 1990er-Jahren, die darauf abzielte, die hohen Kosten der staatlichen Aufsicht zu reduzieren, indem man den Lieferanten nach dem Abschluss eines Vertrags mehr Autonomie gewährte. Beim F-35 wurde dies freilich einige Schritte zu weit getrieben und nötige Absprachen blieben aus. In der Folge traf der Konzern mehr als zwei Drittel der wichtigen Entscheidungen in Bezug auf Design, Entwicklung, Erprobung, Einsatz und Produktion des F-35, ohne dass sich das Pentagon aktiv beteiligt hätte. Da die technischen Experten des Heeres, der Marine und der Marineinfanterie bei den anfallenden Schlüsselentscheidungen nicht aktiv zurate gezogen wurden, bestand kaum Gelegenheit, die Qualität der Umsetzung dadurch zu verbessern, dass die Beteiligten Ideen austauschten, erklärten, verwarfen oder synthetisierten. Dieser Mangel an Einbeziehung und Erklärung wirkte sich negativ auf die Bereitschaft der drei Teilstreitkräfte aus, bei ihren Anforderungen an das Flugzeug Kompromisse zu schließen, was die Kosten des Projekts in die Höhe trieb.

Außerdem blieben die Erwartungen so unklar, dass sogar der Vertrag von den Beteiligten verschieden interpretiert wurde. Lockheed Martin hatte sehr weit gefasste Richtlinien erhalten: Der F-35 sollte gut zu warten und für das feindliche Radar weitgehend unsichtbar sein, er sollte von Rollfeldern aus operieren und Waffen abwerfen können.[8] Weil genauere Spezifikationen fehlten, interpretierten das Pentagon und Lockheed Martin den Vertrag immer unterschiedlicher. Laut Generalleutnant Christopher Bogdan, der seit Dezember 2012 im Pentagon für das F-35-Programm zuständig ist, führte dies dazu, dass das Militär die Ansicht vertrat, dass der F-35 den Anforderungen X, Y und Z entsprechen müsse, und Lockheed Martin antwortete, es habe nur den allgemein formulierten Auftrag, dass die Maschine die Anforderung Z erfüllen müsse.[9] Die unterschiedlichen Erwartungen führten zu immer weiteren Revisionen, Kosten und gegenseitigen Beschuldigungen.

Auch für das komplexe Netzwerk von Subunternehmen waren die Erwartungen nicht klar formuliert. Als zum Beispiel der Generalinspekteur des Pentagons, der für den F-35 zuständigen Abteilung vorwarf, sie habe zentrale Sicherheits- und Qualitätsanforderungen nicht an die Subunternehmen weitergeleitet, vertrat man dort die Ansicht, Lockheed Martin sei dafür verantwortlich, dass die von ihm beauftragten Subunternehmen die Anforderungen erfüllten. Das Ergebnis war, dass die Hard- und Software zum Teil den Anforderungen nicht entsprach, weil Lockheed Martin und seine Subunternehmen bei Design und Herstellung und bei ihren Qualitätssicherungsprozessen nicht mit der Sorgfalt arbeiteten, die man im Pentagon für selbstverständlich hielt. In Ermangelung klarer Anforderungen konnten die Lieferanten ihre Prozesse nicht genau bestimmen und sicherstellen, dass die geforderten Produkte geliefert wurden. Die negativen Folgen dieser Versäumnisse wurden dadurch enorm verschärft, dass in beschleunigter Parallelfertigung produziert wurde und die Produktion des F-35 schon vor den ersten Flugtests begonnen hatte. Da bei dem Programm ständig weitere Probleme bei den Spezifikationen, der Qualität und den Anforderungen auftraten, mussten ständig weitere extrem kostspielige und zeitaufwendige Korrekturen an dem Flugzeug vorgenommen werden.

Nachdem das Projekt unter anderem wegen der Verletzung der Prozessgerechtigkeit und der schlechten Kommunikation zwischen den internen und externen Stakeholdern mangelhaft umgesetzt wurde, versuchte man, es nun durch bessere Einbeziehung und Erklärung sowie klarere Absprachen zu retten. Im September 2013 sagte Bogdan: »Ich finde es ermutigend, wo wir heute stehen. Ich kann Ihnen sagen, dass man Problemlösungen findet statt Vorwürfe erhebt, wenn man anfängt, miteinander zu kommunizieren und aufeinander zu hören.«[10]

Natürlich wird nur die Zukunft erweisen, ob es dem Pentagon gelingt, in dem komplexen Netzwerk interner und externer Stakeholder die Kultur der aktiven Einbeziehung, der Erklärung und der eindeutig formulierten Erwartungen zu etablieren, die nötig ist, um das Projekt F-35 endlich zum Erfolg zu führen. Eines ist freilich sicher: Wie die bis heute gemachten Erfahrungen zeigen, kann es sich das Pentagon nicht mehr leisten, das Problem der Prozessgerechtigkeit sowie die freiwillige Zusammenarbeit und den Wissensaustausch, die mit ihr einhergehen, zu vernachlässigen.

Wir sind jetzt dazu bereit, unser gesamtes Wissen zusammenzufügen, um im nächsten Kapitel das wichtige Thema der strategischen Ausrichtung zu behandeln. Die strategische Ausrichtung ist ein integrales Konzept, das die zentralen Punkte, die in den Kapiteln zuvor behandelt wurden, mit umfasst und synthetisiert. Sie schließt den Kreis und sorgt dafür, dass alle Teile der Strategie einer Organisation, vom Nutzen über den Gewinn bis zu den Menschen, die wir bisher vorgestellt haben, sich gegenseitig so verstärken, dass eine wirklich leistungsfähige und nachhaltige Strategie entsteht.

9 Die Ausrichtung von Nutzen-, Gewinn- und menschlicher Proposition

Wenn wir fragen, was eine SEO ist und warum sie zum Erfolg führt, bekommen wir in der Regel drei Antworten: Manche halten die Umgestaltung der Marktgrenzen und einen massiven Nutzengewinn der Käufer für entscheidend. Andere sehen es als wesentlich an, dass durch strategische Preisgestaltung, Einhaltung der Zielkosten und so weiter ein neues Geschäftsmodell erschlossen wird, durch das eine Firma mit Gewinn neue Käufer werben kann. Wieder andere finden die Freisetzung von Kreativität, den Wissensaustausch und die freiwillige Zusammenarbeit am wichtigsten, die durch den richtigen Umgang mit den Leuten aus dem eigenen Unternehmen und anderen Beteiligten entstehen. Alle drei Antworten sind richtig. Tatsächlich haben wir sie oben alle der Reihe nach behandelt und die Tools und Formate vorgestellt, mit denen ein Unternehmen sie bei minimalem Risiko und maximalen Chancen verwirklichen kann. Dennoch sind alle drei Antworten nur Teilantworten. Und damit kommen wir zum letzten Prinzip unseres Strategiemodells, der Ausrichtung, mit der wir den Kreis zwischen der Erschließung und der Eroberung blauer Ozeane so schließen, dass eine extrem leistungsfähige und nachhaltige Strategie entsteht.

Die drei Propositionen einer Strategie

Auf der höchsten Ebene sind drei Propositionen entscheidend für den Erfolg einer Strategie: der Nutzen, der Gewinn und die beteiligten Menschen.[1] Damit eine Strategie erfolgreich ist, muss eine Organisation ein Angebot entwickeln, das Käufer anzieht und nachhaltig ist. Sie muss ein Geschäftsmodell entwickeln, bei dem sie mit ihrem Angebot Geld verdient; und sie muss diejenigen motivieren, die für sie arbeiten oder mit ihr zusammenarbeiten, um die Strategie umzusetzen. Eine gute Strategie muss inhaltlich auf einem überzeugenden Nutzen für den Käufer und einem robusten Gewinn für die eigene Organisation beruhen, ist aber bei ihrer nachhaltigen Umsetzung in hohem Maße von der Motivation der beteiligten Menschen abhängig. Diese zu motivieren bedeutet nicht nur, organisatorische Hindernisse zu beseitigen und durch einen gerechten Prozess ihr Vertrauen zu gewinnen, sondern beruht auch auf richtig ausgerichteten und gerechten Anreizen.

In diesem Sinne sind die drei strategischen Propositionen ein organisatorisches Format, das dafür sorgt, dass eine Organisation bei der Formulierung und Umsetzung einer Strategie einen ganzheitlichen Ansatz verfolgt.[2] Werden die drei strategischen Propositionen bei der Entwicklung und Umsetzung einer Strategie nicht vollständig entwickelt und aufeinander abgestimmt, ist ihr Erfolg in der Regel nicht von Dauer oder sie scheitert von Anfang an. Dieser Fehler wird von vielen Unternehmen gemacht. Eine Organisation, der ein ganzheitliches Verständnis ihrer Strategie abgeht, wird sich leicht so stark auf nur ein oder zwei der drei strategischen Propositionen konzentrieren, dass sie die beiden anderen oder mindestens eine von ihnen vernachlässigt. Zum Beispiel könnte sich eine Organisation eifrig mit den Propositionen Nutzen und Gewinn beschäftigen, aber zu wenig darauf achten, auch die Proposition Mensch auf das Gesamtprojekt auszurichten. Dieses Verhalten hat schon viele Unternehmen in den Ruin getrieben. Es ist ein klassischer Fall von gescheiterter Umsetzung. Aber auch die gute Umsetzung einer Strategie mit einer motivierenden menschlichen Proposition führt zu einer schlechten Performance, wenn der Inhalt der Strategie nicht stimmt, weil die Nutzen- oder die Gewinnproposition schlecht ist.

In manchen Situationen muss mehr als eine Gruppe von Beteiligten in der menschlichen Proposition einer Strategie berücksichtigt werden. Beruht zum Beispiel die erfolgreiche Umsetzung der Strategie nur auf dem Engagement der eigenen Mitarbeiter, muss natürlich nur diese Gruppe motiviert werden. Ist eine Firma jedoch auf die Unterstützung eines Zulieferers angewiesen, muss auch dieser einen überzeugenden Grund für die Unterstützung der Strategie bekommen. In diesem Fall muss die federführende Firma die eigenen Mitarbeiter und die des Zulieferers jeweils mit einer eigenen Proposition motivieren. Ähnlich könnten zum Beispiel bei einem Geschäft zwischen zwei Unternehmen zwei Nutzenpropositionen erforderlich sein: eine für den Firmenkunden und eine für die Kunden des Firmenkunden.

Die strategische Ausrichtung ist Aufgabe der Topmanager einer Firma und nicht der Manager, die für Einzelbereiche wie Marketing, Herstellung oder Personal zuständig sind. Führungskräfte mit einer stark funktionalen Orientierung sind für diese wichtige Aufgabe in der Regel nicht geeignet. Sie neigen dazu, sich nur auf eine Auswahl der drei strategischen Propositionen statt auf alle drei zu konzentrieren, und dann misslingt ihnen die Ausrichtung. Eine Herstellungsabteilung könnte zum Beispiel die Bedürfnisse der Käufer vernachlässigen oder ganz außer Acht lassen, oder sie könnte die menschliche Proposition nur als variable Kosten behandeln. Ähnlich würde sich eine Marketingabteilung vielleicht zu sehr auf die Nutzenproposition konzentrieren und den beiden anderen Propositionen nicht genug Aufmerksamkeit schenken. Nur wer alle drei strategischen Propositionen in Bezug auf die gesamte Organisation voll entwickelt und ausrichtet, verfolgt eine leistungsfähige und nachhaltige Strategie.

Dass für alle strategischen Propositionen ein konsistenter Plan entwickelt wird, ist natürlich sehr wichtig, und zwar sowohl um einen blauen Ozean zu erschließen als auch um sich in einem roten Ozean zu behaupten. Tatsächlich unterscheiden sich die beiden Ansätze nur dadurch, wie die Organisationen die strategischen Propositionen ausrichten. In einem roten Ozean müssen die drei strategischen Propositionen einer Organisation *entweder* auf eine starke Differenzierung *oder* auf niedrige Kosten ausgerichtet sein. Denn auf einem solchen Markt sind die beiden strategischen Positionen alternativ.

In einem blauen Ozean dagegen schneidet eine Organisation dann gut ab, wenn sie mit allen drei strategischen Propositionen *sowohl* eine Differenzierung *als auch* niedrige Kosten verfolgt. Nur wenn ihre drei Propositionen auf Differenzierung *und* niedrige Kosten ausgerichtet sind, ist eine SEO erfolgreich und nachhaltig (siehe Abbildung 9.1). Es ist durchaus möglich,

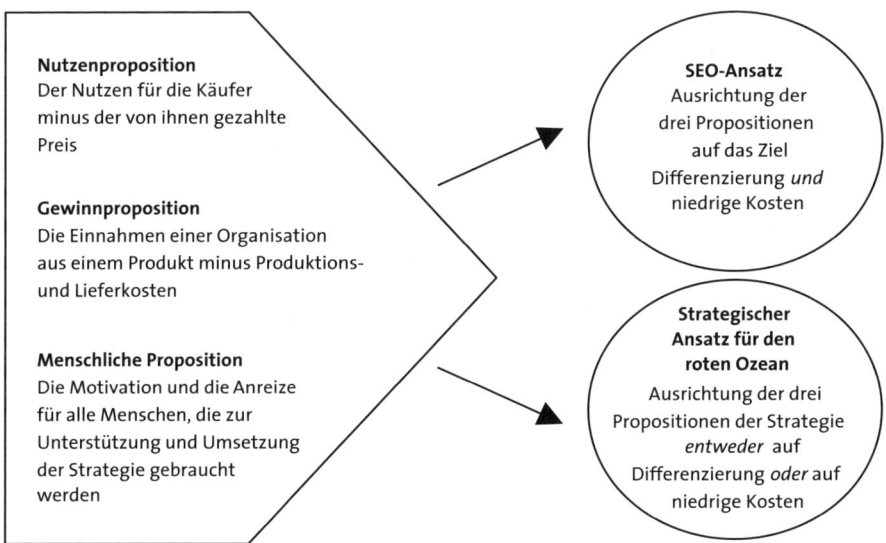

Abb. 9.1: Strategische Ausrichtung

eine oder zwei strategische Propositionen zu imitieren, aber ziemlich schwierig, dies mit allen dreien zu tun. Insbesondere die menschliche Proposition ist schwer nachzuahmen, da sie in zwischenmenschliche Beziehungen eingebettet ist, deren Kultivierung Zeit in Anspruch nimmt. Falls es wichtige und engagierte externe Stakeholder gibt, müssen potenzielle Nachahmer noch mehr Zeit und Anstrengung aufwenden, was die Nachhaltigkeit einer gut ausgerichteten Strategie gewöhnlich erhöht.

Die erfolgreiche Ausrichtung bei einer SEO

Ein gutes Beispiel für die Ausrichtung bei einer extrem leistungsfähigen und nachhaltigen SEO ist Comic Relief, eine britische Spendenorganisation. Die 1985 gegründete Organisation hatte die anderen britischen Spendenorganisationen schnell überflügelt. Sie entwickelte sich zu einer der profiliertesten Spendenorganisationen in Großbritannien, die sich außerdem der niedrigsten Kosten erfreute. Auf einem sehr engen Markt, der von einer durch die schiere Zahl der Spendenorganisationen verwirrten Öffentlichkeit sowie von steigenden Kosten und sinkender Nachfrage geprägt war, erreichte Comic Relief schnell eine gesamtbritische Markenbekanntheit von 96 Prozent und hat inzwischen mehr als 950 Millionen Pfund Sterling an Spenden gesammelt, weil es ihm nicht nur gelang, die traditionellen wohlhabenden Spender anzusprechen, sondern auch andere Gruppen, die bis dahin nicht gespendet hatten. Außerdem bekommt die Organisation 100 Prozent ihrer Finanzmittel direkt von der Öffentlichkeit und das ohne bezahltes Marketing oder Postwurfsendungen. Demgegenüber erhalten andere britische Wohltätigkeitsorganisationen im Durchschnitt nur 45 Prozent ihrer Mittel von der allgemeinen Öffentlichkeit; der Rest sind staatliche Fördermittel und Spenden von Großunternehmen. Heute, fast 30 Jahre nach der Gründung von Comic Relief, sind in seinem blauen Ozean immer noch keine glaubwürdigen Nachahmer aktiv. Schauen wir uns an, wie es diese konstant gute Performance durch die richtige Ausrichtung erreicht hat.

Seine »Kunden« sind die Spender, die es durch eine überzeugende Nutzenproposition gewinnen muss. Seine Gewinnproposition besteht darin, bei möglichst geringen Kosten möglichst hohe Spendeneinnahmen zu erzielen, die für Hilfsprojekte eingesetzt werden. Und die menschliche Proposition besteht aus der Motivation und den Anreizen, die es für seine Angestellten und sein Netzwerk von ehrenamtlichen Spendensammlern, Partnerunternehmen und Prominenten schafft.

Untersucht man, wie sich die Propositionen Nutzen, Gewinn und Menschen bei Comic Relief von denen anderer britischer Wohltätigkeitsorganisationen unterscheiden, stellt man Folgendes fest: Sind die drei strategischen Propositionen auf Differenzierung und niedrige Kosten ausgerichtet, stützen und verstärken die wichtigsten Elemente einer Proposition häufig die beiden anderen Propositionen, wodurch eine starke positive Wechselwirkung entsteht. Organisationen können zum Beispiel eine überzeugende Nutzenproposition verwenden, um auch ihre Gewinnproposition und ihre menschliche Proposition zu verbessern. Oder sie können sich auf eine starke menschliche Proposition stützen, um eine starke Nutzenproposition zu entwickeln, was wiederum die Gewinnproposition stärkt – Wechselwirkungen, die eine Imitation enorm erschweren. Die Nutzen-, die Gewinn- und die menschliche Proposition von Comic Relief funktionieren wie folgt.

Die Nutzenproposition

Traditionelle Spendenorganisationen in Großbritannien verwenden bei ihren Spendenkampagnen schockierende Bilder, mit denen sie Schuldgefühle oder Mitleid auslösen, um Spenden zu sammeln. Sie sind darauf fokussiert, in ganzjährigen Kampagnen insbesondere von reichen und gebildeten älteren Spendern große Geldbeträge einzufahren und zu bilanzieren.

Comic Relief verzichtet darauf, mit Mitleid und Schuldgefühlen zu arbeiten. Es hat einen bahnbrechenden neuen Ansatz, um Spenden zu sammeln, den Doppelschlag des Red Nose Day, an dem die Leute verrückte Sachen machen, um Spenden zu sammeln, und der Red Nose Night, eines starbesetzten Spendenmarathons im Fernsehen. Vergessen wir Mitleid als Motiv. Wir wollen etwas Lustiges tun, um die Welt zu verändern.

Bei Comic Relief müssen die Spender keinen großen Scheck schreiben. Die Teilnahme ist billig und einfach, und sie macht Spaß. Mitmachen kann jeder, der sich eine rote Nase aus Plastik kauft. Sie kostet ein Pfund, wird überall verkauft und reicht allein schon aus, um ein Lächeln auf die Gesichter zu zaubern. Mehr als 66 Millionen rote Nasen sind bis heute gekauft worden. Alle tragen sie. Aber man kann auch mitmachen, indem man für die lustigen Streiche von Freunden, Verwandten, Nachbarn oder Kollegen bezahlt. Man gibt also Geld, während man sich köstlich amüsiert. Zum Beispiel spendeten Freunde und Kollegen eines Londoner Reisevermittlers, der eine berüchtigte Schwatzbase war, mehr als 500 Pfund, damit er 24 Stunden die Klappe hielt, und es amüsierte sie köstlich, wie er sein Mitteilungsbedürfnis bändigen musste.

Die von Comic Relief praktizierte besondere Art des Community Fundraising lebt nicht nur davon, dass Menschen gerne Spaß haben. Sie ist auch persönlich. Bei den meisten anderen Wohltätigkeitsorganisationen bitten irgendwelche unbekannte Leute um eine Spende. Bei Comic Relief ist dies eher ein Freund, ein Angehöriger oder ein Kollege, der einem wichtig ist und den man gern unterstützt.

Im Gegensatz zu traditionellen Wohltätigkeitsorganisationen anerkennt Comic Relief auch noch die kleinste Spende. So etwa wenn in der *Red Nose Night* berichtet wird, dass ein kleines Mädchen »sein gesamtes Taschengeld« von 1,90 Pfund gespendet hat und dafür in Afrika sieben Kinder essen können. Man geht davon aus, dass jeder Cent wertvoll ist und etwas bewirken kann. Dank dieser Haltung erkennen selbst die Ärmsten und die Jüngsten, dass auch sie wichtig sind und mit ihrem persönlichen Beitrag »die Welt verändern« können.

Traditionelle Wohltätigkeitsorganisationen werben bei einer festen Basis von Unterstützern das ganze Jahr um Spenden, Comic Relief dagegen konzentriert sich darauf, alle zwei Jahre ein einmaliges Ereignis zu schaffen, damit dieses weder langweilig noch lästig wird. Die Leute werden nicht wie bei anderen Organisationen spendenmüde, sondern freuen sich auf den nächsten Red Nose Day, der in Großbritannien inzwischen zu einer Art Nationalfeiertag geworden ist.

Last, not least werden bei Comic Relief alle eingetriebenen Spenden nach dem »Golden Pound Principle« verwendet, das heißt, jedes Pfund muss zu 100 Prozent für Hilfsprojekte eingesetzt werden. Im Gegensatz zu den meisten britischen Wohltätigkeitsorganisationen gibt Comic Relief keine Spenden für seine eigenen Gemein- oder Betriebskosten aus. Diese Praxis wirkt beruhigend auf Leute, die sich fragen, wie viel von ihrer Spende wohl tatsächlich für wohltätige Zwecke eingesetzt wird. Das Ergebnis all dieser Elemente ist eine Nutzenproposition, die nicht nur Spaß macht und aufregend und transparent ist, sondern auch den Spendern ermöglicht, schon mit einem kleinen Beitrag sehr viel zu bewirken. Mit anderen Worten, sie ist differenziert *und* kostengünstig und für alle erschwinglich, von den ganz Jungen bis zu den sehr Alten und von den ganz Armen bis zu den sehr Reichen.

Die Gewinnproposition

Wie gelingt es Comic Relief, so viel Geld zu sammeln und seine Aktionen zu finanzieren und gleichzeitig das Golden Pound Principle einzuhalten? Es gelingt ihm, indem es seine überzeugende Nutzenproposition mit einer unschlagbaren Gewinnproposition kombiniert, die sowohl kostengünstig ist als auch auf eine differenzierte Art Einnahmen generiert.

Traditionelle Wohltätigkeitsorganisationen benutzen verschiedene Methoden, um aus verschiedenen Quellen Finanzmittel zu schöpfen. Sie bewerben sich zum Beispiel beim Staat, bei Konzernen oder Stiftungen um Fördergelder, veranstalten Spendengalas für reiche und einflussreiche Mitbürger, bitten in Postwurfsendungen oder durch Telemarketing direkt um Spenden und betreiben karitative Secondhandläden. Fast all diese Aktivitäten sind mit erheblichen Gemeinkosten für Personal, Management und Verwaltung und oft auch für die Anmietung oder den Kauf von Einrichtungen verbunden.

Comic Relief hat all diese Kosten eliminiert. Es verwendet weder Zeit noch Geld auf teure Spendengalas, schreibt keine Anträge, um Finanzmittel vom Staat oder von Stiftungen zu bekommen, und betreibt auch keine Secondhandläden. Stattdessen mobilisiert es Einzelhandelsgeschäfte vom Supermarkt bis zur Modeboutique, um seine roten Nasen zu verkaufen. Und weil es Geld an andere Wohltätigkeitsorganisationen weitergibt, statt auf dem ohnehin schon engen Markt mit ihnen zu konkurrieren, sind die Kosten für die Verwaltung der eingetriebenen Spenden sehr niedrig. Schätzungen zufolge verzichtet Comic Relief auf mehr als 70 Prozent der traditionellen Fundraising-Operationen.

Durch die besondere Art, wie Comic Relief Geld sammelt, kann es die Kosten niedrig halten. Man ist sich darüber im Klaren, dass es bei seiner Art des vergnüglichen Community Fundraising nicht die Wohltätigkeitsorganisation ist, die beim Spender an die Tür klopft, sondern dass der Spender durch die gute Sache angelockt wird. Und da der größte Teil des Fundraising von Freiwilligen erledigt wird, die ihre lustigen Einfälle von anderen sponsern lassen, sind auch die Personalkosten sehr niedrig. Traditionelle Wohltätigkeitsorganisationen bedienen sich nur zufällig und eher selten der Methode des Community Fundraising. Dagegen ist Comic Relief durch den Red Nose Day auf diese Methode fokussiert und hat sie systematisch zu dem wichtigsten Kanal ausgebaut, durch den es seine Spenden erhält.

Traditionelle Spendenorganisationen konzentrieren sich in der Regel auf reiche oder ältere Spender. Demgegenüber werden beim Red Nose Day möglichst viele Menschen angesprochen, und die Spenden setzen sich aus vielen kleinen Beiträgen zusammen. Am Red Nose Day machen normale Leute außerordentliche Dinge und bringen mit einer großen Zahl kleiner Spenden eine riesige Geldmenge zusammen.

Obendrein kostet *Red Nose Night,* die starbesetzte Comedy Show im Fernsehen, Comic Relief keinen Cent. Alle Beteiligten (der Sender, die Studios, die Stars) arbeiten umsonst. Im Gegensatz zu traditionellen Wohltätigkeitsorganisationen, die teure Marketingaktionen finanzieren, um auf dem engen Markt der Wohltätigkeit hervorzustechen, gelingt es Comic Relief durch seine große Präsenz in den Medien und durch die Mundpropaganda, welche durch die aufregenden Ereignisse des Red Nose Day entsteht, hohe Kosten für Werbung zu vermeiden.

Partner aus der Wirtschaft helfen der Organisation, ihrem Golden Pound Principle treu zu bleiben, indem sie ihre Betriebskosten mit Geld- oder Sachwerten bestreiten. Deshalb hat Comic Relief nicht nur eine überzeugende Nutzenproposition, sondern auch eine differenzierte und kostengünstige Gewinnproposition.

Die menschliche Proposition

Bei Comic Relief profitieren alle Beteiligten, nicht nur die, denen geholfen wird. Die menschliche Proposition der Organisation besteht darin, mit einer kleinen Zahl hoch motivierter Beschäftigter, die von der Nutzenproposition von Comic Relief inspiriert sind, die freiwilligen Spendensammler, Firmensponsoren und Prominenten zu gewinnen, deren Engagement für eine nachhaltige Nutzen- und Gewinnproposition der Organisation nötig ist.

Zu diesem Zweck hat Comic Relief mit dem Red Nose Day zunächst einmal eine Plattform geschaffen, auf der jedermann ein bisschen verrückt sein darf und als freiwilliger Spendensammler sehr viel Spaß haben kann. Außerdem macht es die Teilnahme sehr einfach: Auf seiner Website werden verrückte Ideen angeboten, die zu vielerlei verrückten Auftritten inspirieren können, und gibt Tipps, wie man andere dazu bringen kann, Sponsor zu werden. Wer sich aktiv als Spendensammler beteiligt, gewinnt den Respekt von Freunden, Angehörigen und Kollegen und ist zugleich stolz auf sein sichtbares Engagement für eine Gruppe, die sich um eine bessere Welt bemüht.

Wer durch eine verrückte Aktion Geld für Comic Relief auftreibt, hat nicht nur seinen Spaß, sondern leistet auch einen persönlichen Beitrag zur Verbesserung der Welt. Die freiwilligen Spendensammler sind Teil eines großen eintägigen Ereignisses, bei dem jeder seinen Beitrag leistet und gleichzeitig sehr viel Spaß hat.

All das wird erreicht, ohne den wertvollsten Besitz der Teilnehmer zu verschwenden: ihre Zeit. Wer bei Comic Relief mitmacht, braucht nicht viel Zeit, denn er muss ja nur alle zwei Jahre etwas Verrücktes tun. Auf diese Weise schafft die Organisation eine überzeugende, kostengünstige menschliche Proposition, die in einem ganzen Volk Menschen dazu inspiriert, Spenden zu sammeln. Im Vergleich dazu ist die Mitarbeit in traditionellen Wohltätigkeitsorganisationen oft eine Belastung, und die Leute haben oft heimlich das Gefühl, Opfer zu bringen, wenn sie helfen.

Die kostengünstige und differenzierte menschliche Proposition von Comic Relief erstreckt sich auch auf Unternehmen und Prominente, wobei sponsernde Firmen und teilnehmende Prominente im Gegensatz zum Normalbürger zusätzlich gewaltige kostenlose Werbung im gesamten United Kingdom bekommen. Dies rührt daher, dass die differenzierte und kostengünstige Nutzenproposition von Comic Relief ein enormes kostenloses Echo in den Medien auslöst, so zum Beispiel 200 Stunden Fernsehzeit, Hunderte von Stunden im Radio und mehr als 10 000 Presseartikel. Deshalb muss Comic Relief bei Firmen und Prominenten nicht um eine Beteiligung betteln. Sie reißen sich vielmehr darum, Comic Relief bei der Einhaltung seines Golden Pound Principle zu helfen und 100 Prozent seiner Einnahmen für wichtige Anliegen einzusetzen: eine echte Win-win-Situation. Wie Comic Relief beweist, sind machtvolle selbstverstärkende Synergien und Gewinne für alle Beteiligten die Folge, wenn die Propositionen Nutzen, Gewinn und Menschen auf die Ziele Differenzierung und geringe Kosten ausgerichtet werden.

Wenn eine Strategie nicht richtig ausgerichtet ist

Eine richtig ausgerichtete SEO wie die von Comic Relief besitzt eine inhärente Nachhaltigkeit, weil sie nur schwer zu imitieren ist. Dagegen kann selbst eine überzeugende Idee für einen blauen Ozean mit einem eindrucksvollen Markteintritt an Attraktivität verlieren und entweder ganz scheitern oder hart um die Wiederherstellung ihrer ursprünglichen Dynamik kämpfen müssen, wenn etwas mit der Ausrichtung nicht stimmt. Deshalb erregen so viele Innovationen zur Schaffung eines neuen Marktes zwar kurzzeitig große Aufmerksamkeit, sind aber schnell wieder ausgebrannt. Ein Beispiel dafür ist der Tata Nano. Als er auf den Markt kam, wurde er als Auto für den kleinen Mann gepriesen. Er bekam ein größeres Medienecho als alle anderen Autos, die damals auf den Markt gebracht wurden. Er hatte außerdem die größte Umsatzsteigerung in der Geschichte der globalen Automobilindustrie zu verzeichnen. Nach seiner offiziellen Vorstellung im März 2009 kamen innerhalb von zwei Wochen mehr als 200 000 Bestellungen herein. Und mit gutem Grund:

Die Nutzenproposition des Fahrzeugs hatte alle Merkmale eines blauen Ozeans. Tata Motors bediente sich bei seinem Angebot wichtiger Nutzenfaktoren aus dem Personenwagen- und dem Zweiradmarkt: Wie ein Personenwagen war der Tata Nano ein sicheres, bequemes und respektables Allwettertransportmittel für indische Familien. Zugleich jedoch konkurrierte er in der Preisgestaltung mit dem viel kostengünstigeren Markt der Zweiradfahrzeuge, die für die meisten indischen Familien das normale Transportmittel waren. Auf diese Weise bot man dem Käufer eines Tata Nano eine Nutzenproposition, die sich sowohl durch Differenzierung als auch durch niedrige Kosten auszeichnete und zum ersten Mal ein Auto für die meisten indischen Familien erschwinglich machte.

Tata Motors ergänzte seine überzeugende Nutzenproposition durch eine überzeugende Gewinnproposition. Unter der Führung von Ratan Tata, dem CEO der Tata Group, führte das Nano-Team in Design, Herstellung, Marketing und Wartung des Fahrzeugs verschiedene Kosteninnovationen ein, die zu einer Gewinnproposition führten, die sich sowohl durch Differenzierung als auch durch niedrige Kosten auszeichnete. Zum Beispiel besaß der Nano einen Zweizylinderheckmotor und einen Hinterradantrieb, was nicht nur besonders kostengünstig war, sondern auch mehr Platz im Innenraum des Wagens schaffte, ohne dass das Auto vergrößert werden musste. Außerdem bestand der Zweizylindermotor nicht wie üblich aus Stahl, sondern aus Aluminium. Dadurch war er leichter, billiger in der Herstellung und sparsamer im Verbrauch. Auch waren Bauteile des Wagens radikal vereinfacht. So hatten seine Türgriffe 70 Prozent weniger Teile als bei anderen Personenwagen.

In seiner Nutzenproposition eliminierte das Nano-Team zwar verzichtbaren Luxus, aber es sparte nicht nach dem Gießkannenprinzip. Zum Beispiel wäre der Nano zweitürig wesentlich billiger in der Herstellung gewesen. Doch ein solcher Wagen wäre für die typische, mehrere Generation umfassende indische Familie viel unbequemer als ein viertüriger gewesen. Eine Großmutter in ihrem Sari hätte zum Beispiel Probleme gehabt, auf seinen Rücksitz zu kommen, also wurde die zweitürige Version nie gebaut. Auf ihre Art verbesserten die Sparmaßnahmen bei Herstellung und Design des Nano seine Nutzenproposition sogar noch, statt sie zu beeinträchtigen, was eine gut ausgerichtete differenzierte und kostengünstige Gewinnproposition ermöglichte.

Trotz der überzeugenden Nutzenproposition und der realistischen Gewinnproposition war der ursprüngliche Erfolg des Tata Nano jedoch nicht nachhaltig. Das Fahrzeug erzielte letzlich nicht den erwarteten Umsatz und erfüllte nicht die Erwartungen der Öffentlichkeit. Was ging schief? Bei genauerer Betrachtung stellt sich heraus, dass der Rückschlag vor allem durch einen schweren Mangel der menschlichen Proposition für eine wichtige externe Gruppe von Beteiligten verursacht war, die Tata für die Realisierung des Projekts brauchte. Trotz guten Willens und guter Absichten konnte das Unternehmen die Bürger der Stadt Singur in Westbengalen, wo der Tata Nano produziert werden sollte, nicht für das Projekt gewinnen. Der zentrale Konflikt drehte sich um fruchtbares Ackerland, das für den Bau der Produktionsstätte enteignet wurde, und um die Höhe der Entschädigung für seine Besitzer. Diese mangelhafte menschliche Proposition zwang die Tata Group, die Produktion des Tata Nano zu verlegen, und beeinträchtigte den ursprünglichen Erfolg des Kleinwagens. Inzwischen hat Tata ein neues Team zusammengestellt, das den Nano wieder in die Spur bringen soll. Dennoch ist die bisherige Geschichte des Tata Nano ein gutes Beispiel dafür, dass eine schlecht ausgerichtete Proposition negative Konsequenzen für ein ganzes Projekt haben kann.

Um eine hochleistungsfähige und nachhaltige SEO zu entwickeln, muss man sich folgende Fragen stellen. Sind unsere drei strategischen Propositionen auf Differenzierung und niedrige Kosten ausgerichtet? Haben wir die wichtigsten Stakeholder, von denen die effektive Umsetzung unserer SEO abhängig ist, alle identifiziert und eingebunden – auch die externen Beteiligten? Haben wir für jede Gruppe von Beteiligten eine überzeugende menschliche Proposition entwickelt, damit sie motiviert sind und hinter der Umsetzung unserer neuen Idee stehen?

Zusammenfassung

Für unsere Zusammenfassung sind die Beispiele von Napster und dem Apple iTunes Store in der digitalen Musikbranche hervorragend geeignet. Napster hatte eindeutig den Vorteil des Pioniers. Es gewann mehr als 80 Millionen registrierte Benutzer und war wegen seiner Nutzenproposition allgemein beliebt. Dennoch scheiterte es letztlich mit seiner Strategie. Sie war nicht nachhaltig genug. Im Gegensatz dazu hatte iTunes nachhaltigen Erfolg. Es beherrschte schon bald den blauen Ozean für digitale Musik und baute ihn zugleich weiter aus. Der wichtigste Unterschied zwischen den strategischen Ansätzen von Napster und iTunes bestand in der Ausrichtung. Dem Napster-Team fehlte es an einer ganzheitlichen Sicht des Strategieproblems, und es gelang ihm nicht, seine menschliche Proposition für die externen Beteiligten so auszurichten, dass sie den überzeugenden Nutzen unterstützten, den es erschloss. Als die Plattenfirmen Napster den Vorschlag machten, ein Modell für eine Ertragsbeteiligung am digitalen Download von Musik zu entwickeln, das für beide Seiten profitabel sein sollte, weigerte sich die Musiktauschbörse. In ihrer Begeisterung über das spektakuläre Wachstum übersahen die Leute von Napster, dass sie für die Plattenfirmen als wichtigste externe Beteiligte eine Proposition brauchten, die ihnen Differenzierung und niedrige Kosten bieten würde. Statt eine überzeugende menschliche Proposition zu entwickeln, die auf ein für beide Seiten profitables Arrangement hinausgelaufen wäre, suchte Napster den Konflikt und erklärte, dass es sich auch ohne Unterstützung der Plattenfirmen weiterentwickeln werde. Der Rest ist Geschichte: Die Musikbörse wurde gezwungen, wegen Urheberrechtsverletzung zu schließen, und kam nie dazu, eine Gewinnproposition zu entwickeln, die sich auf ihre riesige Nutzerbasis gestützt hätte. Wegen der mangelhaften strategischen Ausrichtung von Napster war sein Erfolg nur von kurzer Dauer.

Apple dagegen entwickelte einen Satz voll entwickelter und ausgerichteter strategischer Propositionen. Seine überzeugende Nutzenproposition für die Käufer wurde ergänzt durch eine überzeugende menschliche Proposition für seine externen Partner, die wichtigsten Musikkonzerne. Dadurch konnte es die Unterstützung der fünf größten Musikgesellschaften, BMG, EMI Group, Sony, Universal Music Group und Warner Brothers Records gewinnen. Der iTunes Store tritt von jedem heruntergeladenen Song 70 Prozent des Kaufpreises an die Musikgesellschaften ab, was für Apple und seine Geschäftspartner eine Win-win-Proposition darstellt. Und da der Online-Musikladen außerdem den Verkauf des von Apple produzierten, ohnehin schon erfolgreichen iPods förderte, vervielfachte sich die Gewinnproposition des Gesamtunternehmens, weil sich der Erfolg der beiden Plattformen gegenseitig verstärkte. Im Ergebnis leitete Apple durch die Ausrichtung der Nutzen-, Gewinn- und Humanproposition von iTunes eine neue Ära in der Musikbranche ein, weil es einen neuen Markt für digitale Musik kreierte und beherrschte.

Haben Sie ein ganzheitliches Verständnis von Strategie? Ist Ihre neue Strategie voll entwickelt, und sind die drei strategischen Propositionen auf nachhaltigen Erfolg ausgerichtet? Der weitere Erfolg Ihrer Unternehmensstrategie hängt davon ab.

Damit sind wir beim letzten Prinzip unseres Strategiemodells angelangt: dem wichtigen Thema der Erneuerung der blauen Ozeane im Laufe der Zeit.

10 Die Erneuerung blauer Ozeane

Die Schaffung eines blauen Ozeans ist keine statische Errungenschaft, sondern ein dynamischer Prozess. Wenn ein Unternehmen einen blauen Ozean erschließt und dessen enorme Auswirkungen bei der Performance bekannt werden, tauchen früher oder später Nachahmer am Horizont auf. Dann stellen sich folgende Fragen: Wie schnell werden sie kommen? Wie leicht ist eine SEO zu imitieren? Oder anders ausgedrückt: Wie hoch sind die Hürden für eine Imitation?

Während das Unternehmen und die frühen Nachahmer die Früchte ihres Erfolgs einfahren und den blauen Ozean erweitern, springen immer mehr Firmen hinein, bis sich der Ozean rot färbt. Das wirft eine weitere Frage auf: Wann sollte man beginnen, sein Geschäft oder sein Portfolio von Geschäften zu erneuern? In diesem Kapitel befassen wir uns mit der Imitation und der Erneuerung von SEOs, indem wir diese Fragen beantworten. Nur wer den Prozess der Erneuerung verstanden hat, kann diesen in seiner Organisation institutionalisieren, damit er mit der Schaffung eines blauen Ozeans nicht immer wieder von Neuem beginnen muss.

Hindernisse für die Nachahmung

SEOs bringen erhebliche Hindernisse für die Nachahmung mit sich, die deren Nachhaltigkeit erheblich verlängern. Sie umfassen neben der Ausrichtung kognitive, organisatorische, markenmäßige, ökonomische und rechtliche Hürden. Es kommt recht häufig vor, dass solche Strategien viele Jahre lang nicht ernsthaft herausgefordert werden. Der blaue Ozean von Cirque du Soleil hatte mehr als 20 Jahre Bestand, der von Comic Relief beinahe 30; und der von iTunes besteht nun auch schon mehr als zehn Jahre. Die Liste ließe sich mit JCDecaux, Quicken von Intuit oder Salesforce.com fortsetzen. Diese Nachhaltigkeit lässt sich auf folgende Imitationsbarrieren zurückführen.

- **Die Barriere der Ausrichtung.** Wie in Kapitel 9 diskutiert, sorgt die Ausrichtung der drei strategischen Propositionen Nutzen, Gewinn und Menschen, wenn sie ein integrales System bildet, das sowohl auf Differenzierung als auch auf niedrige Kosten ausgerichtet ist, für Nachhaltigkeit und bildet damit eine hervorragende Barriere gegen Imitation.

- **Die kognitive und organisatorische Barriere.** Bewegungen zur Nutzeninnovation erscheinen aus dem Blickwinkel der herkömmlichen strategischen Logik unvernünftig. Als beispielsweise CNN gegründet wurde, spotteten NBC, CBS und ABC über die Idee, ohne Starsprecher an sieben Tagen in der Woche rund um die Uhr Nachrichten in Echtzeit zu bringen. CNN wurde von der Branche als »Chicken Noodle News« belächelt. Spott regt aber nicht zu einer schnellen Nachahmung an, denn er schafft eine kognitive Barriere. Außerdem müssen Unternehmen, um zu imitieren, oft erhebliche Veränderungen an ihren bestehenden Geschäftspraktiken vornehmen, was innerorganisatorische Probleme verursacht, die ein Unternehmen oft jahrelang an der engagierten Imitation einer SEO hindern können. Als zum Beispiel Southwest Airlines eine Dienstleistung einführte, die die Geschwindigkeit der Luftfahrt mit den Kosten und der Flexibilität des Kraftfahrzeugverkehrs kombinierte, hätte eine Imitation dieser Strategie erhebliche Veränderungen bei den Routen der Flugzeuge, eine neue Ausbildung des Personals und Veränderungen bei Marketing und Preisgestaltung erfordert, von der Unternehmenskultur ganz zu schweigen – beträchtliche organisatorische Veränderungen, die nur wenige Unternehmen kurzfristig realisieren können.

- **Die Markenbarriere.** Kollisionen mit ihrem Markenimage hindern Unternehmen daran, eine SEO nachzuahmen. So sahen die großen Kosmetikhäuser auf der ganzen Welt der SEO von The Body Shop – bei der auf attraktive Models, das Versprechen ewiger Schönheit und Jugend und eine teure Verpackung verzichtet wurde – jahrelang tatenlos zu, weil eine Nachahmung im Widerspruch zu ihren damaligen Geschäftsmodellen gestanden hätte. Auch ein Unternehmen, das einen großen Nutzengewinn anbietet, wertet sein Markenimage rasch auf und hat auf dem Markt schnell einen loyalen Kundenstamm. Selbst mit großen Werbebudgets hat ein aggressiver Nachahmer nur selten die Kraft, dieses Markenimage zu überflügeln. Microsoft zum Beispiel versuchte jahrelang, Intuits Nutzeninnovation Quicken vom Markt zu drängen. Aber nachdem es fast 30 Jahre lang Geld und Arbeit investiert hatte, warf es schließlich das Handtuch und stellte 2009 die Operationen des Konkurrenten Microsoft Money ein.

- **Die ökonomische und rechtliche Barriere.** Ein natürliches Monopol blockiert die Nachahmung, wenn die Größe des Marktes nicht für ein weiteres Unternehmen ausreicht. Die belgische Kinokette Kinepolis beispielsweise eröffnete in Brüssel das erste Megaplex-Kino in Europa – und trotz des enormen Erfolgs fand sich dort fast 30 Jahre kein Nachahmer. Brüssel ist für ein weiteres Megaplex nämlich nicht groß genug, sodass sowohl Kinepolis als auch der Nachahmer Verluste erlitten hätten. Außerdem führt das durch eine Nutzeninnovation erzeugte hohe Volumen zu schnellen Kostenvorteilen, sodass die potenziellen Nachahmer in einen immer größeren Kostennachteil geraten. So haben die enormen Größenvorteile von Wal-Mart beim Einkauf andere Unternehmen davon abgeschreckt, seine SEO nachzuahmen. Auch fehlende Zugehörigkeit zu einem Netzwerk verhindert, dass Unternehmen eine SEO leicht und glaubhaft nachahmen können. Das gilt zum Beispiel für Twitter im Bereich der sozialen Medien. Kurz gesagt: Je mehr Kunden ein Dienst online hat, desto attraktiver wird er für die Allgemeinheit, sodass ein Nachahmer kaum Kunden anlocken könnte.

Auch nicht ökonomische Faktoren wie Patente oder rechtliche Zulassungen können Innovationsbarrieren sein, weil sie einem Nutzeninnovator exklusive Rechte verschaffen.

Abbildung 10.1 zeigt diese Hindernisse, die gewissermaßen einen natürlichen Kopierschutz für eine Nachahmung bilden. Wie aus der Abbildung ersichtlich, sind sie zahlreich und ernst zu nehmen. Aus diesem Grund werden Unternehmen, die einen blauen Ozean erschlossen haben, in vielen Branchen oft viele Jahre lang nicht mit einer ernsthaften Herausforderung konfrontiert. In anderen Branchen jedoch kann es schneller gehen.

Barriere der Ausrichtung
- Ausrichtung auf die drei strategischen Propositionen Nutzen, Gewinn und Menschen unter Einschluss von Differenzierung und niedrigen Kosten sorgt für Nachhaltigkeit und bildet damit eine hervorragende Barriere gegen Imitation.

Kognitive und organisatorische Barriere
- Nutzeninnovation entspricht nicht der herkömmlichen Logik eines Unternehmens.
- Eine Imitation geht häufig mit erheblichen organisatorischen Veränderungen einher.

Markenbarriere
- Eine SEO kann im Widerspruch zu einem anderen Markenimage des Unternehmens stehen.
- Ein Unternehmen, das einen großen Nutzengewinn anbietet, wertet sein Markenimage rasch auf und hat auf dem Markt schnell einen loyalen Kundenstamm. Nachahmer haben es schwer, dieses Markenimage zu überflügeln.

Die ökonomische und rechtliche Barriere
- Natürliches Monopol: Die Größe des Marktes reicht nicht für ein weiteres Unternehmen aus.
- Durch eine Nutzeninnovation erzeugtes hohes Volumen führt zu schnellen Kostenvorteilen. Potenzielle Nachahmer geraten in einen immer größeren Kostennachteil.
- Bestehende Netzwerke entmutigen Nachahmer.
- Patente oder rechtliche Zulassungen verhindern die Nachahmung.

Abb. 10.1: Hindernisse für die Nachahmung von SEOs

Erneuerung

Irgendwann aber werden sich für fast alle SEOs Nachahmer finden. Wenn andere versuchen, auf den blauen Ozean vorzudringen, den ein Unternehmen geschaffen hat, wird dieses wahrscheinlich Gegenmaßnahmen ergreifen, um seinen schwer verdienten Kundenbestand zu verteidigen. Die Nachahmer können jedoch sehr hartnäckig sein. Ein Unternehmen, das sich in diesem Fall an seinen Marktanteil klammert, könnte sich wieder in den Wettbewerb ziehen lassen und sich bemühen, die neue Konkurrenz zu schlagen. Im Laufe der Zeit rückt dann allzu oft statt des Käufers die Konkurrenz ins Zentrum seines strategischen Denkens und seiner Handlungen. Bleibt es auf diesem Kurs, beginnt die Grundform seines strategischen Profils oder seiner Nutzenkurve mit denen der Konkurrenz zu konvergieren.

Um nicht in den Wettbewerb zurückzufallen, ist Erneuerung notwendig. Dann stellen sich folgende Fragen: Wann sollte eine Firma mit einem einzigen Geschäftsbereich eine neue Nutzeninnovation durchführen? Und: Wie kann eine Firma mit vielen Geschäftsbereichen ihr Portfolio mit einer SEO erneuern, wenn sich die Konkurrenz verschärft?

Erneuerung bei Firmen mit einem einzelnen Geschäftsbereich

Um nicht in den Wettbewerb zurückzufallen, muss ein Unternehmen mit einem einzelnen Geschäftsbereich die Nutzenkurven in der strategischen Kontur genau beobachten. Dadurch kann es nämlich erkennen, wann wieder eine Nutzeninnovation erforderlich ist. Wenn seine Kurve mit denen der Konkurrenz zu konvergieren beginnt, muss es sich nach einem neuen blauen Ozean umsehen.

Durch die Beobachtung der Nutzenkurven in der strategischen Kontur erkennt man gegebenenfalls auch, dass sich aus dem derzeitigen Angebot noch viel Gewinn ziehen lässt. Dann ist es für einen neuen blauen Ozean zu früh. Solange die Nutzenkurve eines Unternehmens noch einen Fokus, Divergenz und einen überzeugenden Slogan aufweist, sollte es sich nicht auf eine erneute Nutzeninnovation einlassen. Es sollte sich dann lieber darauf konzentrieren, seinen Gewinnfluss durch operative Verbesserungen und geografische Expansion so zu verlängern, zu verbreitern und zu vertiefen, dass es bei den Größenvorteilen und der Abdeckung des Marktes das Maximum erreicht. Es sollte in seinem blauen Ozean so weit schwimmen wie möglich und sich zu einem beweglichen Ziel machen; je größer der Abstand ist, den es zwischen sich und seine frühen Nachahmer legen kann, desto besser. Sein Ziel sollte sein, den blauen Ozean möglichst lange zu beherrschen!

Wenn die Konkurrenz zunimmt und das Gesamtangebot die Nachfrage übersteigt, beginnt der knallharte Wettbewerb – der Ozean färbt sich rot. Sobald die Nutzenkurven der Konkurrenz sich ihrer eigenen annähern, sollte eine Organisation anfangen, über eine weitere Nutzeninnovation nachzudenken, durch die sie einen neuen blauen Ozean erschließen kann. Wenn sie die Nutzenkurven der Konkurrenz immer wieder mit ihrer eigenen vergleicht, zeigt ihr die strategische Kontur, wie stark die Nachahmung – und damit die Konvergenz der Nutzenkurven und die Rotfärbung ihres blauen Ozeans – schon vorangeschritten ist.

The Body Shop beherrschte den blauen Ozean, den das Unternehmen erobert hatte, über zehn Jahre lang. Heute befindet es sich jedoch mitten in einem roten Ozean, und die Performance sinkt. Man hat es versäumt, sich nach einer anderen Nutzeninnovation umzusehen, als die Nutzenkurven der Konkurrenz sich der eigenen anglichen. Auch [yellow tail] beherrschte seinen blauen Ozean mehr als ein Jahrzehnt und hat sich seither erfolgreich auf der Welt verbreitet. Casella konnte einen neuen Markt schaffen und erfreut sich daher eines starken, profitablen Wachstums. Heute jedoch sind zahlreiche andere Akteure in die blauen Gewässer dieses neuen Marktes gesprungen. Von Dauer wird dieses profitable Wachstum deshalb nur sein, wenn Casella eine weitere Nutzeninnovation gelingt, sobald die Nachahmer einen aggressiven und glaubhaften Wettbewerb – mit konvergierenden Nutzenkurven – betreiben. Auch für den Cirque du Soleil und Curves ist die Zeit gekommen, sich einen neuen blauen Ozean zu erschließen. Das Verständnis, wie man den dafür notwendigen dynamischen Prozess der kontinuierlichen Erneuerung handhabt, ist der Schlüssel.

Ein gutes Beispiel, um den dynamischen Erneuerungsprozess zu illustrieren, ist Salesforce.com. Das Unternehmen machte eine Reihe strategischer Schritte, um seinen blauen Ozean im B2B-Geschäft mit Kundenbeziehungsmanagement (englisch Customer Relationship Management, kurz CRM) zu erneuern. Seit seinem ersten strategischen Schritt in den frühen 2000er-Jahren hat Salesforce.com in dem von ihm geschaffenen blauen Ozean online vermittelter CRM-Software die unbestrittene Marktführerschaft inne. Dies ist besonders eindrucksvoll, weil es in der schnelllebigen Hightech-Branche operiert. Im Laufe der Jahre haben zahlreiche Konkurrenten, sowohl große Platzhirsche mit viel Investitionskapital als auch Newcomer, versucht, das Unternehmen vom ersten Platz zu verdrängen, doch es hat sich wiederholt durch Nutzeninnovation vom Feld seiner Konkurrenten gelöst, wenn deren Nutzenkurven mit seiner zu konvergieren begannen. Auf diese Weise hat es die Falle des Konkurrenzkampfs vermieden und seinen Ozean blau gehalten. Hier seine Geschichte:

Im Jahr 2001 definierte Salesforce.com die Branche für CRM-Software neu, indem es dafür sorgte, dass die traditionellen Softwarepakete fast gänzlich irrelevant wurden. Von nun an herrschte kaum noch Bedarf an teurer, komplizierter Software, die mit hohem Zeitaufwand vom Kunden installiert werden musste, schwer und riskant zu bedienen war und ständig mit teuren Upgrades gewartet werden musste. Stattdessen bot Salesforce.com webbasierte CRM-Lösungen für Geschäftskunden an, die für einen Bruchteil der Kosten traditioneller CRM-Software abonniert werden konnten. Die Software arbeitete sofort nach dem Abonnement, war sehr zuverlässig und überall zugänglich. Dadurch kreierte Salesforce.com einen blauen Ozean, der sich durch die gänzlich neue Nachfrage kleiner und mittelgroßer Firmen auszeichnete, die zuvor kaum je Kunden der CRM-Softwarebranche gewesen waren.

Mit der Zeit jedoch versuchte auch die Konkurrenz, auf dem neuen Markt für bedarfsgerechte CRM-Automation Gewinne zu machen, den Salesforce.com geschaffen hatte. Große Firmen boten gemischte Lösungen an, und immer mehr kleine Firmen engagierten sich mit ähnlichen Angeboten wie Salesforce.com auf dem Markt für bedarfsgerechte CRM-Automation. Um sich wieder vom Feld abzusetzen, entwickelte Salesforce.com eine SEO, die sein ursprüngliches Nutzeninnovationsangebot erneuerte.

Mit Force.com, einem cloudbasierten Entwicklungstool für die Schaffung von Add-on-Anwendungen, und mit AppExchange, einem webbasierten Markt für Anwendungen, verschaffte das Unternehmen seinen Geschäftskunden Zugang zu einer großen Bandbreite bedarfsgerecht zugeschnittener Programme, die bei niedrigen Preisen immer noch die Einfachheit, Bedienungsfreundlichkeit, Zuverlässigkeit und Risikoarmut seines ursprünglichen Angebots besaßen – eines Angebots, das sich sowohl durch Differenzierung als auch durch geringe Kosten ausgezeichnet hatte.

In der Folge ging Salesforce.com noch einen Schritt weiter, um Nachahmer abzuschrecken und seinen blauen Ozean, auf den die Konkurrenz immer noch vordringen wollte, weiter zu vertiefen: Es verbesserte seine Nutzenkurve, indem es Chatter gründete, ein soziales Netzwerk für Unternehmen, damit die Mitarbeiter einer Firma in Echtzeit Informationen verschicken, empfangen und verfolgen können. Dies verbesserte ihre Zusammenarbeit und löste das Problem der Fragmentierung, mit dem man sich bei der Einführung und Verwendung traditioneller CRM-Systeme hatte herumschlagen müssen. Durch die geschilderten Maßnahmen war Salesforce.com nicht nur in der Lage, den Abstand zwischen seiner Nutzenkurve und den Nutzenkurven der Konkurrenz langfristig zu wahren, sondern konnte auch seinen blauen Ozean weiter vergrößern: Wegen der sukzessiven Nutzeninnovationen von Salesforce.com sind heute auch Großunternehmen darauf erpicht, webbasierte CRM-Anwendungen einzusetzen.

Erneuerung des Gesamtunternehmens bei einer Gesellschaft mit vielen Geschäftsbereichen

Firmen mit einem einzigen Angebot oder Produkt können ihre Erneuerung in Angriff nehmen, indem sie wie oben beschrieben die Nutzenkurve auf ihrer strategischen Kontur mit der ihrer Konkurrenten vergleichen. Demgegenüber benötigen Firmen mit einem Portfolio verschiedener Angebote ein zusätzliches Werkzeug, weil die für die Strategie des Gesamtkonzerns verantwortlichen Manager die Erneuerung ihrer Geschäftsbereiche aus der Sicht des Gesamtunternehmens überwachen und planen sollten. Eine dynamische Erweiterung des in Kapitel 4 eingeführten Pionier-Migrant-Siedler-Quadrats (PMS-Quadrats) erfüllt diesen Zweck. Sie kann zur bildlichen Darstellung der Entwicklung eines Unternehmensportfolios benutzt werden, weil sie die Geschäftsfelder eines Konzernportfolios für einen bestimmten Zeitraum erfasst.

Wenn die Topmanager das Portfolio ihrer Gesellschaft auf dem dynamischen PMS-Quadrat in der Form Pioniere, Migranten und Siedler eintragen, können sie auf einen Blick erkennen, wo der Schwerpunkt ihres gegenwärtigen Portfolios liegt, wie es sich im Laufe der Zeit verändert hat und wo es notwendig ist, einen neuen blauen Ozean zur Erneuerung des Portfolios zu schaffen. Wie in Kapitel 4 beschrieben, sind die Siedler Me-too-Geschäfte, die Migranten stehen für Nutzenverbesserungen, und die Pioniere sind die Nutzeninnovatoren eines Unternehmens. Die Siedler sind die jeweils aktuellen Geldmaschinen, haben aber gewöhnlich nur ein minimales Wachstumspotenzial. Demgegenüber haben die Pioniere ein großes Wachstumspotenzial, verbrauchen aber oft Geld, weil sie noch in der Expansion begriffen sind. Das profitable Wachstumspotenzial der Migranten wiederum liegt irgendwo dazwischen.

Um die Wachstumsaussichten eines Großunternehmens zu optimieren, sollte sein Portfolio immer ein gesundes Gleichgewicht zwischen den für die künftige Entwicklung stehenden Pionieren und den für die Sicherung des aktuellen Cashflows zuständigen Migranten und Siedlern aufweisen. Mit der Zeit, wenn die Imitation einsetzt und sich intensiviert, werden die Pioniere des Unternehmens freilich zu Migranten und schließlich zu Siedlern. Um ein starkes profitables Wachstum aufrechtzuerhalten, müssen die Führungskräfte einplanen, dass die Pioniere ihres Unternehmens irgendwann zu Migranten werden. Sie müssen Vorbereitungen treffen, um zu diesem Zeitpunkt einen neuen blauen Ozean zu erschließen, indem sie entweder ein bestehendes Geschäftsfeld umgestalten oder ein neues Geschäftsangebot machen. Ein gutes Beispiel für dieses Verhalten ist Apple.

Abbildung 10.2 zeigt die Geschäftsfelder von Apple auf dem dynamischen PMS-Quadrat. Durch eine Serie von strategischen Schritten wurde der Konzern innerhalb eines Jahrzehnts die wertvollste und meistbewunderte Aktiengesellschaft der USA. iMac, iPod, iTunes, iPhone und iPad wurden in verschiedenen Geschäftsbereichen des Unternehmens entwickelt und in verschiedenen Branchen angeboten, waren jedoch von einem gemeinsamen strategischen Ansatz bestimmt: der Umgestaltung bestehender Märkte

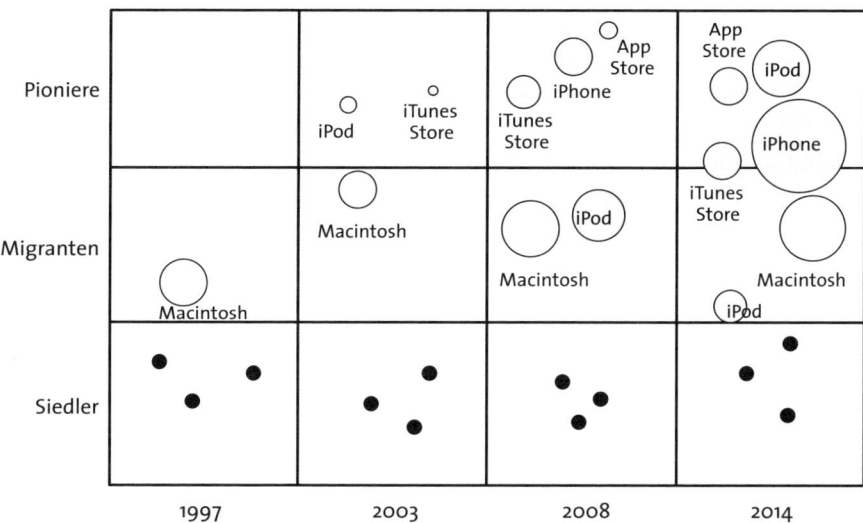

Die Größe der Kreise repräsentiert den relativen Umsatz der zentralen Geschäftsbereiche von Apple. Die unbenannten, dunklen Punkte stellen die Peripherie-Produkte und Dienstleistungen von Apple dar. Der Apple Store ist nicht eingezeichnet, auch wenn sich dieser in einem blauen Ozean des Einzelhandels befindet, da seine Verkäufe bereits über die anderen bestehenden Produkte erfasst werden.

Abb. 10.2: Das Portfolio der Apple-Produkte auf dem dynamischen PMS-Quadrat

und der Schaffung neuer Nachfrage. Obwohl die einzelnen strategischen Schritte von den einzelnen Unternehmensbereichen geplant und durchgeführt wurden, war es das Topmanagement von Apple, das das Portfolio des gesamten Unternehmens plante und koordinierte.

Wie aus Abbildung 10.2 ersichtlich, hielt Apple ein starkes profitables Wachstum aufrecht, indem es über einen langen Zeitraum ein Gleichgewicht zwischen Pionieren, Migranten und Siedlern herstellte, auch als manche Pioniere ihren Pionierstatus verloren. Es erreichte dies dadurch, dass es neue marktschaffende Produkte einführte, wenn Pioniere imitiert wurden und dadurch ihren Pionierstatus verloren. Betrachtet man das Portfolio von Apple über einen längeren Zeitraum, wurde der erste Wachstumsschub 1998 erreicht, als das Unternehmen seine Macintosh-Produktpalette drastisch vereinfachte und den nutzeninnovativen iMac einführte, einen farbenfrohen und bedienungsfreundlichen PC, mit dem man erstmals leicht eine Internetverbindung herstellen konnte. Der iMac brachte die Menschen buchstäblich zum Lächeln und sorgte dafür, dass Mode und Ästhetik auch im Computerbereich Gewicht bekamen. Durch das Produkt verwandelte sich der Unternehmensbereich Macintosh bei Apple in einen hochgradig effektiven Migranten. Doch das Unternehmen gab sich damit keineswegs zufrieden, sondern brachte wenig später den iPod heraus. Das Gerät revolutionierte den digitalen Musikmarkt und kreierte einen konkurrenzlosen blauen Ozean, der zwei Jahre später durch den Start des iTunes Music Store erweitert wurde. Als der iPod schließlich Nachahmer fand und vom Pionier- auf den Migrantenstatus absank, erschloss sich Apple mit dem iPhone den nächsten blauen Ozean.

Im Laufe der Zeit kreierte das Unternehmen unter anderem mit dem App Store und dem iPad weitere blaue Ozeane und sicherte so den nächsten Wachstumsschub für das Gesamtunternehmen, auch wenn Konkurrenten auf blaue Ozeane vordrangen, die es in verschiedenen Geschäftsbereichen geschaffen hatte. Wie auf dem dynamischen PMS-Quadrat ebenfalls klar ersichtlich ist, bedeutet dies keineswegs, dass Apple nur mit blauen Ozeanen Geld verdiente – was für kein Großunternehmen empfehlenswert wäre. Aktiengesellschaften mit einem breit gefächerten Portfolio von Unternehmensbereichen wie Apple, General Electric, Johnson & Johnson oder Procter & Gamble werden zu jedem gegebenen Zeitpunkt immer sowohl in roten als auch in blauen Ozeanen schwimmen und, als Gesamtunternehmen, in beiden Ozeanen Erfolg haben müssen. Dies bedeutet, dass sie auch die konkurrenzorientierten Prinzipien der für rote Ozeane geeigneten Strategiemodelle verstehen und anwenden müssen. Als die Konkurrenz den iPod zu imitieren begann, brachte Apple zum Beispiel in rascher Folge und in verschiedenen Preisklassen eine Vielfalt von Varianten des iPods wie mini, shuffle, nano, touch und so weiter heraus. Dies diente nicht nur dazu, die anrückende Konkurrenz auf Abstand zu halten, sondern vergrößerte auch den Ozean, den es mit dem iPod geschaffen hatte – ein neuer Markt, auf dem immer noch Apple und nicht die Konkurrenz das größte Wachstum zu verzeichnen hatte und den Löwenanteil des Gewinns machte. Als sich schließlich doch immer mehr Nachahmer den blauen Ozean des iPods eroberten, hatte Apple mit dem iPhone schon den nächsten blauen Ozean geschaffen.

Auf diese Weise managt Apple sein Portfolio so, dass es ein starkes profitables Wachstum erzielt. Die Herausforderung für das Unternehmen wird darin bestehen, sein Portfolio, wenn die Pioniere von heute Migranten und Siedler werden, weiterhin so zu erneuern, dass ein gesundes Gleichgewicht zwischen den Gewinnen von heute und dem Wachstum von morgen entsteht. Vor genau dieser Herausforderung steht schon seit mehreren Jahren auch Microsoft. Trotz relativ hoher Gewinne gelingt es dem Unternehmen nicht, ein gesundes Gleichgewicht zwischen Pionieren, Migranten und Siedlern herzustellen. Es hat zwar bewiesen, dass es sich auf den Wettbewerb versteht und weiß, wie man mit dem Siedlergeschäft Gewinne erzielt, aber es hat sein Portfolio nicht durch einen neuen Pionier wie etwa die Suchmaschine von Google, das soziale Netzwerk Facebook, die neue Spielkonsole Wii oder einen beliebten Webdienst wie Twitter erneuert. Und es hat seine große Abhängigkeit von den Siedlergeschäften Office und Windows, die sein Portfolio beherrschen, schwer büßen müssen. Trotz ordentlicher Gewinne ist sein Aktienkurs seit mehr als einem Jahrzehnt wenig eindrucksvoll und, was noch aufschlussreicher ist: Es hat seine Anziehungskraft für Spitzentalente verloren. Um sich aus diesem Sumpf zu befreien, muss es auf ein besser ausgewogenes Portfolio hinarbeiten, das nicht nur Geschäftsbereiche enthält, die in roten Ozeanen konkurrieren, sondern auch solche, die blaue Ozeane schaffen und dadurch seinen Markenwert erneuern, erweitern und aufbauen.

Die acht Prinzipien von SEOs, die wir in diesem Buch vorgestellt haben, sollten alle Unternehmen als entscheidende Wegweiser für ihre künftige Strategie betrachten, wenn sie sich in der immer stärker überlaufenen Welt der Wirtschaft an die Spitze setzen wollen. Das soll nicht heißen, dass die Unternehmen plötzlich mit dem Wettbewerb aufhören werden oder dass der Wettbewerb über Nacht zum Stillstand kommen wird. Ganz im Gegenteil – er wird noch präsenter sein und ein kritischer Marktfaktor bleiben. Wie das dynamische PMS-Quadrat zeigt, ergänzen sich die Strategien für rote und für blaue Ozeane und dienen jeweils verschiedenen und wichtigen Zwecken.

Da die blauen und die roten Ozeane aber schon immer nebeneinander existiert haben, müssen die Unternehmen in den einen wie den anderen Erfolg haben und die Strategien für beide beherrschen. Wie sie im Wettbewerb in den roten Ozeanen bestehen können, wissen sie bereits. Jetzt müssen sie lernen, neue Märkte zu schaffen, wo es keine Konkurrenz gibt. Mit diesem Buch wollen wir dazu beitragen, die Waagschalen auszubalancieren, sodass die Formulierung und Umsetzung von SEOs so systematisch und realisierbar wird wie der Wettbewerb in den roten Ozeanen der bekannten Märkte.

11 Red Ocean Traps vermeiden

In der ersten Version unseres Buches waren wir darauf fokussiert, zu definieren, was eine SEO ist, und boten analytische Tools und Formate zur Schaffung eines kommerziell relevanten neuen Marktes an, wie sie in der strategischen Kontur, den vier Phasen bei der Visualisierung einer Strategie oder den sechs Suchpfaden formuliert sind. Damals waren wir sicher, dass wir unser Strategiemodell so verständlich und klar dargestellt hatten, dass bei allen, die unser Buch intensiv lasen, Missverständnisse ausgeschlossen waren. In den folgenden Jahren jedoch stellten wir fest, dass diese Annahme nicht ganz korrekt war. »Mentale Modelle«, die auf der Vorgeschichte und dem Vorwissen eines Menschen beruhen, können dazu führen, dass er eine SEO durch eine alte konzeptuelle Brille betrachtet und dadurch versehentlich im roten Ozean stecken bleibt. Wir haben zehn besonders häufige Red Ocean Traps (Roter-Ozean-Fallen) identifiziert, die die Erschließung blauer Ozeane behindern.

Ein Verständnis dieser Fallen ist sehr wichtig, denn sie haben weitreichende Folgen für die Praxis. Wenn Sie in Ihrer Organisation eine dieser Fallen erkennen, sollten Sie sie eliminieren. Das Format muss stimmen, wenn Sie einen blauen Ozean erreichen wollen, und um erfolgreich zu sein, müssen Sie die richtige Perspektive haben. Da Ihre Vorstellungen tiefer verwurzelt sind, als Sie vermutlich wissen, stellen wir zum Schluss dieser erweiterten Auflage diese zehn häufigsten Fallen vor, die eine Organisation in einem roten Ozean festhalten können, obwohl sie klare Gewässer zu erreichen versucht. Um bei der praktischen Anwendung der Methodologien und Tools unseres Strategiemodells ein optimales Ergebnis zu erzielen, ist ein klares Verständnis der ihnen zugrunde liegenden Konzepte vonnöten. Nur dann können sie richtig angewandt werden.

Falle 1: Die Vorstellung, unser Strategiemodell sei ein kundenorientiertes Modell, bei dem es darum geht, sich von den Kunden leiten zu lassen. Wer eine SEO verfolgt, gewinnt Erkenntnisse über die Neugestaltung der Marktgrenzen *nicht* dadurch, dass er sich an den bestehenden Kunden orientiert, sondern dadurch, dass er *Nichtkunden erforscht*. Wenn eine Organisation fälschlich annimmt, dass es bei einer SEO um Kundenorientierung geht, konzentriert sie sich reflexhaft auf das, worauf sie sich immer konzentriert hat: auf ihre aktuell existierenden Kunden und darauf, wie man sie glücklicher machen kann. Eine solche Perspektive bringt vielleicht Erkenntnisse darüber, wie man den Nutzen für den aktuellen Kundenstamm einer Branche verbessern kann, ist jedoch kein Weg, um neue Nachfrage zu erzeugen. Zu diesem Zweck muss sich eine Organisation auf die Nichtkunden konzentrieren und die Frage stellen, warum diese sich weigern, in ihrer Branche einzukaufen. Nicht die Erforschung der Kunden, sondern die der *Nichtkunden* bringt die größten Einsichten in die wunden Punkte einer Branche und die abschreckenden Faktoren, die ihre Ausdehnung begrenzen. Wer mit einer SEO Nachfrage erzeugen will, muss deshalb drei Kategorien von Nichtkunden analysieren. Wer sich dagegen auf seinen schon vorhandenen Kundenstamm fokussiert, bietet ihm in der Regel mehr vom Gleichen, aber mit weniger Gewinn, und verankert sich dadurch fest in einem roten Ozean, auch wenn er noch so sehr nach einem blauen strebt.

Falle 2: Die Vorstellung, man müsse über sein Kerngeschäft hinausgehen, um einen blauen Ozean zu schaffen.
Es ist ein weitverbreitetes Missverständnis, dass eine Organisation, um einen blauen Ozean zu erschließen und einen roten zu verlassen, in Branchen außerhalb ihres Kerngeschäfts vordringen muss, ein Schritt, der ganz offensichtlich mit stark erhöhten Risiken verbunden ist. Einige wenige Auserwählte tun das tatsächlich: Virgin ist das klassische Beispiel, und Apple hat sich in den letzten Jahren von einem Computerhersteller in einen Verbraucherelektronik- und Mediengiganten verwandelt. Diese Unternehmen sind jedoch die Ausnahmen, die die Regel bestätigen. Blaue Ozeane können in der Regel leichter und schneller im bestehenden Kerngeschäft einer Organisation erschlossen werden. Man denke nur an Casella Wines und [yellow tail] in der Weinbranche, an Philips und ALTO im Bereich der professionellen Beleuchtung, an Nintendo und die Spielkonsole Wii, an Chrysler und den Minivan, an Apple und den iMac oder sogar an das New York City Police Department, wo Bratton mit einer SEO den Polizeidienst revolutionierte. All diese Unternehmen kreierten ihren blauen Ozean in einer bestehenden Branche und nicht jenseits davon, und das steht im Widerspruch zu der Ansicht, dass neue Märkte nur in fernen Gewässern zu finden wären. Blaue Ozeane sind in jeder Branche ganz in der Nähe. Man muss sie nur zu finden wissen. Firmen, die fälschlich glauben, sie müssten über ihr Kerngeschäft hinausgehen, um blaue Ozeane zu erschließen, scheuen entweder davor zurück, ihren roten Ozean zu verlassen, oder wagen sich im Gegenteil in allzu ferne Branchen, wo sie ihr Wissen, ihre Fertigkeiten und ihre Kompetenz kaum mehr zum Tragen bringen können. Das verringert ihre Erfolgschancen, und wenn sie scheitern, bleiben sie im roten Ozean stecken.

Falle 3: Der Irrtum, dass es bei einer SEO um neue Technologien geht.
Bei einer marktschaffenden Strategie muss es nicht unbedingt um eine technische Innovation gehen. Weder Comic Relief noch [yellow tail] noch JCDecaux noch Starbucks bedienten sich bei der Umsetzung ihrer SEO irgendeiner bahnbrechenden neuen Technologie. Selbst wenn neue Technologien wie bei Salesforce.com, Quicken von Intuit oder dem iPhone von Apple tatsächlich eine große Rolle spielen, lieben die Käufer die neuen Angebote nicht wegen der neuen Technik, sondern gerade weil sie sich bei ihnen nicht mehr um den technischen Aspekt kümmern müssen. Die Produkte und Dienstleistungen sind so einfach, so bedienungsfreundlich, machen so viel Spaß und sind so produktiv, dass sich die Käufer in sie verlieben. Die Technik ist also kein entscheidender Faktor. Man kann mit oder ohne Spitzentechnologie blaue Ozeane erschließen. Spielt jedoch eine Technologie eine Rolle, muss sie unbedingt mit dem Nutzen verbunden sein. Stellen Sie sich folgende Frage: Ist meine Dienstleistung oder mein Produkt bahnbrechend, was seine Produktivität, Einfachheit und Benutzerfreundlichkeit, seinen Spaßfaktor und/oder seine Umweltfreundlichkeit betrifft? Wenn diese Bedingungen nicht erfüllt sind, werden Sie auch mit Spitzentechnologie keinen blauen Ozean erschließen. Nicht die technische Innovation, sondern die Nutzeninnovation eröffnet neue Märkte mit großen Gewinnchancen. Unternehmen, die fälschlich annehmen, dass es bei einer SEO nur auf neue Technologien ankommt, haben die Tendenz, Produkte oder Dienstleistungen anzubieten, die entweder zu ausgefallen oder zu kompliziert sind oder bei denen noch das Umfeld fehlt, das für die Erschließung eines neuen Marktes Voraussetzung wäre.

Falle 4: Die Vorstellung, man müsse als Erster auf dem Markt sein, um einen blauen Ozean zu erschließen.
Bei einer SEO geht es nicht darum, als Erster auf dem Markt zu sein. Vielmehr muss man der Erste sein, der Innovation und Nutzen auf die richtige Art miteinander verbindet. Apple ist ein gutes Beispiel dafür. Der iMac war nicht der erste PC, der iPod war nicht der erste MP3-Player, der iTunes Store war nicht der erste digitale Musikladen, das iPhone war gewiss nicht das erste Smartphone, und natürlich war das iPad auch nicht der erste Tabletcomputer. All diese Produkte zeichnen sich jedoch dadurch aus, dass sie Innovation mit Nutzen verbinden. Wer dem Irrtum erliegt, dass es bei einer SEO darum geht, als Erster auf dem Markt zu sein, setzt leider oft die falschen Prioritäten. Er bewertet ungewollt die Geschwindigkeit höher als den Nutzen. Zwar ist es durchaus wichtig, schnell zu sein, aber mit Geschwindigkeit allein wird man keinen blauen Ozean erschließen. Zahlreiche Unter-

nehmen sind gescheitert, weil sie als Erste mit einem innovativen Produkt auf den Markt kamen, bei dem der Nutzen nicht stimmte.[1]

Um diese Falle zu vermeiden, muss sich die Führung eines Unternehmens stets bewusst machen, dass Geschwindigkeit zwar wichtig sein mag, aber die Verbindung von Innovation und Nutzen noch wichtiger ist. Kein Firmenchef sollte sich beruhigt zurücklehnen, bevor er eine echte Nutzeninnovation erreicht hat.

Falle 5: Der Irrtum, eine SEO sei gleichbedeutend mit einer Differenzierungsstrategie.

Als eine traditionelle wettbewerbsbasierte Strategie bedeutet Differenzierung, dass ein Unternehmen mit relativ hohen eigenen Kosten ein erstklassiges Produkt herstellt und es zu einem relativ hohen Preis an seine Kunden verkauft. Ein gutes Beispiel dafür ist Daimler Benz. Differenzierung ist eine Strategie, die auf dem Zusammenhang zwischen Nutzen und Kosten in einer gegebenen Marktstruktur beruht. Bei einer SEO dagegen geht es darum, den Zusammenhang zwischen Nutzen und Kosten zu durchbrechen und einen neuen Markt zu schaffen. Es geht darum, Differenzierung und niedrige Kosten zugleich anzustreben. Sind [yellow tail] von Casella oder der Red Nose Day von Comic Relief differenziert, weil sie ein anderes strategisches Profil haben als die Angebote anderer Akteure? Aber sicher. Und sind sie zugleich kostengünstig? Jawohl. Eine SEO ist keine Entweder-oder-, sondern eine Und-und-Strategie. Unternehmen, die fälschlich annehmen, eine SEO sei gleichbedeutend mit Differenzierung, versäumen es leider oft, eine Und-und-Strategie zu verfolgen. Sie achten häufig zu sehr darauf, wie sie sich von der Konkurrenz unterscheiden können, und zu wenig darauf, was sie abschaffen und reduzieren können, um gleichzeitig die Kosten zu senken. Auf diese Weise werden sie auf dem bestehenden Markt ihrer Branche entweder zu einem Anbieter im Premium-Bereich, oder sie besetzen mit ihrem hoch differenzierten Angebot eine Nische, statt eine konkurrenzlose Nutzeninnovation zu schaffen.

Falle 6: Das Missverständnis, eine SEO sei eine Strategie der Kostenreduzierung, die auf niedrige Preise fokussiert ist.

Diese Falle ist ersichtlich die Kehrseite von Falle 5, und sie ist genauso häufig. Auch hier gilt, dass eine SEO *sowohl* das Ziel der Differenzierung *als auch* das Ziel niedriger Kosten verfolgt, was durch eine Erweiterung des Marktes erreicht wird. Anstatt sich einfach nur auf niedrige Kosten zu konzentrieren, versucht man, mit geringem Kostenaufwand einen massiven Nutzengewinn für den Käufer zu erreichen. Außerdem gewinnt man die angepeilten Käufermassen nicht durch niedrige Preise, die geringen Produktionskosten zu verdanken wären, sondern durch *strategische Preisgestaltung*. Wichtig ist dabei, dass sich die Preisgestaltung nicht an der Konkurrenz innerhalb einer Branche orientiert, sondern an den Ersatzartikeln und Alternativen, die für die Nichtkunden der eigenen Branche attraktiv sind.

Bei strategischer Preisgestaltung muss ein blauer Ozean nicht unbedingt im Niedrigpreissegment des Marktes geschaffen werden. Er kann wie bei Cirque du Soleil, Starbucks oder Dyson sowohl im Hochpreisbereich als auch im mittleren Preisbereich und wie bei Southwest Airlines oder Swatch im Niedrigpreisbereich entstehen. Aber selbst bei blauen Ozeanen am unteren Ende wie dem von Southwest oder dem von Swatch, die die niedrigsten Preispunkte und die günstigsten Kostenstrukturen der Luftfahrt- beziehungsweise der Uhrenindustrie haben, sollten Sie sich fragen, ob sie nur wegen der geringen Kosten erfolgreich sind. Die vorherrschende Antwort ist Nein. Denn diese Unternehmen arbeiten tatsächlich mit geringen Kosten und niedrigen Preisen, aber sie ragen auch heraus und sind in den Augen der Kunden eindeutig differenziert. Southwest Airlines ist freundlich und schnell, es vermittelt ein Gefühl, als machte man eine Bahnreise durch die Luft, und Swatch hat Stil und ragt durch witzige Designs heraus, die seine Uhren zu einem Fashion-Statement machen. Beide Unternehmen werden auch am unteren Ende des Marktes nicht nur als kostengünstig, sondern auch als differenziert wahrgenommen. Eine Organisation, die das nicht verstanden hat und eine SEO mit geringen Kosten und niedrigen Preisen gleichsetzt, wird sich unwillkürlich auf die Frage konzentrieren, was sie an ihrem aktuellen Angebot weglassen und kürzen muss, um ein denkbar niedriges Preisniveau zu erreichen. Dabei versäumt sie es, sich gleichzeitig um Verbesserungen zu bemühen und kreativ zu sein, damit sie auch die für die Erschließung eines blauen Ozeans notwendige Differenzierung erreicht.

Falle 7: Die Vorstellung, eine SEO sei mit Innovation gleichzusetzen.
Eine SEO ist *kein* bloßes Synonym für Innovation. Im Gegensatz zu einer SEO ist Innovation ein sehr breiter Begriff. Eine Innovation ist jede originelle und nützliche Idee, unabhängig davon, ob sie mit einem Nutzengewinn verbunden ist, der massenhaft Käufer anziehen kann. Ein gutes Beispiel ist das von Motorola entwickelte Kommunikationssystem Iridium. War es eine Innovation? Natürlich. Es war das erste globale Telefonsystem, und es war nützlich. Aber war es eine Nutzeninnovation? Nein. Wie Motorola erfahren musste, ist ein technologischer Durchbruch nicht unbedingt gleichbedeutend mit einem Nutzengewinn, der die angepeilten Käufermassen anlocken würde. Iridium war eine eindrucksvolle technische Errungenschaft. Es funk-

tionierte auf der ganzen Welt, sogar in abgelegenen Regionen der Wüste Gobi, doch es funktionierte nicht in Gebäuden und nicht in Autos, also an den Orten, wo die Führungskräfte multinationaler Unternehmen unbedingt telefonieren müssen. Deshalb war es kein bahnbrechender Nutzengewinn für die Käufer, die Motorola überzeugen wollte: Führungskräfte.

Tatsächlich scheitern viele technisch innovative Unternehmen damit, blaue Ozeane zu schaffen und zu erobern, weil sie bloße technische Innovation mit Nutzeninnovation verwechseln. Die Nutzeninnovation und nicht die Innovation als solche steht im Zentrum unseres Strategiemodells. Durch Innovation einfach nur etwas Neues und Nützliches zu schaffen reicht nicht aus, um einen blauen Ozean zu schaffen und zu erobern, selbst dann nicht, wenn eine Innovation sämtliche Auszeichnungen eines Unternehmens erhält und ihre Schöpfer den Nobelpreis bekommen. Um einen geschäftlich rentablen blauen Ozean zu erobern, braucht ein Unternehmen eine Strategie, die seine Nutzen-, seine Gewinn- und seine menschliche Proposition sowohl auf Differenzierung als auch auf niedrige Kosten ausrichtet. Organisationen, denen der Unterschied zwischen gewöhnlicher Innovation und Nutzeninnovation nicht klar ist, entwickeln nur allzu oft Innovationen, die zwar bahnbrechend sind, aber die vorgesehenen Kunden nicht überzeugen, mit der Folge, dass sie über den roten Ozean kaum hinauskommen.

Falle 8: Die Vorstellung, eine SEO sei eine Marketingtheorie und eine Strategie zur Eroberung von Marktnischen.

Gewiss können die Formate und Tools einer SEO wirksam eingesetzt werden, um die Marketingprobleme einer Organisation, die einen roten Ozean verlassen und einen blauen erschließen will, neu zu formulieren, zu analysieren und zu lösen. Besonders relevant sind dabei die Probleme, die mit der Entwicklung einer Nutzenproposition zu tun haben und die in den ersten Kapiteln dieses Buches behandelt wurden. Für eine SEO ist jedoch mehr als nur eine überzeugende Nutzenproposition erforderlich. Wie in der zweiten Hälfte des Buches angesprochen, kann ein nachhaltiger Erfolg nur erzielt werden, wenn die Nutzenproposition eines Unternehmens von den wichtigen internen und externen Stakeholder unterstützt wird und wenn sie mit einer starken Gewinnproposition verbunden ist. Wer eine SEO mit einer Marketingtheorie gleichsetzt, übersieht, dass für die Entwicklung einer nachhaltigen und leistungsstarken Strategie ein ganzheitlicher Ansatz notwendig ist, der auch die Überwindung innerorganisatorischer Hürden und die Schaffung von Vertrauen und Engagement sowie die richtigen Anreize durch eine überzeugende menschliche Proposition umfassen muss. Dieses falsche Verständnis einer SEO führt häufig zu einer mangelhaften

Ausrichtung der drei strategischen Propositionen Nutzen, Gewinn und Menschen.

Auch mit einer Nischenstrategie sollte eine SEO nicht verwechselt werden. Beim Marketing wird großer Wert auf feine Segmentierung gelegt, um Marktnischen zu erfassen, eine SEO geht genau in die andere Richtung. Sie zielt darauf ab, wichtige Gemeinsamkeiten zwischen unterschiedlichen Käufergruppen zu suchen, um die Nachfrage zu bündeln und zu maximieren. Wer diese zwei Dinge verwechselt, neigt dazu, auf dem bestehenden Markt nach Unterschieden zwischen den Kunden und nach Nischen zu suchen und nicht nach den Gemeinsamkeiten, die verschiedene Käufergruppen verbinden und blaue Ozeane neuer Nachfrage erschließen können.

Falle 9: Die Vorstellung, der Wettbewerb sei bei der Erschließung eines blauen Ozeans etwas Negatives, obwohl er einem Unternehmen durchaus guttun kann.

Wettbewerb wird in unserem Strategiemodell nicht unbedingt als schlecht angesehen, aber er wird im Gegensatz zum traditionellen ökonomischen Denken auch nicht per se für gut gehalten. Traditionell haben Wirtschaftswissenschaftler immer die Ansicht vertreten, dass Firmen ohne Konkurrenz keinen Anreiz hätten, ihre Produkte und Dienstleistungen zu verbessern, im Wettbewerb jedoch gezwungen seien, sich mehr anzustrengen und dies zu tun. Doch die Konkurrenz ist nur bis zu einem gewissen Ausmaß für ein Unternehmen gut. Übersteigt das Angebot die Nachfrage, wie es heute in mehr und mehr Branchen der Fall ist, wird der Wettbewerb so intensiv, das er einem profitablen Wachstum tendenziell abträglich ist. Immer mehr Firmen konkurrieren dann um einen Anteil an einem begrenzten Kundenreservoir, was zu großem Preisdruck und hauchdünnen Gewinnmargen, einer Kommodifizierung des Angebots und einer Verlangsamung des Wachstums führt. Wenn die Unternehmen einer Branche immer schärfer um ein größeres Stück vom Kuchen konkurrieren, ohne diesen zu vergrößern oder einen neuen zu backen, muss der Wettbewerb irgendwann negative Folgen für sie haben. Das ist der Grund, warum es bei einer SEO darum geht, über den Wettbewerb und die bloße Verbesserung von Produkten und Dienstleistungen in einer überfüllten Branche hinauszudenken und auf Nutzeninnovation zu setzen. Durch sie lassen sich neue Märkte erschließen, auf denen die Konkurrenz irrelevant wird. Es ist also durchaus wichtig, zu wissen, wie ein Unternehmen auf einem bestehenden Markt im Wettbewerb bestehen kann, doch bei einer SEO geht es um die wichtige Herausforderung, die Grenzen einer Branche neu zu definieren und einen neuen Markt zu schaffen, wenn die strukturellen Bedingungen für ein Unternehmen mit seinem alten Angebot nicht mehr günstig sind. Der Wettbewerb ist in unserem Strategiemodell also ein Antrieb, auf kontinuierliche Erneuerung und das Wachstum ganzer Branchen zu setzen.

Falle 10: Die Vorstellung, dass eine SEO mit schöpferischer Zerstörung gleichbedeutend ist.
Schöpferische oder kreative Zerstörung findet statt, wenn eine Innovation einen bestehenden Markt zerstört, weil sie eine frühere Technologie, ein älteres Produkt oder eine ältere Dienstleistung verdrängt. Der Begriff »Verdrängung« ist in diesem Zusammenhang wichtig, denn ohne Verdrängung würde keine Zerstörung stattfinden. Auf dem Gebiet der Fotografie zum Beispiel zerstörte die Innovation der Digitalfotografie die traditionelle Fotografiebranche, indem sie die Analogfotografie verdrängte. Deshalb ist heute die Digitalfotografie die Norm, und fotografische Filme kommen kaum noch zum Einsatz. Ein solcher Vorgang stimmt weitgehend mit Schumpeters Konzept der schöpferischen Zerstörung überein, laut dem das Alte unaufhörlich durch das Neue zerstört oder ersetzt wird. Anders als bei Schumpeter jedoch sind Verdrängung oder Zerstörung bei einer SEO nicht unbedingt notwendig. Eine SEO ist ein breiteres Konzept, das über schöpferische Zerstörung hinausreicht und insbesondere das Ziel verfolgt, etwas Neues zu schaffen, das nicht zerstörerisch ist.

Ein gutes Beispiel ist Viagra, durch das im Bereich der Lifestylepräparate ein blauer Ozean geschaffen wurde. Wurde durch Viagra eine bestehende Branche zerstört, weil es eine frühere Technologie, ein bereits bestehendes Produkt oder eine schon existierende Dienstleistung ersetzte? Nein. Viagra war eine nicht destruktive Innovation, die einen blauen Ozean erschloss. Eine SEO schafft einen neuen Markt durch Umgestaltung bestehender Marktgrenzen innerhalb und jenseits bestehender Branchen. Wenn wie im Fall von Viagra jenseits einer Branche ein neuer Markt geschaffen wird, ist die Umgestaltung in der Regel nicht zerstörerisch. Wird dagegen innerhalb einer bestehenden Branche durch disruptive Innovationen ein neuer Markt geschaffen, wird in der Regel etwas Altes verdrängt. In vielen Fällen jedoch kann eine SEO sogar innerhalb einer bestehenden Branche zu einer nicht zerstörerischen Schöpfung führen. So erschloss zum Beispiel Nintendo mit der Wii einen blauen Ozean innerhalb der Videospielbranche. Bei dieser Innovation spielte durchaus auch ein Element der schöpferischen Zerstörung eine Rolle. Doch die neuen, körperlich aktivierenden, familienzentrierten Videospiele waren weit überwiegend eine nicht destruktive Kreation und erschlossen einen neuen Markt, der den für herkömmliche Videospiele eher ergänzte als verdrängte oder zerstörte.

Die für die Praxis wichtige Frage lautet: Warum ist unser Strategiemodell in der Lage, über schöpferische Zerstörung hinaus nicht zerstörerische Innovationen zu produzieren, die ein wichtiges Ziel der meisten Unternehmen und aller Staaten sind, die Wirtschaftswachstum erreichen wollen? Der wichtigste Grund besteht darin, dass es bei einer SEO nicht darum geht, eine bessere oder kostengünstigere Lösung für ein bestehendes Problem einer Branche zu finden – beides Ansätze, die die bestehenden Produkte wertlos machen oder verdrängen würden. Vielmehr soll eine SEO das Problem selbst neu definieren, wodurch in der Regel eine neue Nachfrage oder ein Angebot entsteht, das oft ergänzend ist, statt bestehende Produkte und Dienstleistungen zu verdrängen. Die sechs Suchpfade in Kapitel 3 sind in dieser Beziehung wichtig, weil sie einen systematischen Weg darstellen, um die Probleme einer Branche neu zu definieren und einen neuen Markt zu schaffen.

Um die Ideen und Methodologien aus diesem Buch richtig in die Praxis umzusetzen, brauchen Sie nicht nur ein gutes Verständnis der einzelnen Bausteine von SEOs, Sie müssen auch die falschen Vorstellungen genau kennen, die zu Red Ocean Traps führen. Einige dieser Vorstellungen sind konzeptueller als andere, aber sie alle sind gefährlich, wenn Sie die Tools und Methodologien aus diesem Buch einsetzen und die angestrebten Ziele tatsächlich erreichen wollen. Deshalb fanden wir es notwendig, am Schluss dieser erweiterten Auflage das Problem der Red Ocean Traps zu behandeln. Nur so sind wir dem Ziel, unser Strategiemodell möglichst praxistauglich zu machen, wieder einen Schritt näher gekommen.

Anhang A: Das geschichtliche Muster bei der Eroberung blauer Ozeane

Wir geben hier einen kurzen, natürlich stark vereinfachten Überblick über die Geschichte dreier US-amerikanischer Branchen: Autos, Computer und Kino. Dabei geht es uns um große Produkt- und Serviceangebote, die neue Märkte erschlossen und erhebliche neue Nachfrage erzeugten. Dieser Überblick, der von der Entstehung dieser Branchen bis etwa zum Jahr 2005 reicht, kann und soll weder vom Umfang her allumfassend noch vom Inhalt her erschöpfend sein. Ziel ist lediglich, die gemeinsamen strategischen Elemente von Schlüsselangeboten zur Eroberung blauer Ozeane zu ermitteln. Wir haben US-amerikanische Branchen gewählt, weil sie denjenigen freien Markt repräsentieren, der während unserer Untersuchungsperiode am größten und am wenigsten reguliert war.

Unsere drei repräsentativen Branchen weisen mehrere gemeinsame Faktoren auf:

- Keine der drei Branchen erreichte ständig Spitzenleistungen. Während unserer Untersuchungsperiode stieg und fiel die Attraktivität aller Branchen.

- Kein Unternehmen erreichte ständig Spitzenleistungen. Wie bei den Branchen erfolgte auch bei den Unternehmen im Laufe der Zeit ein Steigen und Fallen. Diese beiden ersten Ergebnisse bestätigen, dass es keine Unternehmen und Branchen mit ständigen Spitzenleistungen gibt.

- Einer der Schlüsselfaktoren dafür, dass Branchen oder Unternehmen sich auf einer Kurve starken, profitablen Wachstums befanden, war eine strategische Bewegung: die Eroberung eines blauen Ozeans. Sie war der entscheidende Katalysator, der Branchen auf eine ansteigende Wachstums- und Gewinnkurve brachte. Und sie gehörte zu den Schlüsselfaktoren für den Aufstieg von Unternehmen beim profitablen Wachstum und für den Abstieg derselben Unternehmen, wenn ein anderes sich an die Spitze setzen und einen blauen Ozean erschließen konnte.

- Es gelang sowohl etablierten Unternehmen als auch Neulingen in der Branche, blaue Ozeane zu erobern. Das widerlegt die traditionelle Auffassung, dass neu gegründete Unternehmen bei der Erzeugung neuer Märkte natürliche Vorteile gegenüber den etablierten haben. Außerdem lagen die von etablierten Unternehmen eroberten blauen Ozeane gewöhnlich in deren Kerngeschäft. Tatsächlich werden sogar die meisten blauen Ozeane aus den roten Ozeanen der existierenden Grenzen heraus – nicht jenseits von ihnen – erschaffen. Scheinbare Fälle von Kannibalisierung oder von Zerstörung durch Schöpfung bei etablierten Unternehmen haben sich als Übertreibungen erwiesen.[1] Die blauen Ozeane erzeugten für alle Unternehmen, die sie eroberten, ein profitables Wachstum, für Neulinge wie für Etablierte.

- Bei der Erschließung blauer Ozeane ging es nicht um technologische Innovationen an sich. Natürlich spielte manchmal eine brandneue Technologie eine Rolle, doch oft gehörte sie nicht einmal dann zu den charakteristischen Merkmalen der blauen Ozeane, wenn die betreffende Branche technologieintensiv war, wie bei den Computern. Das charakteristische Merkmal der blauen Ozeane war vielmehr die Nutzeninnovation – eine Innovation, die mit dem Nutzen des Angebots für den Käufer verbunden war.

- Die Eroberung blauer Ozeane trug nicht nur zu einem starken, profitablen Wachstum bei, sie führte auch dazu, dass der Markenname des betreffenden Unternehmens langfristig im Kopf der Käufer verankert wurde.

Nun wollen wir uns unseren drei repräsentativen US-amerikanischen Branchen zuwenden und die Geschichte der Eroberung blauer Ozeane für sich selbst sprechen lassen. Dabei beginnen wir mit dem Auto, einem der wichtigsten Fortbewegungsmittel in den Industrieländern.

Die Autobranche

Die Geburtsstunde der US-amerikanischen Autobranche schlug 1893, als die Brüder Duryea das erste (einzylindrige) Auto auf den Markt brachten. Damals war das wichtigste Beförderungsmittel der leichte Pferdewagen. Schon bald nach dem Debüt des Autos in den USA gab es Hunderte von Herstellern im Land, die auf die Wünsche der Kunden zugeschnittene Autos bauten.

Zu jener Zeit war das Auto eine luxuriöse Neuheit. Bei einem der Modelle wurden sogar elektrische Lockenwickler für den Rücksitz angeboten, damit die Damen sich während der Fahrt schön machen konnten. Die Autos waren jedoch unzuverlässig und teuer – sie kosteten um die 1500 US-Dollar, das Doppelte des durchschnittlichen Jahreseinkommens einer Familie. Außerdem waren sie extrem unbeliebt. Ihre Gegner rissen die Straßen auf, »umzäunten« geparkte Autos mit Stacheldraht und organisierten Boykotts von Geschäftsleuten und Politikern, die mit dem Auto fuhren. In der Bevölkerung herrschte eine so große Abneigung gegen das Auto, dass sich sogar der spätere Präsident Woodrow Wilson einschaltete: »Nichts hat die sozialistische Gesinnung so verbreitet wie das Auto ... ein Abbild der Arroganz des Reichtums.«[2] Und die Zeitschrift *Literary Digest* schrieb: »Die gewöhnliche ›Kutsche ohne Pferd‹ ist gegenwärtig ein Luxusartikel für die Reichen; obwohl ihr Preis in Zukunft fallen dürfte, wird sie natürlich nie so gebräuchlich werden wie das Fahrrad.«[3]

Kurz gesagt: Die Branche war klein und unattraktiv. Henry Ford aber war überzeugt, dass sich das ändern ließ.

Das Modell T

1908, als die 500 US-amerikanischen Autohersteller auf die Wünsche der Kunden zugeschnittene neuartige Wagen bauten, brachte Henry Ford das Modell T auf den Markt – ein »Auto für die große Masse, aus den besten Materialien hergestellt«. Das Modell T gab es nur in einer Farbe (Schwarz) und als ein einziges Modell, doch es war zuverlässig, hielt lange und ließ sich leicht reparieren. Und sein Preis lag so, dass die Mehrheit der Amerikaner es sich leisten konnte. Das erste Modell T kostete 850 US-Dollar, lediglich halb so viel wie die existierenden Autos. 1909 fiel der Preis auf 609 US-Dollar, 1924 lag er bei nur noch 290 US-Dollar.[4] Zum Vergleich: Eine Pferdekutsche, die dem Auto damals am nächsten kommende Alternative, kostete etwa 400 US-Dollar. 1909 verkündete ein Verkaufsprospekt: »Sehen Sie zu, wie der Ford vorbeizieht – hohe Qualität zu einem niedrigen Preis!«

Fords Erfolg beruhte auf einem profitablen Geschäftsmodell. Er setzte auf eine hohe Standardisierung, bot kaum auswechselbare Teile und Extras. Dank seines revolutionären Fließbands konnten die Facharbeiter durch Hilfsarbeiter ersetzt werden, die jeweils nur eine kleine Aufgabe erledigten, das aber schneller und effizienter konnten; dadurch reduzierte sich die Fertigungszeit für ein Modell T von 21 Tagen auf vier, und die Arbeitsstunden sanken um 60 Prozent.[5] Aufgrund der geringeren Kosten konnte Ford sein Auto zu einem Preis verkaufen, der für den Massenmarkt zugänglich war.

Der Absatz des Modells T schoss wie eine Rakete nach oben. Der Marktanteil von Ford schnellte von neun Prozent (1908) auf 61 Prozent (1921) hoch. 1923 besaß die Mehrheit der US-amerikanischen Haushalte ein Auto.[6]

Durch das Modell T vergrößerte Ford die Automobilbranche um ein Vielfaches und erzeugte einen blauen Ozean, der so riesig war, dass das Modell T in den USA die Pferdekutsche als Hauptbeförderungsmittel verdrängte.

General Motors

1924 war das Auto ein wesentliches Haushaltszubehör geworden; außerdem verfügten die US-Amerikaner jetzt generell über mehr Geld. In jenem Jahr begann General Motors (GM) mit einem neuen Programm, das einen blauen Ozean in der Branche erschließen sollte. Im Gegensatz zu Fords funktioneller, auf dem Prinzip »nur eine Farbe, nur ein Modell« beruhender Strategie bot GM seinen Kunden »ein Auto für jeden Geldbeutel und jeden Zweck«. Mit dieser Strategie wollte der Vorstandsvorsitzende Alfred P. Sloan die emotionalen Dimensionen des US-amerikanischen Massenmarkts – den er als »Markt der breiten Masse mit immer besseren Wagen« bezeichnete – ansprechen.[7]

Während Ford bei seinem Konzept der »Kutsche ohne Pferd« blieb, baute GM Autos, die Spaß machten, die aufregend, komfortabel und modern waren. Die Werke von GM produzierten eine große Modellpalette; es kamen immer wieder neue Farben hinzu, und das Styling wurde jedes Jahr aktualisiert. Das »Jahresmodell« erzeugte neue Nachfrage, denn die Käufer fingen an, auf Modernität und Komfort zu achten. Da die Autos jetzt häufiger ersetzt wurden, entstand auch der Gebrauchtwagenmarkt.

Die Nachfrage nach den modischen, die Emotionen ansprechenden Autos von GM schnellte in die Höhe. Von 1926 bis 1950 stieg die Gesamtzahl der in den USA verkauften Autos von zwei auf sieben Millionen im Jahr; General Motors konnte seinen Marktanteil von 20 auf 50 Prozent steigern, während Ford ein Absacken von 50 auf 20 Prozent hinnehmen musste.[8]

Natürlich konnte das durch diesen neuen blauen Ozean ausgelöste schnelle Wachstum der US-amerikanischen Autobranche nicht unbegrenzt anhalten. Nach dem enormen Erfolg von GM zogen Ford und Chrysler nach. Die großen drei (Big Three) verfolgten nun die gleiche Strategie: jedes Jahr neue Modelle auf den Markt zu bringen und durch das Angebot einer großen Palette von Wagen, die den verschiedensten Lebensstilen und Bedürfnissen gerecht werden sollten, in den Verbrauchern eine emotionale

Saite anzuschlagen. Als die großen drei ihre Strategien anglichen, setzte ein knallharter Wettbewerb ein. Insgesamt konnten sie über 90 Prozent des US-amerikanischen Automarkts erobern.[9] Daraufhin lehnten sie sich selbstgefällig zurück.

Die Japaner: Kleine Autos mit niedrigem Spritverbrauch

Die Autobranche blieb jedoch nicht stehen. In den 1970er-Jahren erschlossen die Japaner einen neuen blauen Ozean und forderten die US-amerikanischen Hersteller mit kleinen, sparsamen Autos heraus. Statt sich an die implizite traditionelle Denkweise der Branche, »Je größer, desto besser«, zu halten und sich auf den Luxus zu konzentrieren, setzten die Japaner auf kompromisslose Qualität, geringere Größe und einen neuen Nutzen: niedrigen Spritverbrauch.

Als es in den 1970er-Jahren dann zur Ölkrise kam, liefen die US-Amerikaner in Scharen zu den sparsamen, robusten Autos japanischer Hersteller wie Honda, Toyota und Nissan (damals noch Datsun) über. Fast über Nacht wurden die Japaner in den Augen der Verbraucher zu wahren Helden. Ihre kompakten, sparsamen Autos erzeugten einen neuen blauen Ozean von Chancen – und die Nachfrage schoss erneut in die Höhe.

Die großen drei hatten das Marktpotenzial für funktionelle, kompakte Autos mit niedrigem Spritverbrauch durchaus erkannt. Da sie sich aber auf gegenseitiges Benchmarking und Anpassung aneinander konzentrierten, hatte keiner von ihnen die Initiative ergriffen und solche Autos produziert. Sie hatten die Chance verpasst, einen neuen blauen Ozean zu erschließen, und wurden jetzt in eine weitere Runde des auf dem Benchmarking beruhenden Wettbewerbs gezogen, dieses Mal jedoch mit den Japanern; nun fingen sie eilends an, massiv in die Herstellung kleinerer, sparsamer Autos zu investieren.

Trotzdem mussten die großen drei ein Absacken des Absatzes hinnehmen – der Gesamtverlust stieg 1980 auf vier Milliarden US-Dollar.[10] Chrysler, der Kleinste von ihnen, war am stärksten betroffen und entging nur durch eine Geldspritze des Staates dem Konkurs. Die japanischen Autobauer waren bei der Erzeugung und Eroberung dieses blauen Ozeans so kreativ gewesen, dass die US-amerikanischen Hersteller fast keine Chance für ein echtes Comeback hatten; die Branchenkenner auf der ganzen Welt äußerten starke Zweifel an ihrer Konkurrenz- und langfristigen Lebensfähigkeit.

Der Minivan von Chrysler

Sprung ins Jahr 1984: Chrysler, stark bedrängt und am Rande des Bankrotts, erschloss durch den Minivan einen neuen blauen Ozean in der Branche. Der Minivan durchbrach die Grenze zwischen Pkw und Lieferwagen. Er war ein ganz neuer Fahrzeugtyp: kleiner als der traditionelle Lieferwagen, aber geräumiger als der Kombi – und damit genau das Richtige für die Kernfamilie, die ihre Fahrräder, Hunde und noch vieles andere mitnehmen wollte. Und er war leichter zu fahren als ein Last- oder Lieferwagen.

Der auf dem Chassis des Chrysler K gebaute Minivan fuhr sich wie ein Auto, bot jedoch mehr Innenraum und passte trotzdem in die normale Garage. Chrysler war allerdings gar nicht der erste Autohersteller, der an diesem Konzept arbeitete: Ford und GM hatten den Minivan schon seit Jahren auf den Reißbrettern gehabt, aber befürchtet, dass dieser neue Fahrzeugtyp verheerende Folgen für ihre eigenen Kombis haben würde. Damit hatten sie Chrysler eine wahre Goldgrube überlassen. Schon im ersten Jahr wurde der Minivan das meistverkaufte Fahrzeug von Chrysler, das dadurch seine Position als einer der großen drei zurückerlangen konnte. Innerhalb von nur drei Jahren brachte Chrysler allein die Einführung des Minivans einen Gewinn von 1,5 Milliarden US-Dollar.[11]

Der Erfolg des Minivans löste in den 1990er-Jahren den Boom bei den Sport Utility Vehicles (SUVs) aus, der den von Chrysler erschlossenen blauen Ozean erweiterte. Die auf einem Lkw-Chassis gebauten SUVs bedeuteten einen weiteren Schritt auf dem Weg vom Pkw zum Nutzlaster. An sich als Geländewagen und Zugfahrzeuge für Bootsanhänger gedacht, wurden sie bei den jungen Familien enorm populär, da sie sich wie Pkws fahren ließen, mehr Platz für Passagiere und Ladung boten als der Minivan und einen komfortablen Innenraum mit der größeren Funktionalität des Allradantriebs, mehr Zugkraft und mehr Sicherheit verbanden. 1998 erreichte der Gesamtabsatz neuer leichter Lkws (Minivans, SUVs und offene Lieferwagen) 7,5 Millionen – und war damit fast so hoch wie der bei den fabrikneuen Autos (8,2 Millionen).[12] Und 2005 war der Gesamtumsatz neuer leichter Lkws auf 9,3 Millionen gestiegen und hatte den von fabrikneuen Autos (7,7 Millionen) weit überflügelt.[13]

Wenn wir die amerikanische Autoindustrie von ihren Ursprüngen bis zum Jahr 2005 betrachten, erkennen wir, dass GM und Chrysler und die japanischen Autohersteller in der Branche etablierte Unternehmen waren, als sie ihre blauen Ozeane erzeugten. Diese Ozeane beruhten nur zu einem kleinen Teil auf technologischen Innovationen. Selbst Fords revolutionäres

Fließband lässt sich zur US-amerikanischen Fleischindustrie zurückverfolgen.[14] Bei der Attraktivität der Autobranche kam es zu einem ständigen Auf und Ab – nicht zuletzt durch strategische Bewegungen zur Eroberung blauer Ozeane. Für das profitable Wachstum der Unternehmen in dieser Branche gilt das Gleiche: Ihr Gewinn und ihr Wachstum hingen stark mit den blauen Ozeanen zusammen, die sie erschlossen oder eben nicht erschlossen.

Fast alle diese Unternehmen sind wegen der blauen Ozeane, die sie im Laufe der Zeit erzeugten, im Gedächtnis geblieben. So musste Ford zwischendurch erhebliche Umsatzrückgänge hinnehmen, doch in den Köpfen der Leute steht seine Marke noch immer vor allem für das Modell T, das es vor nahezu 100 Jahren auf den Markt brachte.

Die Computerbranche

Die Computerbranche liefert eine Hauptkomponente der Arbeitsumgebungen auf der ganzen Welt. Ihre Anfänge in den USA liegen im Jahr 1890, als Hermann Hollerith die Lochkartenmaschine zum Auszählen und Auswerten statistischer Daten erfand. Dank dieser Maschine konnte das Statistikamt der USA die Auswertung der Ergebnisse der Volkszählung fünf Jahre früher als bei der vorhergehenden abschließen.

Kurz darauf verließ Hollerith das Statistikamt und gründete ein eigenes Unternehmen, TMC (Tabulating Machine Company), das seine Geräte an Regierungsbehörden im In- und Ausland verkaufte. In der Wirtschaft gab es damals noch keinen nennenswerten Markt dafür, denn dort erfolgte die Datenverarbeitung mit Bleistiften und Hauptbüchern, die leicht zu benutzen, billig und genau waren. Holleriths Maschine war zwar sehr schnell und genau, aber auch teuer und schwierig zu bedienen; außerdem war eine kontinuierliche Instandhaltung erforderlich. Nach dem Ablauf seines Patents sah Hollerith sich neuer Konkurrenz gegenüber, und wegen seiner hohen Preise verlor er die US-Regierung als Kunden. So verkaufte er sein Unternehmen, das 1911 dann mit zwei anderen zu CTR verschmolzen wurde.

Die Lochkartenmaschine

1914 war das Geschäft von CTR mit den Lochkartenmaschinen klein und unprofitabel. Um einen Turnaround zu schaffen, wandte man sich an Thomas Watson, der früher in leitender Stellung bei einem Hersteller von Registrierkassen (National Cash Register Company) gearbeitet hatte. Watson erkannte, dass es bei den Lochkartenmaschinen eine enorme brachliegende Nachfrage gab, da die Firmen damit ihre Inventarisierungs- und Buchführungsverfahren verbessern konnten. Ihm war aber auch klar, dass die schwerfällige neue Technologie für die Firmen, bei denen die Methode mit Bleistift und Hauptbuch ja wunderbar funktionierte, zu teuer und zu kompliziert war.

In einer strategischen Bewegung, die zur Geburt der Computerbranche führte, verband Watson die Stärken der Lochkartenmaschine mit der Unkompliziertheit und den geringeren Kosten von Bleistift und Hauptbuch. Unter ihm wurden die Lochkartenmaschinen von CTR vereinfacht und modularisiert; außerdem begann man, eine Instandhaltung vor Ort sowie Training und Unterstützung der Benutzer anzubieten. So bekamen die Kunden die Schnelligkeit und Effizienz der Lochkartenmaschine, ohne sich um Fachleute für das Training ihrer Beschäftigten und für die Reparatur defekter Maschinen kümmern zu müssen.

Als Nächstes ordnete Watson an, die Lochkartenmaschinen nicht mehr zu verkaufen, sondern zu vermieten – eine Innovation, die zur Etablierung eines neuen Preisgestaltungsmodells für dieses Geschäft beitrug. Dadurch blieb einerseits den Firmen die Investition großer Geldsummen erspart, und sie konnten Weiterentwicklungen bei den Maschinen flexibel nutzen. Andererseits sicherte CTR sich so einen stabilen Umsatzfluss und setzte dem Weiterverkauf gebrauchter Maschinen ein Ende.

Innerhalb von nur sechs Jahren stieg der Umsatz von CTR auf mehr als das Dreifache.[15] Mitte der 1920er-Jahre lag sein Anteil am US-amerikanischen Markt der Lochkartenmaschinen bei 85 Prozent. 1924 änderte Watson den Namen des Unternehmens, um dessen wachsende internationale Präsenz zum Ausdruck zu bringen: Aus CTR wurde International Business Machines – IBM. Der blaue Ozean der Lochkartenmaschinen war erschlossen worden.

Der Computer

30 Jahre später: 1952 lieferte Remington Rand dem Statistikamt der USA den Univac, den ersten in Serie hergestellten Computer. In jenem Jahr wurden jedoch insgesamt nur drei Univacs verkauft. Ein blauer Ozean kam erst in Sicht, als Watson von IBM – der Sohn, Thomas Watson jr. – die brachliegende Nachfrage in diesem scheinbar kleinen, vor sich hin dümpelnden Markt erkannte. Watson jr. begriff, welche Rolle die Computer in der Geschäftswelt spielen konnten, und trieb IBM dazu, diese Herausforderung anzunehmen.

1953 wurde der IBM 650 vorgestellt, der erste mittelgroße Computer für Firmen. Watson war klar, dass die Firmen den Computer nur benutzen würden, wenn er nicht zu kompliziert war, und dass sie lediglich für die tatsächlich benötigte Rechenleistung zahlen würden. Daher hatte man beim IBM 650 für eine viel einfachere Bedienung gesorgt und ihn längst nicht so leistungsstark wie den Univac gemacht; der Preis lag bei nur 200 000 US-Dollar, während der Univac eine Million kostete. Dadurch konnte IBM bis Ende der 1950er-Jahre 85 Prozent des Markts der Firmencomputer erobern. Von 1952 bis 1959 verdreifachte sich der Umsatz fast, aus 412 Millionen US-Dollar wurden 1,16 Milliarden.[16]

1964 gelang IBM eine enorme Erweiterung des blauen Ozeans: durch die Einführung des System/360, der ersten großen Computerserie, bei der die Software, Peripheriegeräte und Servicepakete ausgewechselt werden konnten. Das war eine kühne Abkehr vom monolithischen Großrechner, den es nur in einer Größe gab. 1969 veränderte IBM dann die Art und Weise, wie die Computer verkauft wurden. Statt die Hardware, die Dienstleistungen und die Software nur in Paketen anzubieten, schnürte IBM das Bündel der Komponenten auf und bot sie einzeln an. So entstanden die Software- und die Servicebranche, und IBM wurde Weltmarktführer bei den Computerservices.

Der PC

In den 1960er- und 1970er-Jahren entwickelte die Computerbranche sich weiter. IBM, Digital Equipment Corporation (DEC), Sperry und andere, die inzwischen dort eingestiegen waren, dehnten ihre Operationen auf die ganze Welt aus, verbesserten ihre Produktlinien und erweiterten sie um Peripheriegeräte und Dienstleistungen. 1978, als die großen Computerhersteller sich darauf konzentrierten, immer leistungsfähigere Geräte für den Firmenmarkt zu bauen, schuf Apple Computer dann mit seinem PC Apple II einen ganz neuen Markt.

Entgegen der üblichen Ansicht war Apple gar nicht das erste Unternehmen, das einen PC auf den Markt brachte. Zwei Jahre zuvor hatte Micro Instrumentation and Telemetry Systems (MITS) den Altair 8800 eingeführt. Die Leute, deren Hobby der Computer war, setzten große Hoffnungen in den Altair. Die *BusinessWeek* nannte MITS gleich das »IBM bei den PCs«.

Trotzdem erschloss MITS keinen blauen Ozean. Woran das lag? Das Gerät hatte keinen Bildschirm, keinen dauerhaften Speicher und nur 256 Zeichen temporären Speicher; es gab weder Software noch eine Tastatur.

Die Dateneingabe erfolgte über Schalter an der Vorderseite des Geräts, die Programmergebnisse wurden durch ein Lichtmuster im Bedienerfeld angezeigt. In diesem schwierig zu benutzenden PC sah natürlich niemand einen großen Markt. Die Erwartungen waren so niedrig, dass Ken Olsen, der Chef von Digital Equipment, damals sagte: »Es gibt keinen Grund für die Leute, sich für zu Hause einen Computer zu kaufen.«

Olsens Ausspruch wurde berühmt. Zwei Jahre später widerlegte Apple ihn und eroberte den blauen Ozean der PCs. Der größtenteils auf bereits vorhandener Technologie basierende Apple II bot eine gut ausgestattete Lösung in einem Kunststoffgehäuse, einschließlich Tastatur, Netzteil und sehr benutzerfreundlicher Grafik. Die Software reichte von Spielen bis zu Geschäftsprogrammen wie Apple Writer (Textverarbeitung) und VisiCalc (Tabellenkalkulation), sodass der Computer für die Masse der Käufer zugänglich wurde.

Apple veränderte die Einstellung der Leute gegenüber dem Computer. Er war jetzt kein Produkt für Technologiefreaks mehr, sondern wurde, wie Jahrzehnte zuvor das Modell T, zu einem festen Bestandteil der US-amerikanischen Haushalte. Schon zwei Jahre nach der »Geburt« des Apple II wurden über 200 000 Geräte im Jahr abgesetzt; als erstes Unternehmen überhaupt stand Apple bereits drei Jahre nach seiner Gründung in den Fortune 500.[17] 1980 verkauften etwa zwei Dutzend Firmen 724 000 PCs, die ihnen mehr als 1,8 Milliarden US-Dollar brachten.[18] Im folgenden Jahr stiegen weitere 20 Unternehmen in den Markt ein; der Umsatz verdoppelte sich auf 1,4 Millionen Computer, was sich in einem wahren Geldregen niederschlug: fast drei Milliarden US-Dollar.[19]

IBM wartete die beiden ersten Jahre ab. Man erforschte den Markt und die Technologie und plante die Einführung eines eigenen PCs. 1982 erweiterte IBM den blauen Ozean der PCs dann enorm: Man bot eine viel offenere Architektur an, sodass auch andere Unternehmen Software und Peripheriegeräte liefern konnten. Durch die Erzeugung eines standardisierten Betriebssystems, für das andere Firmen die Software und die Peripheriekomponenten entwickeln konnten, gelang es IBM, seine Kosten und seinen Preis niedrig zu halten, den Kunden aber trotzdem mehr Nutzen zu bieten. Seine Größen- und Bereichsvorteile erlaubten es dem Computerriesen, den Preis für seinen PC auf einer Ebene anzusetzen, die für die Masse der Käufer erschwinglich war.[20] Im ersten Jahr verkaufte IBM 200 000 PCs und erreichte damit schon fast die für den Fünf-Jahres-Zeitraum angepeilte Zahl; bis Ende 1983 kauften die Verbraucher 1,3 Millionen IBM-PCs.[21]

Die PC-Server von Compaq

Als die US-amerikanischen Unternehmen in ihren Organisationen immer mehr PCs installierten, wuchs der Bedarf danach, die Rechner für einfache, aber wichtige Aufgaben wie die gemeinsame Nutzung von Dateien und Druckern miteinander vernetzen zu können. Die durch den IBM 650 entstandene Branche der Firmencomputer – in die inzwischen auch HP, DEC, Sequent und andere eingestiegen waren – bot High-End-Systeme für die entscheidenden Aufgaben der Unternehmen sowie zahlreiche Betriebssysteme und Anwendungsprogramme an. Diese Systeme waren jedoch zu teuer und zu komplex, um sie für so einfache, aber wichtige Bedürfnisse wie die gemeinsame Nutzung von Dateien und Druckern einzusetzen. Das galt besonders für kleine bis mittelgroße Firmen, die eigentlich auf die Vernetzung ihrer PCs angewiesen waren, für die sich aber die enormen Ausgaben für die Anschaffung einer komplexen Minicomputerarchitektur noch nicht lohnten.

1992 gelang Compaq der große Wurf: Durch die Einführung des ProSignia – eines radikal vereinfachten Servers, der für die am häufigsten verwendeten Funktionen der gemeinsamen Nutzung von Dateien und Druckern optimiert war – erschloss das Unternehmen den blauen Ozean der PC-Server. Man eliminierte die Kompatibilität mit einer Vielzahl von Betriebssystemen (von SCO UNIX über OS/3 bis zu DOS), die für diese Grundfunktionen nicht erforderlich waren. Durch den neuen PC-Server bekamen die Käufer im Vergleich zum Minicomputer die doppelte Kapazität für die gemeinsame Nutzung von Dateien und Druckern, und zwar mit der doppelten Geschwindigkeit – und das zu einem Drittel des Preises. Für Compaq wirkte sich die erhebliche Vereinfachung der Geräte in viel geringeren Herstellungskosten aus. Die Einführung des ProSignia und die drei folgenden Angebote von Compaq bei den PC-Servern trieben nicht nur den PC-Absatz in die Höhe, sondern ließen auch die Branche der PC-Server in nicht einmal vier Jahren auf 3,8 Milliarden US-Dollar anwachsen.[22]

Dell: Direktverkauf von Computern

Mitte der 1990er-Jahre wurde in der Computerbranche ein weiterer blauer Ozean erschlossen, dieses Mal von Dell. Bis dahin war der Wettbewerb zwischen den Herstellern darüber erfolgt, schnellere Computer mit mehr Leistungsmerkmalen und Software anzubieten. Dell hielt sich jedoch nicht an diese Branchenlogik und veränderte die Kauf- und Lieferprozesse. Durch den Direktverkauf an die Endverbraucher konnte das Unternehmen seine

PCs um 40 Prozent billiger anbieten als die IBM-Händler und trotzdem noch einen Gewinn machen.

Der Direktverkauf fand bei den Kunden auch deshalb Anklang, weil Dell in puncto Lieferzeit ganz neue Maßstäbe setzte. Dort erhielt man seinen PC bereits vier Tage nach der Bestellung – bei der Konkurrenz dauerte es im Durchschnitt über zehn Wochen. Außerdem bekamen die Kunden durch das Online- und telefonische Bestellsystem die Möglichkeit, spezifische Wünsche für ihren Computer zu äußern. Dell wiederum konnte durch das Modell der Fertigung auf Bestellung die Lagerkosten erheblich senken.

Mit seinem blauen Ozean wurde Dell der unangefochtene Marktführer beim PC-Verkauf; der Umsatz schoss von 5,3 Milliarden US-Dollar im Jahr 1995 auf 43 Milliarden im Jahr 2006 hoch.[23] Seitdem wurden in der Computerindustrie allerdings neue blaue Ozeane erschlossen, vom Tablet mit dem iPad von Apple bis zu Dienstleistungen mit Cloud-Computing, und Dell ist überflügelt worden. Um nicht unwichtig zu werden, muss das Unternehmen einen neuen blauen Ozean kreieren und einen neuen Weg in die Träume und Brieftaschen seiner Kunden finden. Sonst wird es ihm schwerfallen, aus dem roten Ozean der Konkurrenz zu entkommen, in dem es sich jetzt befindet.

Wie in der Automobilbranche werden die blauen Ozeane auch in der Computerbranche nicht durch technologische Innovationen an sich erschlossen, sondern durch eine Verknüpfung der Technologie mit Elementen, die den Käufern wichtig waren. Und die Nutzeninnovation beruhte oft, zum Beispiel beim IBM 650 und beim PC-Server von Compaq, auf einer Vereinfachung der Technologie. Die Eroberung blauer Ozeane gelang in der Branche etablierten Unternehmen (CTR, IBM, Compaq) ebenso wie Neulingen (Apple und Dell). Jeder dieser blauen Ozeane stärkte den Markennamen des betreffenden Unternehmens und führte nicht nur bei dessen eigenem profitablem Wachstum zu einem steilen Anstieg, sondern auch beim profitablen Wachstum der gesamten Branche.

Die Kinobranche

Die Kinobranche bietet uns die Möglichkeit, uns nach der Arbeit oder am Wochenende zu entspannen. In den USA schlug ihre Geburtsstunde 1893, als Thomas Alva Edison das Kinetoskop vorstellte, ein Holzgehäuse, in dem Licht durch einen Filmstreifen projiziert wurde. Die Zuschauer betrachteten die Vorführung einzeln durch ein Guckloch *(peephole),* und deshalb wurde sie als »Peepshow« bezeichnet.

Zwei Jahre später entwickelten Edisons Leute einen Kinetoskop-Projektor, der bewegte Bilder auf einer Leinwand zeigte. Dieser Erfindung war zunächst allerdings kein großer Erfolg beschieden. Die nur ein paar Minuten langen Filme wurden zwischen Kabarettnummern und im Theater gespielt; sie sollten keine eigenständige Unterhaltungsform bilden, sondern den Wert der Liveunterhaltung, auf die die Theaterbranche sich konzentrierte, heben. Die Technologie für das Kino war vorhanden, doch es fehlte der zündende Funke – eine Idee für die Erschließung dieses blauen Ozeans.

Das Nickelodeon

1905 änderte Harry Davis das: Er eröffnete in Pittsburgh im US-Bundesstaat Pennsylvania sein erstes Nickelodeon. Dieses billige Filmtheater erschloss den riesigen blauen Ozean und wird gemeinhin als Beginn der US-amerikanischen Kinobranche betrachtet. Die Zeit war damals einfach reif für das Nickelodeon: Obwohl zu Beginn des 20. Jahrhunderts die meisten US-Amerikaner zur Arbeiterklasse gehörten, konzentrierte die Theaterbranche sich darauf, der gesellschaftlichen Elite Liveunterhaltung wie Theater-, Opern- und Kabarettaufführungen zu bieten.

Für die Durchschnittsfamilie, deren Einkommen bei nur zwölf US-Dollar pro Woche lag, war das schlicht zu teuer. Opernkarten kosteten im Schnitt zwei US-Dollar, Kabarettkarten 50 Cent. Außerdem war das Theater den meisten zu ernst. Da die Bildung der Arbeiter niedrig war, sprachen Theater und Oper sie einfach nicht an. Und sie waren mit praktischen Schwierigkeiten verbunden: Es gab nur an ein paar Wochentagen Vorstellungen, und da fast alle Theater in den besseren Stadtteilen lagen, waren sie für die Masse der Arbeiter schlecht zu erreichen. Daher blieb die Unterhaltung den meisten Amerikanern versperrt.

Der Eintrittspreis für Davis' Nickelodeon dagegen betrug nur fünf Cent (einen Nickel, daher der Name). Davis konnte seine Vorführungen so billig anbieten, weil er die Ausstattung auf das Nötigste – Bänke und die Leinwand – beschränkte und mit seinen Häusern in die Arbeiterviertel ging. Als Nächstes konzentrierte er sich auf das Volumen und die praktischen Aspekte; er öffnete seine Kinos schon morgens um acht und zeigte bis Mitternacht einen Film nach dem anderen. Das Nickelodeon machte den Leuten Spaß, es spielte Slapstick, der die meisten ansprach – unabhängig von ihrer Bildung, ihrer Sprache und ihrem Alter.

Die Arbeiter strömten in Scharen in die Nickelodeons, die Tag für Tag etwa 7000 Zuschauer verbuchen konnten. 1907 lag die Zahl der Besucher der *Saturday Evening Post* zufolge täglich bei über zwei Millionen.[24] Bald schossen die Nickelodeons im ganzen Land wie Pilze aus dem Boden. 1914 gab es in den USA bereits 18 000, mit täglich sieben Millionen Zuschauern.[25] Der blaue Ozean hatte sich zu einer Branche mit einem Umsatz von inflationsbereinigt drei Milliarden Dollar entwickelt.

Die Palace Theaters

Als das Nickelodeon seinen Höhepunkt erreichte, machte Samuel »Roxy« Rothapfel sich daran, auch der entstehenden Mittel- und Oberklasse den Zauber der bewegten Bilder zu bringen: Er eröffnete 1914 in New York das erste Palace Theater der USA. Rothapfel besaß bereits eine Reihe von Nickelodeons; er war vor allem dafür bekannt, daniederliegende Theater im ganzen Land wieder auf die Beine zu bringen. Im Gegensatz zu den Nickelodeons, die als geistig anspruchslos galten, waren die Palace Theaters kultiviert, mit grandiosen Kronleuchtern, verspiegelten Fluren und prachtvollen Eingangshallen. Sie boten einen Parkdienst, »Liebessitze« aus Plüsch und längere Filme mit einer theaterähnlichen Handlung. So wurde der Abend im Kino zu einem Ereignis, das der Theater- und Opernbesucher würdig war, und zwar zu einem erschwinglichen Preis.

Die Palace Theaters wurden wirtschaftlich ein Erfolg. Bis 1922 wurden in den USA weitere 4000 eröffnet. Der Kinobesuch wurde für Amerikaner aller Schichten ein immer wichtigeres Freizeiterlebnis. Rothapfel selbst sagte dazu: »Den Leuten das zu geben, was sie wollen, ist völlig falsch. Sie wissen ja gar nicht, was sie wollen. ... Man muss ihnen etwas Besseres geben.« Die Palace Theaters verbanden den Prunk der Opernhäuser effektiv mit dem Inhalt der Nickelodeons – Filmen – und erschlossen so einen blauen Ozean in der Branche, der eine Masse ganz neuer Kinobesucher anzog: die Ober- und Mittelschicht.[26]

Ende der 1940er-Jahre wuchs der Wohlstand der Nation; viele Amerikaner zogen in die Vorstädte, wo sie sich den Traum vom eigenen Haus mit einem Holzzaun und einem Auto in der Garage erfüllen wollten. Nun bekamen die Palace Theaters zu spüren, dass das weitere Wachstum beschränkt sein würde. Im Gegensatz zu den Großstädten und Ballungsgebieten trugen sich die Größe und das prachtvolle Innere der Palace Theaters in den Vorstädten nämlich nicht. Der Wettbewerb führte dazu, dass dort kleine Kinos entstanden, die nur einen Film pro Woche spielten. Diese kleinen Kinos waren zwar im Vergleich zu den Palace Theaters »Kostenführer«, regten die Fantasie der Leute aber nicht an – sie gaben ihnen nicht das Gefühl, einen besonderen Abend zu erleben. Ihr Erfolg hing daher ganz von der Qualität des gezeigten Films ab. War der Film kein Knüller, blieben die Leute weg, und der Kinobesitzer machte einen Verlust. Die Branche schien ihre Glanzzeit hinter sich zu haben, ihr profitables Wachstum erlahmte.

Die Multiplex-Kinos

Wieder wurde die Branche durch die Erschließung eines blauen Ozeans auf einen neuen Kurs mit profitablem Wachstum gebracht: 1963 stellte Stan Durwood sie durch eine strategische Bewegung auf den Kopf. Sein Vater hatte in den 1920er-Jahren in Kansas City das erste Kino der Familie eröffnet, und der Sohn belebte die Branche nun durch das erste Multiplex-Kino in einem Einkaufscenter derselben Stadt wieder.

Das Multiplex wurde sofort ein durchschlagender Erfolg. Einerseits bot es dem Besucher die Auswahl zwischen mehr Filmen, andererseits konnten die Besitzer, da sich Kinos verschiedener Größe am gleichen Ort befanden, auf die jeweilige Nachfrage reagieren und entsprechende Anpassungen vornehmen, ihr Risiko also besser verteilen und die Kosten niedrig halten. Dadurch entwickelte sich Durwoods American Multi-Cinema (AMC) von einem einzigen Haus in einer eher kleinen Stadt zum zweitgrößten Kinounternehmen in den USA – der blaue Ozean des Multiplex-Kinos breitete sich über das ganze Land aus.

Die Megaplex-Kinos

Die Einführung der Multiplex-Kinos erschloss in der Branche einen neuen blauen Ozean mit profitablem Wachstum, doch in den 1980er-Jahren führte der Siegeszug der Videorekorder und des Satelliten- und Kabelfernsehens zu einem Rückgang der Besucherzahlen. Hinzu kam noch, dass die Kinobesitzer ihre Häuser in dem Versuch, einen größeren Anteil am schrumpfenden Markt zu ergattern, in immer kleinere Zuschauerräume aufteilten. Sie wollten mehr Filme zeigen können, untergruben damit aber, ohne es zu wissen, eine der charakteristischen Stärken des Kinos gegenüber der Unterhaltung zu Hause: die großen Leinwände. Die neuen Filme gab es bereits wenige Wochen, nachdem sie ins Kino gekommen waren, im Kabelfernsehen und als Video. Mehr Geld zu zahlen, um die Filme auf einer nur unwesentlich größeren Leinwand zu sehen, brachte den Leuten kaum einen Nutzen. Die Branche musste daher einen steilen Umsatzrückgang hinnehmen.

1995 erschuf AMC die Kinobranche dann noch einmal neu: durch die Eröffnung des ersten Megaplex-Kinos mit 24 Leinwänden in den USA. Während die Multiplex-Kinos oft eng, schmuddelig und unspektakulär waren, gab es im Megaplex stärker ansteigende Sitzreihen (um freie Sicht zu garantieren) und bequeme Sessel; außerdem wurden mehr Filme und eine bessere Bild- und Tonqualität geboten. Trotz all dieser Verbesserungen beim Angebot sind die Betriebskosten der Megaplexe immer noch geringer als die der Multiplexe. Die Megaplex-Kinos liegen nämlich nicht in den Stadtzentren, sodass der Schlüsselfaktor bei den Kosten viel niedriger ist; außerdem haben sie Größenvorteile beim Einkauf und Betrieb sowie mehr Gewicht gegenüber den Verleihern. Und da auf 24 Leinwänden alle Filme gespielt werden, die der Markt hergibt, wird der Ort – nicht der Film selbst – zur Hauptattraktion.

Ende der 1990er-Jahre lag der durchschnittliche Umsatz pro Kunde in den Megaplex-Kinos von AMC um 8,8 Prozent über dem der Multiplexe. Der Einzugsbereich – der Radius des Umkreises, aus dem die Leute ins Kino kommen – wuchs bei den Megaplex-Kinos von 3,2 Kilometern Mitte der 1990er-Jahre auf acht Kilometer an.[27] Zwischen 1995 und 2001 stieg die Gesamtzahl der Kinobesucher von 1,26 auf 1,49 Milliarden. Obwohl auf die Megaplex-Kinos nur 15 Prozent der Filmleinwände in den USA entfielen, fuhren sie 38 Prozent aller Einspielergebnisse ein.

Natürlich wollten andere Unternehmen aus der Branche den Erfolg des von AMC eroberten blauen Ozeans nachahmen. Es wurde jedoch zu schnell eine zu große Zahl von Megaplex-Kinos gebaut; bis 2000 waren viele wegen der schlechteren Wirtschaftslage wieder geschlossen worden. Heute wartet die Branche auf die Erschließung eines neuen blauen Ozeans. Menschen gehen gerne aus und lassen sich im Allgemeinen auch gern unterhalten. Da es immer leichter wird, bei Firmen wie Netflix, iTunes oder Amazon Filme herunterzuladen, stehen die Filmtheater unter Druck und sollten sich neu erfinden, um den Menschen eine vergnügliche Unterhaltung zu bieten.

Schon bei dieser kurzen Darstellung der US-amerikanischen Kinobranche haben sich die gleichen Grundmuster gezeigt wie bei unseren beiden anderen Beispielen: Die Branche war nicht immer attraktiv. Es gab kein Unternehmen mit ständigen Spitzenleistungen. Die Erschließung blauer Ozeane war ein Schlüsselfaktor für das profitable Wachstum der betreffenden Unternehmen und der ganzen Branche; sie gelang hier hauptsächlich etablierten Unternehmen wie AMC und Palace Theaters. AMC schaffte es sogar, gleich zweimal einen blauen Ozean zu erobern: zunächst mit den Multiplex- und dann mit den Megaplex-Kinos. Man setzte beide Male einen neuen Entwicklungskurs für die ganze Branche und brachte seine eigene Profitabilität und sein Wachstum auf eine neue Ebene. Im Kern dieser blauen Ozeane lag keine technologische Innovation an sich, sondern eine durch den Nutzen für die Käufer getriebene Innovation – eben eine Nutzeninnovation.

Betrachtet man unseren Überblick über diese drei Branchen, so stellt man fest: Unternehmen können nur dann ein nachhaltiges profitables Wachstum erlangen, wenn sie sich bei aufeinanderfolgenden Runden der Erschließung blauer Ozeane kontinuierlich in vorderster Linie platzieren können. Dauerhafte Spitzenleistungen sind kaum erreichbar; bisher ist es keinem Unternehmen gelungen, sich bei den Reisen in blaue Ozeane langfristig immer wieder die Führungsposition zu sichern. Die Unternehmen, die es schafften, sich durch die wiederholte Eroberung blauer Ozeane neu zu erfinden, waren aber oft diejenigen mit starken Namen. Daher können die Unternehmen darauf hoffen, durch hervorragende strategische Vorgehensweisen Spitzenleistungen aufrechtzuerhalten. Bis auf geringfügige Abweichungen stimmt das Muster bei der Erschließung blauer Ozeane, das sich in diesen drei repräsentativen Branchen gezeigt hat, mit dem überein, was wir auch bei den anderen Branchen in unserer Studie beobachtet haben. Durch die Darstellung des Strategiemodells der blauen Ozeane und indem es die systemischen Tools und Formate für seine Umsetzung zur Verfügung stellt, wird die Erschließung blauer Ozeane zu einem systematischen und wiederholbaren Prozess. Damit hat dieses Buch auch das Potenzial, die Wirtschaftsgeschichte zu verändern.

Anhang B: Nutzeninnovation

Rekonstruktivistische Betrachtung der Strategie

Den Zusammenhang zwischen der Branchenstruktur und den strategischen Aktionen der Unternehmen in der Branche kann man grundsätzlich auf zwei unterschiedliche Weisen sehen.

Die Wurzeln der strukturalistischen Strategieauffassung liegen in der Lehre von der Ökonomie der Branchenorganisation (*industrial organization*, IO).[1] Das Modell der IO-Analyse geht von einem kausalgesetzlichen Fluss von der Marktstruktur über das Verhalten zur Performance aus. Die aus den Verhältnissen bei Angebot und Nachfrage resultierende *Marktstruktur* bestimmt das Verhalten der Verkäufer und der Käufer, von dem wiederum die *Endperformance* abhängt.[2] Systemweite Veränderungen werden durch außerhalb der Marktstruktur liegende Faktoren – wie fundamentale Veränderungen der wirtschaftlichen Grundbedingungen und Durchbrüche bei der Technologie – bewirkt.[3]

Die *rekonstruktivistische* Betrachtung der Strategie dagegen baut auf der Theorie des endogenen Wachstums auf. Diese Theorie geht auf eine Beobachtung Joseph A. Schumpeters zurück: Die Kräfte, die wirtschaftliche Struktur und Branchenlandschaften verändern, können *aus dem System selbst* kommen.[4] Laut Schumpeter können Innovationen endogen stattfinden, und ihre Hauptquelle ist der kreative Unternehmer.[5] Da diese Art der Innovation auf der Findigkeit und Brillanz der Unternehmer beruht und sich nicht systematisch reproduzieren lässt, war darüber aber bis vor Kurzem kaum etwas bekannt. Auch Schumpeter ging davon aus, dass Innovation zerstörerisch ist, weil das Neue unablässig das Alte zerstört.

In letzter Zeit hat jedoch die *Theorie des neuen Wachstums* Fortschritte in dieser Hinsicht gebracht und gezeigt, dass man die Innovation endogen replizieren kann, wenn man die dahinter stehenden Muster erkennt.[6] Diese Theorie trennte das »Rezept« für Innovationen – das ihnen zugrunde liegende Wissens- und Ideenmuster – von Schumpeters einsamem Unternehmer und öffnete so den Weg zu einer systematischen Reproduktion. Man wusste allerdings immer noch nicht, wie diese Rezepte oder Muster aussehen. Daher konnten das Wissen und die Ideen nicht in der Praxis angewendet werden, um auf der Unternehmensebene Innovationen und Wachstum zu erzeugen.

Die *rekonstruktivistische* Sichtweise setzt nun da an, wo die Theorie des neuen Wachstums aufhört. Sie baut auf dieser Theorie auf und erklärt, wie das Wissen und die Ideen bei dem Prozess, der ein endogenes Wachstum für das Unternehmen erzeugt, angewendet werden. Ihr zufolge kann ein solcher Prozess jederzeit in jedem Unternehmen stattfinden, und zwar durch die kognitive Rekonstruktion der vorhandenen Daten und Marktelemente auf ganz neue Weise.

Diese beiden Sichtweisen – die strukturalistische und die rekonstruktivistische – haben wichtige Auswirkungen darauf, wie die Unternehmen strategisch vorgehen. Die strukturalistische Auffassung (der Umgebungsdeterminismus) führt oft zu einem wettbewerbsbasierten strategischen Denken. Da die Marktstruktur als gegeben betrachtet wird, müssen die Unternehmen sich im existierenden Markt eine Position erschaffen und sie gegenüber der Konkurrenz verteidigen. Um sich im Markt behaupten zu können, müssen sie sich darauf konzentrieren, Vorteile gegenüber der Konkurrenz zu erringen – gewöhnlich, indem sie sich ansehen, was diese macht, und sich dann bemühen, es besser zu machen. Einen größeren Marktanteil an sich zu reißen wird hier als Nullsummenspiel begriffen: Der Gewinn eines Unternehmens beruht auf dem Verlust eines anderen. Dadurch wird der Wettbewerb, die Angebotsseite der Gleichung, zur kennzeichnenden Variablen der Strategie.

Dieses strategische Denken führt dazu, dass die Unternehmen die Branchen in attraktive und unattraktive unterteilen und sich dementsprechend entscheiden, in sie einzusteigen oder eben nicht. Wenn ein Unternehmen dann in einer Branche ist, wählt es eine charakteristische Kosten- oder Differenzierungsposition – diejenige, die am besten zu seinen internen Systemen und Fähigkeiten passt –, um sich gegen die Konkurrenz zu behaupten.[7] Zwischen Kosten und Nutzen wird also ein direkter Zusammenhang gesehen. Da der Gesamtgewinn der Branche auch exogen durch strukturelle Faktoren bestimmt wird, versuchen die Unternehmen hauptsächlich, eine Umverteilung des vorhandenen Profitpools zu erreichen und sich einen möglichst großen Teil davon zu sichern, statt einen neuen Profitpool zu erschaffen. Sie konzentrieren sich darauf, den roten Ozean – wo das Wachstum immer stärker begrenzt wird – aufzuteilen.

Aus der rekonstruktivistischen Perspektive sieht die strategische Herausforderung jedoch ganz anders aus. Unternehmen, die so denken, lassen sich durch die vorhandenen Marktstrukturen nicht einschränken. Sie haben nämlich erkannt, dass die Strukturen und die Marktgrenzen nur in den Köpfen der Manager existieren. Ihrer Ansicht nach gibt es dort draußen zusätzliche Nachfrage, die größtenteils noch nicht erschlossen wurde. Das entscheidende Problem ist, sie anzuzapfen. Und das bringt eine Verlagerung der Aufmerksamkeit mit sich: vom Angebot zur Nachfrage, von der Fokussierung auf den Wettbewerb zur Fokussierung auf eine Nutzeninnovation – das heißt, auf die Erzeugung eines innovativen Nutzens zur Erschließung neuer Nachfrage. Unternehmen, die sich auf eine Nutzeninnovation konzentrieren, können die Entdeckungsreise schaffen, indem sie systematisch über die traditionellen Wettbewerbsgrenzen hinausblicken und die vorhandenen Elemente in verschiedenen Märkten neu ordnen, sodass ein neuer Markt mit neuer Nachfrage entsteht.[8]

Für rekonstruktivistisch denkende Manager gibt es kaum per se attraktive oder unattraktive Branchen, da die Attraktivität der Branchen sich ja durch die Umgestaltungsbemühungen der Unternehmen ändern lässt. Wenn die Marktstruktur sich im Verlauf des Rekonstruktionsprozesses ändert, ändern sich auch die Best-Practice-Spielregeln. Der Wettbewerb des alten Spiels wird daher irrelevant. Durch die Erzeugung neuer Nachfrage bewirkt die Strategie der Nutzeninnovation eine Erweiterung der vorhandenen Märkte und die Schaffung neuer. Bei einer Nutzeninnovation erreichen die Unternehmen einen Nutzengewinn, indem sie einen neuen Profitpool erzeugen – nicht auf Kosten der Konkurrenz im traditionellen Sinn. Auf diese Weise geht die Nutzeninnovation über die schöpferische Zerstörung hinaus, die die Akteure in den bestehenden Märkten verdrängt und dadurch zerstört. Sie hat auch eine nicht destruktive, schöpferische Kraft, weil sie entweder bestehende Marktgrenzen erweitert oder neue Märkte schafft. Sie ist also kein Nullsummenspiel und hat hohe Ertragschancen.

Wie aber unterscheidet sich eine Rekonstruktion, eine Umgestaltung, wie Cirque du Soleil sie vollzog, von den in der Literatur zur Innovation besprochenen Prozessen der »Kombination« und »Neukombination«?[9] Schumpeter beispielsweise betrachtet die Innovation als »neue Kombination der Produktionsmittel«.

Während es bei einer Neukombination darum geht, vorhandene Technologien oder Produktionsmittel – oft mit dem Fokus auf der Angebotsseite – neu zu verbinden, konzentrierte Cirque du Soleil sich auf die Nachfrageseite. Die Grundbausteine für eine Rekonstruktion sind weder *Technologien* noch *Produktionsmethoden*, sondern über die derzeitigen Branchengrenzen hinausgreifende *Elemente des Nutzens für den Käufer*.

Durch die Fokussierung auf die Angebotsseite suchen Unternehmen bei einer Neukombination nach innovativen Lösungen für vorhandene Probleme, die, wenn sie gelingen, zur Verdrängung, also zur Zerstörung führen. Bei einer Rekonstruktion dagegen, die sich ja auf die Nachfrageseite konzentriert, entziehen sie sich den durch die existierenden Wettbewerbsregeln gesetzten kognitiven Grenzen und bemühen sich, das bestehende Problem neu zu definieren, was tendenziell schöpferische Zerstörung *und* etwas Nichtzerstörerisches kreiert.[10] So ging es Cirque du Soleil nicht darum, durch die Neukombination vorhandenen Wissens oder existierender Technologien im Zusammenhang mit Nummern und Vorstellungen einen *besseren Zirkus* anzubieten. Man nahm vielmehr eine Rekonstruktion bekannter Elemente des Nutzens für die Käufer vor, um eine neue Form der Unterhaltung zu erschaffen, die den Spaß und die Sensationen des Zirkus mit dem intellektuellen Anspruch des Theaters verbindet.

Durch eine Rekonstruktion werden die Grenzen und die Struktur einer Branche umgestaltet, sodass ein neuer Markt entsteht. Bei einer Neukombination dagegen versuchen die Unternehmen gewöhnlich, die technologischen Möglichkeiten zu maximieren, um innovative Lösungen für ein gegebenes und bekanntes Problem zu finden.[11]

Anhang C: Die Marktdynamik der Nutzeninnovation

Die Marktdynamik der Nutzeninnovation steht in krassem Gegensatz zur klassischen Praxis der technologischen Innovation. Bei Letzterer setzen die Unternehmen gewöhnlich hohe Preise an, begrenzen den Zugang und beuten die Innovation zunächst durch eine Preisabschöpfung finanziell aus; erst später konzentrieren sie sich darauf, die Preise und Kosten zu senken, um ihren Marktanteil halten zu können und Nachahmer abzuschrecken.

In einer Welt von konkurrenzlosen, nicht ausschließbaren Gütern (wie Wissen und Ideen), die das Potenzial für Größenvorteile, Lerneffekte und Ertragssteigerungen haben, bekommen Volumen, Preis und Kosten jedoch eine viel größere Bedeutung.[1] Unter diesen Bedingungen sollten die Unternehmen sich von Anfang an die Masse der Zielkunden sichern und den Markt dadurch erweitern, dass sie einen viel größeren Nutzen an für sie zugänglichen Preispunkten anbieten.

Wie in Abbildung C.1 gezeigt, erhöht eine Nutzeninnovation die Zugkraft eines Gutes enorm, sodass die Nachfragekurve (*demand curve*) sich von D1 zu D2 verschiebt. Der Preis wird aus strategischen Erwägungen heraus festgesetzt und, wie bei dem Swatch-Beispiel, von P1 auf P2 gesenkt, um sich die Masse der Käufer im erweiterten Markt zu sichern. Dadurch steigt die abgesetzte Menge (*quantity*) von Q1 auf Q2; im Zusammenhang mit dem neuen Nutzen entsteht ein starkes Markenbewusstsein.

Das Unternehmen nimmt außerdem eine Zielkostengestaltung vor, um gleichzeitig die Kurve der langfristigen Durchschnittskosten von LRAC1 zu LRAC2 zu verschieben, sodass seine Profitfähigkeit steigt und Nachahmer abgeschreckt werden. Die Käufer erhalten also einen größeren Nutzen, der Überschuss für den Verbraucher wächst von axb auf eyf. Das Unternehmen selbst verschafft sich mehr Gewinn und Wachstum, die Gewinnzone verschiebt sich von abcd zu efgh.

Durch das schnelle Markenbewusstsein, das sich aufgrund des gebotenen ganz neuen Nutzens im Markt aufbaut, und die gleichzeitig erfolgende Kostensenkung wird die Konkurrenz praktisch ausgeschaltet und kann auch kaum noch aufholen, da sich die Größenvorteile, Lerneffekte und Ertragssteigerungen auswirken.[2] Somit entsteht eine Win-win-Marktdynamik: Das

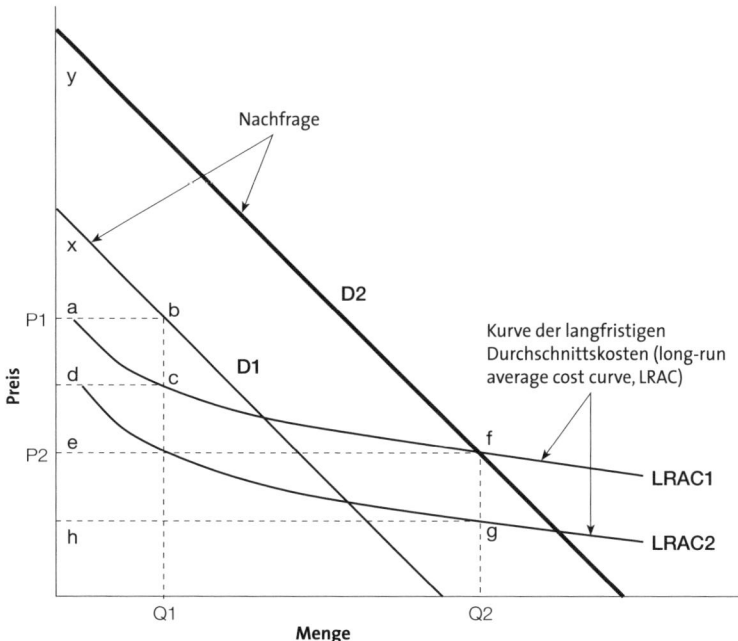

Abb. C.1: Marktdynamik der Nutzeninnovation

Unternehmen erlangt eine dominante Position, und auch die Käufer stehen als große Gewinner da.

Für Unternehmen mit Monopolposition sind traditionell zwei Aktivitäten typisch, durch die es zu einem Verlust beim Gemeinwohl kommt. Zum einen verlangen diese Unternehmen hohe Preise, um ihre Gewinne zu maximieren. Damit werden all jene ausgeschlossen, die das Produkt zwar gern hätten, es sich aber nicht leisten können. Zum anderen konzentrieren sich Monopolisten, da ernsthafte Konkurrenz fehlt, oft nicht auf die Effizienz und die Kostensenkung und verbrauchen daher mehr von den knappen Ressourcen. Wie Abbildung C.2 zeigt, wird das Preisniveau bei der klassischen monopolistischen Vorgehensweise von P1 (bei perfektem Wettbewerb) auf P2 (bei einem Monopol) erhöht. Das führt zu einem Absinken der abgesetzten Menge von Q1 auf Q2. Auf diesem Nachfrageniveau steigert der Monopolist seinen Gewinn gegenüber der Situation mit perfektem Wettbewerb um die Fläche R. Aufgrund des künstlich hochgehaltenen Preises verringert sich der Überschuss für den Kunden von der Summe der Flächen C+ R + D auf die Fläche C. Da bei dieser monopolistischen Vorgehensweise mehr von den Ressourcen der Gesellschaft verbraucht wird, bringt sie außerdem einen unnötigen Verlust von der Größe der Fläche D für die Gesellschaft insgesamt mit sich. Die Gewinne von Monopolisten gehen daher auf Kosten der Kunden und der ganzen Gesellschaft.

Strategien zur Eroberung blauer Ozeane wirken der bei den klassischen Monopolisten üblichen Preisabschöpfung entgegen. Statt die Produktion bei einem hohen Preis zu begrenzen, liegt der Fokus dieser Strategien darauf, durch einen größeren Nutzen für die Käufer bei einem zugänglichen Preis eine neue gebündelte Nachfrage zu erzeugen. Dadurch entsteht ein starker Anreiz dafür, die Kosten von Anfang an auf ein möglichst niedriges Niveau zu reduzieren und sie auch langfristig so zu belassen, um eventuelle Nachahmer abzuschrecken. So gewinnen die Käufer, und die Gesellschaft profitiert von der besseren Effizienz. Es kommt also zu einer Win-win-Situation – für die Käufer, für das Unternehmen und für die Gesellschaft insgesamt wird ein Durchbruch beim Nutzen erreicht.

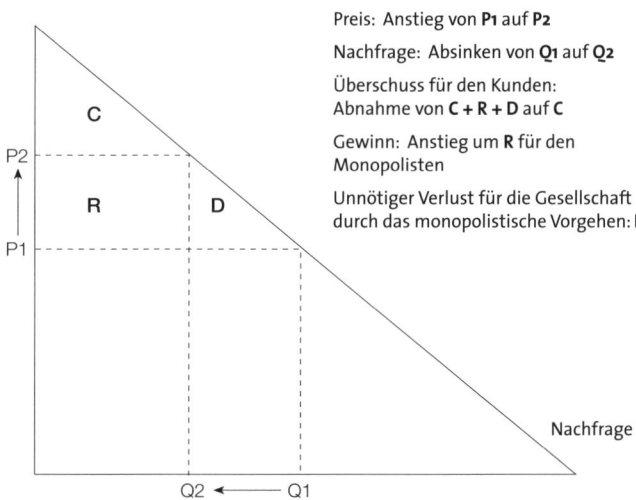

Abb. C.2: Vom perfekten Wettbewerb zum monopolistischen Vorgehen

Anmerkungen

Hilfe, mein Ozean färbt sich rot!

1. Siehe www.blueoceanstrategy.com mit einer Auswahl von Artikeln aus der ganzen Welt. Sie sind in der digitalen Bibliothek auf der Website zu finden.
2. Siehe Kim und Mauborgne (1997a, 1997b).
3. Siehe Kim und Mauborgne (1999b).
4. Siehe zum Beispiel Kim und Mauborgne (1996, 1997b, 1998a) sowie unsere anderen akademischen Artikel über faire Prozesse und Prozessgerechtigkeit, die in der Bibliografie genannt sind.

Kapitel 1

1. Wie die Marktgrenzen definiert und die Wettbewerbsregeln festgelegt werden, besprechen Harrison C. White (1981) sowie Joseph Porac und José Antonio Rosa (1996).
2. Gary Hamel und C. K. Prahalad (1994) sowie James F. Moore (1996) beobachteten, dass der Wettbewerb intensiver wird und die Vermassung des Geschäfts sich beschleunigt. Daher müssen die Unternehmen neue Märkte schaffen, wenn sie wachsen wollen.
3. Seit der bahnbrechenden Arbeit von Michael E. Porter (1980, 1985) steht der Wettbewerb im Mittelpunkt des strategischen Denkens. Siehe auch Paul Auerbach (1988) sowie George S. Day, David J. Reibstein und Robert Gunther (1997).
4. Beispielsweise Gary Hamel und C. K. Prahalad (1994).
5. Siehe *Standard Industrial Classification Manual* (1987) und *North American Industry Classification System* (1998).
6. Ebd.
7. Ein Klassiker zur Militärstrategie und ihrer fundamentalen Fokussierung auf den Kampf um ein begrenztes Territorium ist Carl von Clausewitz (1993).
8. Siehe Richard A. D'Aveni und Robert Gunther (1995).
9. Mit der Globalisierung und ihren ökonomischen Auswirkungen befasst sich beispielsweise Kenichi Ohmae (1990, 1995a, 1995b).

10 United Nations Statistics Division (2002).
11 Siehe beispielsweise Copernicus and Market Facts (2001).
12 Ebd.
13 Thomas J. Peters und Robert H. Waterman jr. (1982) sowie Jim Collins und Jerry Porras (1994).
14 Richard T. Pascale (1990).
15 Richard Foster und Sarah Kaplan (2001).
16 Peter F. Drucker (1985) zufolge neigen die Unternehmen dazu, sich beim Wettbewerb an der Konkurrenz zu orientieren.
17 Laut Kim und Mauborgne (1997a, 1997b, 1997c) kommt es durch eine Fokussierung auf den Vergleich mit der Konkurrenz und das Bemühen, diese zu schlagen, nicht zu innovativem Vorgehen, sondern zur Nachahmung und damit oft zu Preisdruck und weiterer Vermassung. Nach Ansicht von Kim und Mauborgne sollten die Unternehmen danach streben, die Konkurrenz irrelevant zu machen, indem sie den Käufern einen Nutzengewinn bieten. Gary Hamel (1998) vertritt die Auffassung, dass der Erfolg für Neulinge wie für Etablierte von der Fähigkeit abhängt, der Konkurrenz aus dem Weg zu gehen und das existierende Branchenmodell neu zu begreifen. Die Erfolgsformel sei nicht, sich gegen die Konkurrenz zu positionieren, sondern ihr auszuweichen (Hamel 2000).
18 Die Wertschöpfung ist als strategisches Konzept zu grob, da keine Grenzbedingung spezifiziert, wie der Wert geschaffen werden sollte. So können Unternehmen schon dadurch eine Wertschöpfung erreichen, dass sie die Kosten um zwei Prozent senken. Obwohl es sich dabei tatsächlich um eine Wertschöpfung handelt, ist das kaum die für die Erschließung neuer Märkte erforderliche Nutzeninnovation. Während eine Wertschöpfung dadurch möglich ist, dass man schlicht das Gleiche macht wie bisher, nur auf bessere Weise, ist es für eine Nutzeninnovation nötig, mit alten Dingen aufzuhören, neue Dinge zu tun oder das Gleiche auf grundlegend neue Weise zu machen. Unseren Untersuchungen zufolge konzentrieren sich Unternehmen, deren strategisches Ziel eine Wertschöpfung ist, meist auf inkrementelle Verbesserungen an der Grenze. Die Wertschöpfung inkrementeller Art erzeugt zwar auch einen Nutzen, genügt aber nicht, wenn Unternehmen aus der Menge hervorstechen und eine hohe Performance erreichen wollen.
19 Beispiele für Marktpioniertum, das über das hinausschießt, was die Käufer zu akzeptieren und zu bezahlen bereit sind, führen Gerard J. Tellis und Peter N. Golder (2002) an. Sie beobachteten in ihrer langfristig angelegten Studie, dass nicht einmal zehn Prozent der Marktpioniere wirtschaft-

Anmerkungen

lich Gewinner wurden. Mit anderen Worten: Über 90 Prozent erwiesen sich wirtschaftlich als Verlierer.

20 Zu den früheren Arbeiten, die sich gegen dieses Dogma wendeten, gehören Charles W. L. Hill (1988) und Roderick E. White (1986).

21 Die Notwendigkeit, sich zwischen einer Differenzierung und niedrigen Kosten zu entscheiden, bespricht Michael E. Porter (1980, 1985). Porter (1996) benutzt eine Produktivitätsgrenzkurve, um den direkten Zusammenhang zwischen Nutzen und Kosten darzustellen.

22 Unsere Studien haben ergeben, dass es bei der Nutzeninnovation nicht darum geht, Lösungen für existierende Probleme zu finden, sondern um eine Neudefinition des Problems, auf das die Branche sich konzentriert.

23 Was Strategie ist und was nicht, bespricht Michael E. Porter (1996). Seiner Ansicht nach sollte die Strategie zwar das Gesamtsystem der Aktivitäten eines Unternehmens umfassen, doch operative Verbesserungen können auf der Ebene der Teilsysteme erreicht werden.

24 Ebd. Bei Innovationen, die auf der Ebene der Teilsysteme stattfinden, handelt es sich daher nicht um Strategie.

25 Ein Vorläufer der strukturalistischen Sichtweise ist Joe S. Bain. Siehe Bain (1956, 1959).

26 In anderen Kontexten wurde schon häufiger beobachtet, dass Vorstöße ins Neue riskant sind. So befinden sich Marktpioniere laut Steven P. Schnaars (1994) in einer ungünstigeren Position als ihre Nachahmer. Chris Zook (2004) zufolge ist die Diversifikation vom Kerngeschäft des Unternehmens weg gefährlich und bietet kaum Erfolgschancen.

27 Nach Ansicht von Inga S. Baird und Howard Thomas (1990) beispielsweise müssen die Unternehmen bei allen strategischen Entscheidungen Risiken eingehen.

Kapitel 2

1 Bei den Alternativen handelt es sich nicht um bloßen Ersatz. So sind die Restaurants eine Alternative zu den Kinos – obwohl sie weder ein Ersatz für deren funktionales Angebot noch ein direkter Wettbewerber sind, konkurrieren sie um potenzielle Käufer, die einen schönen Abend außerhalb ihrer eigenen vier Wände verbringen wollen. Es gibt drei Schichten von Nichtkunden, die Unternehmen ins Auge fassen können. Die Alternativen und die Nichtkunden besprechen wir in den Kapiteln 3 und 5 ausführlicher.

2 [yellow tail] wurde in dem Bericht »The Power 100 – The World's Most

Powerful Spirits & Wine Brands« zwischen 2008 und 2013 zu den fünf machtvollsten Weinmarken der Welt gezählt. Weitere Informationen unter: http://www.drinks powerbrands.com/. Im selben Bericht wird [yellow tail] für dieselben Jahre als stärkste Wein- und Spirituosenmarke Australiens eingestuft.

Kapitel 3

1 Online unter http://www.fractionalnews.com/comparisons/fractional-program-comparison.html.
2 Jay Palmer (2001).
3 Berkshire Hathaway Inc., 2010 Annual Report.
4 Die Zahlen stammen aus einer Zeit, als Curves viele Franchisebetriebe in den USA wieder zugemacht hatte, nachdem es in einer halsbrecherischen Expansionsphase Betriebe genehmigt hatte, die räumlich nicht weit genug voneinander entfernt waren, und nach dem Wiederverkauf von Franchisebetrieben, deren Inhaber nicht die Kompetenz besaßen, sie effektiv zu betreiben.
5 Zusätzliche Beispiele für strategische Schritte, mit denen blaue Ozeane erschlossen wurden, indem man über verschiedene Käufergruppen hinausblickte, finden sich in Kim und Mauborgne (1999c).
6 NABI erschloss einen blauen Ozean, der nicht nur für das Unternehmen selbst, sondern auch für Kommunen und Bürger ein Gewinn war. Obwohl NABI später wegen externer Faktoren wie einer Währungskrise und staatlicher Vorschriften Probleme bekam und kürzlich von New Flyer übernommen wurde, wird seine SEO heute noch bewundert.
7 Kris Herbst (2002).
8 Ebd.

Kapitel 4

1 Die strategische Planung behandelt Henry Mintzberg (1994) ausführlich.
2 Die folgenden Zahlen zeigen, wie stark die Wahrnehmungsschärfe sich bei den einzelnen Sinnen unterscheidet: Geschmack 1000 Bits/Sekunde, Geruch 100 000, Gehör 100 000, Tastsinn 1 000 000, Sehen 10 000 000. Quelle: Tor Norretranders (1998). Für weitere Literatur zur Stärke der visuellen Kommunikation siehe Alan D. Baddeley (1990), Jill H. Larkin und Herbert A. Simon (1987), Paul Martin Lester (2000) und Edward R. Tufte (1982).

Anmerkungen 243

³ Mit dem Lernen durch Erfahrung befassen sich Leonore Borzak (1981) und David A. Kolb (1983).
⁴ In Kapitel 3 haben wir ja besprochen, wie Bloomberg einen der sechs Suchpfade für die Eroberung blauer Ozeane anwendete, um sich von der Konkurrenz zu lösen.
⁵ Mit den Nichtkunden werden wir uns in Kapitel 5 eingehender beschäftigen.
⁶ Die hier angewendeten sechs Suchpfade haben wir in Kapitel 3 besprochen.
⁷ Siehe *Korea Economic Daily* (2004).
⁸ Siehe *Fortune* (2005).
⁹ Siehe *Korea Economic Daily* (2004).
¹⁰ Interbrand (2013) (Zugriff 1. Juli 2014).

Kapitel 5

1. Wegen des Wachstumspotenzials von Pret A Manger kaufte McDonald's 2001 für 50 Millionen Pfund Sterling einen Anteil von 33 Prozent des Unternehmens. Nach dieser Investition begann Pret A Manger, aggressiv in Übersee zu expandieren. Aber nach einem spektakulären Start häuften sich bald die Verluste, weil man sich nicht mehr auf das Wesentliche konzentrierte. Nachdem das Unternehmen seine überseeischen Operationen reduziert und sich wieder seinem Kerngeschäft zugewandt hatte, erholte es sich sehr schnell. Seine Umsätze stiegen kontinuierlich und wiesen in der Rezession nur einen kleinen Einbruch auf. Diese Entwicklung sollte Unternehmen, die einen blauen Ozean erschließen, eine Lehre sein: Obwohl bei einer SEO auf dem Markt die Begeisterung für das Angebot groß und die neue Nachfrage stark sein wird, muss das betroffene Unternehmen wachsam bleiben und darf nicht leichtsinnig werden oder gegen die eigenen Normen verstoßen.
2. JCDecaux ist außerdem der weltweit größte Anbieter von Flughafen- und Transportwerbung. Es verfügt über mehr als eine Million Werbeplakate und erreicht jeden Tag mehr als 300 Millionen Menschen. Im Jahr 2013 hatte es einen Umsatz von 2676 Millionen Euro.
3. Siehe Committee on Defense Manufacturing (1996), James Fallows (2002) und John Birkler et al. (2001).
4. Department of Defense (1993).
5. Weitere Informationen über die genauen Spezifikationen des JSF finden sich in: Bill Breen (2002), James Fallows (2002), Federation of Atomic

Scientists (2001), David H. Freedman (2002), Nova (2003) und United States Air Force (2002).
6   Siehe zum Beispiel Jerry Miller (2003) und Sylvia Gasiorek-Nelson (2003). Miller, damals Vizeadmiral der US-Marine, schrieb 2003: »Das Programm zum Erwerb des Joint Strike Fighter begann mit früher und nachhaltiger Zusammenarbeit zwischen Regierung, Industrie und Militär. Beim Design wurden die Gemeinsamkeiten zwischen den Waffengattungen im Auge behalten, was die Kosten niedrig hält, und es wurde viel getestet. Das Programm erweist sich als Erfolgsmodell.« Im selben Kontext sagte laut Gasiorek-Nelson der Under Secretary of Defense for Acquisition and Technology Edward C. Aldridge Jr. auf der Defense Transformation Acquisition and Logistics Excellence Conference im Jahr 2003, dass der Joint Strike Fighter »heute ein ungemein erfolgreiches internationales Programm ist«.
7   Angesichts der Tatsache, dass zwischen der Konzeption des JSF/F-35 und seiner geplanten Verwirklichung im Jahr 2010 fast zehn Jahre lagen, und angesichts der ungewöhnlich großen Abhängigkeit von einem Netz externer Stakeholder außerhalb der hierarchischen Kontrolle des Militärs, lässt sich, wie wir schon in der ersten Auflage dieses Buches bemerkten, allein aus der konzeptuellen Stärke des Projekts nicht auf seinen Erfolg schließen. Bei dem Projekt sind die Umsetzungsprobleme extrem gravierend, die wichtigsten Entscheidungsträger beim Militär und im Pentagon änderten sich im Laufe der zehnjährigen Umsetzungsphase, und die externen Stakeholder hatten unterschiedliche Interessen und Auffassungen. In Kapitel 8 behandeln wir die weitere Entwicklung des Projekts und diskutieren, wie es trotz der Umsetzungsprobleme und der zahlreichen internen und externen Stakeholder bis heute vorangekommen ist.

Kapitel 6

1   Die Bedeutung der *Zugehörigkeit zu einem Netzwerk* wurde zuerst von Jeffrey Rohlfs (1974) erkannt und besprochen. Einen Überblick über neuere Arbeiten dazu geben Michael Katz und Carl Shapiro (1994).
2   Siehe Kenneth J. Arrow (1962) und Paul M. Romer (1990). Beide Autoren beschränken ihre Besprechung der konkurrenzlosen und nicht ausschließbaren Güter, wie es in der Ökonomie Tradition ist, auf technologische Innovationen. Wird das Konzept der Innovation aber als Nutzeninnovation umdefiniert (was auf der mikroökonomischen Unternehmensebene wichtiger ist), so wächst die Bedeutung der Konkurrenzlosigkeit und

Nichtausschließbarkeit noch. Das liegt daran, dass die ausschließbare Komponente bei technologischen Innovationen (wo man relativ leicht einen Patentschutz erlangen kann) oft größer ist.

3 Siehe Ford Motor Company (1924) sowie William J. Abernathy und Kenneth Wayne (1974).

Kapitel 7

1 Die Wurzeln der Tipping-Point-Führung liegen in der Epidemiologie und der Theorie der Tipping Points. Sie beruht auf der Erkenntnis, dass sich in allen Organisationen schnell grundlegende Veränderungen erreichen lassen, wenn die Überzeugungen und Energien einer kritischen Masse von Leuten eine epidemische Bewegung hin zu einer Idee erzeugen. Auf soziales Verhalten wurde der Begriff erstmals von Morton Grodzins (1957) bei einer Untersuchung zur Rassentrennung angewendet und in diesem Kontext von dem an der University of Maryland tätigen Ökonomen Thomas C. Schelling (1978) weiterentwickelt. Später machte dann Malcolm Gladwells Buch *The Tipping Point* (2000) den Begriff populär und brachte ihn stärker in die amerikanische Gemeinsprache. Wichtig ist in diesem Zusammenhang jedoch, dass sich unsere Behandlung der Theorie der *tipping points* in einigen wichtigen Aspekten von der Gladwells unterscheidet. Gladwell ist darauf fokussiert, was in einer Gesellschaft eine Epidemie auslöst, wir dagegen wollen wissen, wie sich die Führung bei der Transformation einer Organisation verhalten muss, um die vier entscheidenden Hürden bei der Umsetzung einer Strategie zu überwinden, die wir in unserem Buch identifiziert haben. Deshalb unterscheiden sich unsere fundamentalen Antriebe, die wir als asymmetrische Einflussfaktoren bezeichnen und die laut unseren Forschungsergebnissen für eine schnelle und kostengünstige Transformation entscheidend sind, von Gladwells Experten, Vermittlern und Verkäufern. Beide Studien unterscheiden sich also im Kontext und in den Mitteln, mit denen ein epidemischer Wandel erreicht wird.

2 Siehe Joseph Ledoux (1998) und J. S. Morris et al. (1998).
3 Siehe Alan D. Baddeley (1990) und David A. Kolb (1983).
4 Die Theorie der zerbrochenen Fenster besprechen James Q. Wilson und George L. Kelling (1982).

Kapitel 8

1 John W. Thibault und Laurens Walker (1975).
2 Spätere Forscher, beispielsweise Tom R. Tyler und E. Allan Lind, zeigten, wie stark die Prozessgerechtigkeit sich in unterschiedlichen Kulturen und sozialen Kontexten auswirkt. Für ihre Forschungen und einen Überblick über andere Arbeiten zu diesem Thema siehe E. Allan Lind und Tom R. Tyler (1988).
3 Die freiwillige Mitarbeit besprechen Charles A. O'Reilly und Jennifer Chatman (1986), Daniel Katz (1964) und Peter M. Blau (1964).
4 Siehe Kim und Mauborgne (1997b).
5 Siehe Kim und Mauborgne (1998a).
6 Siehe Kim und Mauborgne (1995).
7 Siehe die Diskussion in Frederick Herzberg (1966).
8 See Adam Ciralsky (2013).
9 Siehe Lieutenant General Christopher Bogdans Äußerungen in: Adam Ciralsky (2013).
10 Rede von Lieutenant General Christopher Bogdans auf der AFA Air and Space Technology Exposition in Washington DC, September 2013 in: Air Force Association (2013).

Kapitel 9

1 Siehe Kim und Mauborgne (2009).
2 Die drei strategischen Propositionen entsprechen dem traditionellen Handlungssystem einer Organisation. Da der Output einer Organisation aus dem Nutzen für den Käufer und den Einnahmen für die Organisation besteht und der Input aus den Kosten für ihre Produktion und den Menschen, die sie liefern, erfassen die drei strategischen Propositionen Nutzen für den Käufer, Gewinn (Einnahmen minus Kosten) und Menschen den Kern dessen, was das Handlungssystem einer Organisation tut. Im Gegensatz zu Einzelbereichen wie Marketing, Herstellung, Personal und Ähnlichem sollte eine gute Strategie das gesamte Handlungssystem einer Organisation abdecken. Eine Marketingabteilung kann sich zum Beispiel zu stark auf die Nutzenproposition fokussieren und wird die beiden anderen Propositionen vielleicht vernachlässigen. Ähnlich könnte eine Herstellungsabteilung die Bedürfnisse der Käufer vernachlässigen oder Menschen nur als variable Kosten behandeln. Für eine SEO jedoch wird ein voll entwickeltes, konsistentes Set der drei Propositionen benötigt.

Kapitel 11

[1] Siehe Gerard J. Tellis und Peter N. Golder (2002).

Anhang A

[1] Die »Zerstörung durch Schöpfung« bespricht Joseph A. Schumpeter (1934, 1975).
[2] *New York Times* (1906).
[3] *Literary Digest* (1899).
[4] Bruce McCalley (2002).
[5] William J. Abernathy und Kenneth Wayne (1974).
[6] Antique Automobile Club of America (2002).
[7] Alfred P. Sloan (1965): S. 150 f.
[8] Mariana Mazzucato und Willi Semmler (1998).
[9] Lawrence J. White (1971).
[10] *Economist* (1981).
[11] Sanghoon Ahn (2002).
[12] Walter Adams und James W. Brock (2001), Tabelle 5.1, Abbildung 5.1: S. 116 f.
[13] National Automobile Dealers Association (2013) (Zugriff 19. Juni 2014).
[14] Andrew Hargadon (2003): S. 43.
[15] International Business Machines (2002).
[16] Regis McKenna (1989): S. 24.
[17] *A+ Magazine* (1987): S. 48 f.; *Fortune* (1982).
[18] Otto Friedrich (1983).
[19] Ebd.
[20] Der PC von IBM (1565 US-Dollar) kostete etwas mehr als der von Apple (1200 US-Dollar), dafür aber mit Monitor.
[21] History of Computing Project (Zugriff am 28. Juni 2002).
[22] *Financial Times* (1999).
[23] *Hoover's online* (Zugriff am 14. März 2003).
[24] Digital History (2004).
[25] *Screen Source* (2002).
[26] 1924 wurden die Kinobesucher dazu befragt, welche Aspekte des Kinos ihnen am besten gefielen. 28 Prozent nannten die Musik, 19 Prozent die Höflichkeit des Personals, weitere 19 Prozent den Komfort der Innenausstattung und 15 Prozent die Attraktivität des Kinos. Die Filme führten nur zehn Prozent an (Koszarski 1990)! Und 24 Prozent der 1922 befragten

Kinobesitzer sagten, die Qualität des Hauptfilms wirke sich »überhaupt nicht« auf den Kassenerfolg aus; entscheidend sei vielmehr das Begleitprogramm (ebd.). Bei ihrer Werbung legten die Kinos der damaligen Zeit tatsächlich ebenso viel Gewicht auf die Musik wie auf die Filme. Als 1926 die Tontechnik eingeführt wurde, war es längst nicht mehr so wichtig, dass im Kino Livemusik (von einer Kapelle oder einem Orchester, was natürlich mit entsprechenden Kosten verbunden war) gespielt wurde. Die Palace Theaters mit ihrer edlen, luxuriösen Ausstattung und dem Parkdienst konnten diese Veränderung über zehn Jahre lang wunderbar ausnutzen; dann begannen die Amerikaner infolge des Zweiten Weltkriegs, in Scharen in die Vorstädte zu ziehen.

27 *Screen Source* (2002).

Anhang B

1 Die strukturalistische Lehre von der Ökonomie der Branchenorganisation geht auf das Paradigma Struktur-Verhalten-Performance von Joe S. Bain zurück. Bain benutzte einen branchenübergreifenden empirischen Rahmen und befasste sich vor allem mit den Auswirkungen der Struktur auf die Performance (Bain 1956, 1959).
2 Frederic M. Scherer baut auf Bains Arbeit auf und versucht, den kausalen Weg von der »Struktur« zur »Performance« aufzuzeigen, indem er das »Verhalten« als zwischengeschaltete Variable benutzt (Scherer 1970).
3 Ebd.
4 Siehe Joseph A. Schumpeter (1975).
5 Ebd.
6 Die Theorie des neuen Wachstums und das endogene Wachstum besprechen Paul M. Romer (1990, 1994) sowie Gene M. Grossman und Elhanan Helpman (1995).
7 Mit der Wettbewerbsstrategie befasst sich Michael E. Porter (1980, 1985, 1996) eingehend.
8 Siehe Kim und Mauborgne (1997a, 1999a, 1999b).
9 Siehe Joseph A. Schumpeter (1934) und Andrew Hargadon (2003).
10 Ausführlicher im Abschnitt »Falle 10« in Kapitel 11.
11 Zwar unterscheiden sich die beiden Konzepte voneinander, aber die mit ihnen verknüpften Methoden können ergänzend eingesetzt werden. Wird zum Beispiel ein Problem durch die Rekonstruktion einer SEO neu definiert, können Problemlösungsmethoden wie die russische »Theorie des erfinderischen Problemlösens« (russisches Akronym TRIZ) eingesetzt

werden. Sie dient dazu, innovative Lösungen für das neu definierte Problem zu finden, indem man alle möglichen Ressourcenkombinationen ausprobiert. TRIZ wurde in der ehemaligen Sowjetunion von Genrich Altschuller und seinen Kollegen entwickelt. Gestützt auf die Auswertung von mehr als drei Millionen Patentschriften, kodifizierte TRIZ Muster, die eine innovative Lösung für bestimmte Probleme versprechen.

Anhang C

[1] Eine ausführlichere Diskussion der Marktdynamik der Nutzeninnovation findet sich in Kim und Mauborgne (1999b).
[2] Das Potenzial für Ertragssteigerungen besprechen Paul M. Romer (1986) und W. Brian Arthur (1996).

Bibliografie

A+Magazine (1987): »Back In Time«, Februar, S. 48 f.
Abernathy, William J.; Wayne, Kenneth (1974): »Limits to the Learning Curve«. In: *Harvard Business Review* 52, S. 109–120
Adams, Walter; Brock, James W. (2001): *The Structure of American Industry.* 10. Aufl., Princeton, NJ
Ahn, Sanghoon (2002): »Competition, Innovation, and Productivity Growth: A Review of Theory and Evidence«. In: *OECD Working Paper* 20
Air Force Association (2013): »F-35 Program Update«, Air and Space Technology Exposition, Washington, DC, 17. September, http://www.af.mil/Portals/1/documents/af%20events/AFALtGenBogdan.pdf, Zugriff 20. Januar 2014
Altschuller, Genrich (1984): *Erfinden. Wege zur Lösung technischer Probleme.* Berlin
Andrews, Kenneth R. (1971): *The Concept of Corporate Strategy.* Homewood, IL
Ansoff, H. Igor (1965): *Corporate Strategy. An Analytic Approach to Business.* New York (*Management-Strategie*. München 1966)
Antique Automobile Club of America (2002): *Automotive History – A Chronological History*. http://www.aaca.org/history, Zugriff 18. Juni 2002
Arrow, Kenneth J. (1962): »Economic Welfare and the Allocation of Resources for Inventions«. In: Nelson, Richard R. (Hg.): *The Rate and Direction of Inventive Activity.* Princeton, NJ, S. 609–626
Arthur, W. Brian (1996): »Increasing Returns and the New World of Business«. In: *Harvard Business Review* 74, Juli/August, S. 100–109
Auerbach, Paul (1988): *Competition. The Economics of Industrial Change.* Cambridge
Baddeley, Alan D. (1990): *Human Memory. Theory and Practice.* Needham Heights, MA
Bain, Joe S. (1956): *Barriers to New Competition. Their Character and Consequences in Manufacturing Industries.* Cambridge, MA
Bain, Joe S. (Hg.) (1959): *Industrial Organization.* New York
Baird, Inga S.; Thomas, Howard (1990): »What Is Risk Anyway? Using and Measuring Risk in Strategic Management«. In: Bettis, Richard A.; Thomas, Howard (Hg.): *Risk, Strategy, and Management.* Greenwich, CT

Bettis, Richard A.; Thomas, Howard (Hg.) (1990): *Risk, Strategy, and Management.* Greenwich, CT

Birkler, John et al. (2001): *Assessing Competitive Strategies for the Joint Strike Fighter. Opportunities and Options.* Santa Monica, CA

Blau, Peter M. (1964): *Exchange and Power in Social Life.* New York

Borzak, Leonore (Hg.) (1981): *Field Study. A Sourcebook for Experimental Learning.* Beverly Hills, CA

Breen, Bill (2002): »High Stakes, Big Bets«. In: *Fast Company*, April

Chandler, Alfred (1962): *Strategy and Structure. Chapters in the History of the Industrial Enterprise.* Cambridge, MA

Christensen, Clayton M. (1997): *The Innovator's Dilemma. When New Technologies Caused Great Firms to Fail.* Boston

Ciralsky, Adam (2013): »Will It Fly?«. In: *Vanity Fair*, 16. September

Clausewitz, Carl von (1993): *On War.* New York (*Vom Kriege.* Reinbek bei Hamburg 1963)

Collins, Jim; Porras, Jerry (1994): *Built to Last.* New York

Collins, Jim; Porras, Jerry (2003): *Immer erfolgreich. Die Strategien der Top-Unternehmen.* Stuttgart

Committee on Defense Manufacturing in 2010 and Beyond (1996): *Defense Manufacturing in 2010 and Beyond.* Washington, DC

Copernicus and Market Facts (2001): *The Commoditization of Brands and Its Implications for Marketers.* Auburndale, MA

D'Aveni, Richard A.; Gunther, Robert (1995): *Hypercompetitive Rivalries. Competing in Highly Dynamic Environments.* New York

Day, George S.; Reibstein, David J.; Gunther, Robert (Hg.) (1997): *Wharton on Dynamic Competitive Strategy. New York (Wharton zur dynamischen Wettbewerbsstrategie.* Düsseldorf 1998)

Department of Defense (1993): »DOD Bottom Up Review«. In: *Reuter's Transcript Report*, Pressekonferenz 1. September

Digital History (2004): *Chronology of Film History,* http://www.digital history.uh.edu/historyonline/film_chron.cfm, Zugriff 4. Februar 2004

Drucker, Peter F. (1985): *Innovation and Entrepreneurship: Practice and Principles.* London (*Innovations-Management für Wirtschaft und Politik.* Düsseldorf 1985)

Drucker, Peter F. (1992): *Managing for the Future. The 1990s and Beyond.* New York (*Die Zukunft managen.* Düsseldorf 1992)

Economist (1981): »Detroit Moves the Metal«. 15. August

Economist (2000): »Apocalypse Now«. 13. Januar

Economist (2001): »A New Orbit«. 12. Juli

Fallows, James (2002): »Uncle Sam Buys an Airplane«. In: *Atlantic Monthly*, Juni

Federation of Atomic Scientists (2001): »F-35 Joint Strike Fighter«, http://www.fas.org/man/dod-101/sys/ac/f-35.htm, Zugriff 21. Oktober 2002

Financial Times (1999): »Compaq Stays Top of Server Table«. 3. Februar

Ford Motor Company (1924): *Factory Facts from Ford*. Detroit

Fortune (1982): »Fortune Double 500«. Juni

Fortune (2005): »The Secrets of Samsung's Success«. 5. September

Foster, Richard; Kaplan, Sarah (2001): *Creative Destruction*. New York (*Schöpfen und zerstören. Wie Unternehmen langfristig überleben*. Frankfurt am Main 2002)

Freedman, David H. (2002): »Inside the Joint Strike Fighter«. In: *Business 2.0*, Februar

Friedrich, Otto (1983): »1982 Person of the Year: The Personal Computer«. In: *Time*, http://www.time.com/time/poy2000/archive/1982.html, Zugriff 30. Juni 2002

Gasiorek-Nelson, Sylvia (2003): »Acquisition and Logistics Excellence«. In: *Program Manager*, Mai

Gladwell, Malcolm (2000): *The Tipping Point. How Little Things Can Make a Big Difference*. New York (*Der Tipping-Point. Wie kleine Dinge Großes bewirken können*. Berlin 2000)

Grodzins, Morton (1957): »Metropolitan Segregation«. In: *Scientific American* 197, Oktober

Grossman, Gene M.; Helpman, Elhanan (1995): *Innovation and Growth*. Cambridge, MA

Hamel, Gary (1998): »Opinion: Strategy Innovation and the Quest for Value«. In: *MIT Sloan Management Review* 39, Nr. 2, S. 8

Hamel, Gary (2000): *Leading the Revolution*. Boston (*Das revolutionäre Unternehmen. Wer Regeln bricht, gewinnt*. München 2001)

Hamel, Gary; Prahalad, C. K. (1994): *Competing for the Future*. Boston (*Wettlauf um die Zukunft. Wie Sie mit bahnbrechenden Strategien die Kontrolle über Ihre Branche gewinnen und die Märkte von morgen schaffen*. Wien 1995)

Hankyung Business (2011): »Value Innovation and Goal-Oriented Management Made Samsung TV the Global No. 1«. 21. Dezember

Hargadon, Andrew (2003): *How Breakthroughs Happen*. Boston

Herbst, Kris (2002): »Enabling the Poor to Build Housing: Cemex Combines Profit and Social Development«. In: *Changemakers Journal* September/Oktober

Herzberg, Frederick (1966): *Work and the Nature of Man.* Cleveland, OH

Hill, Charles W. L. (1988): »Differentiation versus Low Cost or Differentiation and Low Cost«. In: *Academy of Management Review* 13, Juli, S. 401–412

Hindle, Tim (1994): *Field Guide to Strategy.* Boston

Hippel, Eric von (1988): *The Sources of Innovation.* New York

History of Computing Project: »Univac«, http://www.thocp.net/hardware/univac.htm, Zugriff 28. Juni 2002

Hofer, Charles W.; Schendel, Dan (1978): Strategy Formulation. Analytical Concepts. St. Paul, MN

Hoover's online, http://www.hoovers.com/, Zugriff 14. März 2003

Interbrand (2013): *Best Global Brands.* http://www.interbrand.com/Libraries/Branding_Studies/Best_Global_Brands_2013.s?b.ashx, Zugriff 1. Juli 2014

International Business Machines (2002): *IBM Highlights: 1885–1969.* http://www-1.ibm.com/ibm/history/documents/pdf/1885-1969.pdf, Zugriff 23. Mai 2002

Kanter, Rosabeth Moss (1983): *The Change Masters. Innovation for Productivity in the American Corporation.* New York

Katz, Daniel (1964): »The Motivational Basis of Organizational Behavior«. In: *Behavioral Science* 9, S. 131–146

Katz, Michael; Shapiro, Carl (1994): »Systems Competition and Network Effects«. In: *Journal of Economic Perspectives* 8, Nr. 2, S. 93–115

Kim, W. Chan; Mauborgne, Renée (1993): »Procedural Justice, Attitudes and Subsidiary Top Management Compliance with Multinational's Corporate Strategic Decisions«. In: *The Academy of Management Journal* 36, Nr. 3, S. 502–526

Kim, W. Chan; Mauborgne, Renée (1995): »A Procedural Justice Model of Strategic Decision Making: Strategy Content Implications in the Multinational«. In: *Organization Science* 6, Februar, S. 44–61

Kim, W. Chan; Mauborgne, Renée (1996): »Procedural Justice and Manager's In-role and Extra-role Behavior«. In: *Management Science* 42, April, S. 499–515

Kim, W. Chan; Mauborgne, Renée (1997a): »Value Innovation: The Strategic Logic of High Growth«. In: *Harvard Business Review* 75, Januar/Februar, S. 102–112

Kim, W. Chan; Mauborgne, Renée (1997b): »Fair Process: Managing in the Knowledge Economy«. In: *Harvard Business Review* 75, Juli/August, S. 65–76

Kim, W. Chan; Mauborgne, Renée (1997c): »On the Inside Track«. In: *Financial Times*, 7. April
Kim, W. Chan; Mauborgne, Renée (1997d): »When ›Competitive Advantage‹ Is Neither«. In: *Wall Street Journal*, 21. April
Kim, W. Chan; Mauborgne, Renée (1998a): »Procedural Justice, Strategic Decision Making and the Knowledge Economy«. In: *Strategic Management Journal* S. 323–338
Kim, W. Chan; Mauborgne, Renée (1998b): »Building Trust«. In: *Financial Times*, 9. Januar
Kim, W. Chan; Mauborgne, Renée (1998c): »Value Knowledge or Pay the Price«. In: *Wall Street Journal Europe*, 29. Januar
Kim, W. Chan; Mauborgne, Renée (1998d): »A Corporate Future Built With New Blocks«. In: *New York Times*, 29. März
Kim, W. Chan; Mauborgne, Renée (1999a): »Creating New Market Space«. In: *Harvard Business Review* 77, Januar/Februar, S. 83–93
Kim, W. Chan; Mauborgne, Renée (1999b): »Strategy, Value Innovation, and the Knowledge Economy«. In: *MIT Sloan Management Review* 40, Nr. 3, Frühjahr
Kim, W. Chan; Mauborgne, Renée (1999c): »The Bright Idea that Conquered America«. In: *Financial Times*, 6. Mai
Kim, W. Chan; Mauborgne, Renée (2000): »Knowing a Winning Business Idea When You See One«. In: *Harvard Business Review* 78, September/Oktober, S. 129–141
Kim, W. Chan; Mauborgne, Renée (2002): »Charting Your Company's Future«. In: *Harvard Business Review* 80, Juni, S. 76–85
Kim, W. Chan; Mauborgne, Renée (2003): »Tipping Point Leadership«. In: *Harvard Business Review* 81, April, S. 60–69
Kim, W. Chan; Mauborgne, Renée (2004): »Blue Ocean Strategy«. In: *Harvard Business Review* 82, Oktober, S. 75–84
Kim, W. Chan; Mauborgne, Renée (2005): »Blue Ocean Strategy: From Theory to Practice«. In: *California Management Review* 47, März, S. 105–121
Kim, W. Chan; Mauborgne, Renée (2009): »How Strategy Shapes Structure«. In: *Harvard Business Review* 87, September, S. 72–80
Kolb, David A. (1983): *Experiential Learning. Experience as the Source of Learning and Development.* New York
Korea Economic Daily (2004): 20., 22., 27. April; 4., 6. Mai
Koszarski, Richard (1990): *An Evening's Entertainment. The Age of the Silent Feature Picture*, 1915–1928. New York

Kuhn, Thomas S. (1996): *The Structure of Scientific Revolutions.* Chicago (*Die Struktur wissenschaftlicher Revolutionen.* Frankfurt am Main 1967)

Larkin, Jill H.; Simon, Herbert A. (1987): »Why a Diagram Is (Sometimes) Worth Ten Thousand Words«. In: *Cognitive Science* 4, S. 317–345

Ledoux, Joseph (1998): *The Emotional Brain. The Mysterious Underpinnings of Emotional Life.* New York (*Das Netz der Gefühle. Wie Emotionen entstehen.* München 1998)

Lester, Paul Martin (2000): *Visual Communication Images with Messages.* Belmont, CA

Lind, E. Allan; Tyler, Tom R. (1988): *The Social Psychology of Procedural Justice.* New York

Literary Digest (1899): 14. Oktober

Markides, Constantinos C. (1997): »Strategic Innovation«. In: *Sloan Management Review*, Frühjahr

Mazzucato, Mariana; Semmler, Willi (1998): »Market Share Instability and Stock Price Volatility during the Industry Life-cycle: US Automobile Industry«. In: *Journal of Evolutionary Economics* 8, Nr. 4, S. 10

McCalley, Bruce (2002): *Model T Ford Encyclopedia, Model T Ford Club of America.* Mai, http://www.mtfca.com/encyclo/index.htm, Zugriff 18. Mai 2002

McKenna, Regis (1989): *Who's Afraid of Big Blue?.* New York (*Wer hat Angst vor IBM? Das Geschäft im Windschatten des Computer-Riesen.* Haar bei München 1990)

Miller, Jerry (2003). »JSF Sets the Standard for Aircraft Acquisition«. In: *Proceedings Magazine*, Juni

Mintzberg, Henry (1994): *The Rise and Fall of Strategic Planning. Reconceiving Roles for Planning, Plans, and Planners.* New York (*Die strategische Planung. Aufstieg, Niedergang und Neubestimmung.* München 1995)

Mintzberg, Henry; Ahlstrand, Bruce; Lampel, Joseph (1998): *Strategy Safari. A Guided Tour through the Wilds of Strategic Management.* New York (*Strategy Safari. Eine Reise durch die Wildnis des strategischen Managements.* Frankfurt am Main 2002)

Moore, James F. (1996): *The Death of Competition. Leadership and Strategy in the Age of Business Ecosystems. New York* (*Das Ende des Wettbewerbs. Führung und Strategie im Zeitalter unternehmerischer Ökosysteme.* Stuttgart 1998)

Morris, J. S. et al. (1998): »Conscious and Unconscious Emotional Learning in the Human Amygdala«. In: *Nature* 393, S. 467–470

National Automobile Dealers Association (2013): »State-of-the-Industry Report 2012«. http://www.nada.org/NR/rdonlyres/C1C58F5A-BE0E-4E1A-9B56-1C3025B5B452/0/NADADATA2012Final.pdf, Zugriff 19. Juni 2014

NetJets (2004): »The Buyers Guide to Fractional Aircraft Ownership«. http://www.netjets.com, Zugriff 8. Mai 2004

New York Post (1990): »Dave Do Something«. 7. September

New York Times (1906): »›Motorists Don't Make Socialists,‹ They Say«. 4. März, S. 12

Norretranders, Tor (1998): *The User Illusion. Cutting Consciousness Down to Size*. New York

North American Industry Classification System: United States 1997 (1998): Lanham, VA

Nova (2003): *Battle of the X-Planes*. PBS, 4. Februar

O'Reilly, Charles A.; Chatman, Jennifer (1986): »Organization Commitment and Psychological Attachment: The Effects of Compliance Identification and Internationalization on Prosocial Behavior«. In: *Journal of Applied Psychology* 71, S. 492–499

Ohmae, Kenichi (1982): *The Mind of the Strategist. The Art of Japanese Business*. New York (*Japanische Strategien*. Hamburg 1986)

Ohmae, Kenichi (1990): *The Borderless World. Power and Strategy in the Interlinked Economy*. New York

Ohmae, Kenichi (1995a): *End of the Nation State. The Rise of Regional Economies*. New York (*Der neue Weltmarkt. Das Ende des Nationalstaates und der Aufstieg der regionalen Wirtschaftszonen*. Hamburg 1996)

Ohmae, Kenichi (Hg.) (1995b): *The Evolving Global Economy. Making Sense of the New World Order*. Boston

Palmer, Jay (2001): »The New Jet Set«. In: *Barron's* 19, November

Pascale, Richard T. (1990): *Managing on the Edge*. New York (*Managen auf Messers Schneide. Spannungen im Betrieb kreativ nutzen*. Freiburg im Breisgau 1991)

Peters, Thomas J.; Waterman, Robert H. Jr. (1982): *In Search of Excellence. Lessons from America's Best-Run Companies*. New York (*Auf der Suche nach Spitzenleistungen. Was man von den bestgeführten US-Unternehmen lernen kann*. Frankfurt am Main 2003)

Phelps, Elizabeth A. et al. (2001): »Activation of the Left Amygdala to a Cognitive Representation of Fear«. In: *Nature Neuroscience* 4, April, S. 437–441

Porac, Joseph; Rosa, José Antonio (1996): »Rivalry, Industry Models, and the

Cognitive Embeddedness of the Comparable Firm«. IN: *Advances in Strategic Management* 13, S. 363–388

Porter, Michael E. (1980): *Competitive Strategy*. New York (*Wettbewerbsstrategie. Methoden zur Analyse von Branchen und Konkurrenten*. Frankfurt am Main 1983)

Porter, Michael E. (1985): *Competitive Advantage*. New York (*Wettbewerbsvorteile. Spitzenleistungen erreichen und behaupten*. Frankfurt am Main 1986)

Porter, Michael E. (1996): »What Is Strategy?«. In: *Harvard Business Review* 74, November/Dezember

Prahalad, C. K.; Hamel, Gary (1990): »The Core Competence of the Corporation«. In: *Harvard Business Review* 68, Nr. 3, S. 79–91

Rohlfs, Jeffrey (1974): »A Theory of Interdependent Demand for a Communications Service«. In: *Bell Journal of Economics* 5, Nr. 1, S. 16–37

Romer, Paul M. (1986): »Increasing Returns and Long-Run Growth«. In: *Journal of Political Economy* 94, Oktober, S. 1002–1037

Romer, Paul M. (1990): »Endogenous Technological Change«. In: *Journal of Political Economy* 98, Oktober, S. 71–102

Romer, Paul M. (1994): »The Origins of Endogenous Growth«. In: *Journal of Economic Perspectives* 8, Winter, S. 3–22

Schelling, Thomas C. (1978): *Micromotives and Macrobehavior*. New York

Scherer, Frederic M. (1970): *Industrial Market Structure and Economic Performance*. Chicago

Scherer, Frederic M. (1984): *Innovation and Growth. Schumpeterian Perspectives*. Cambridge, MA

Schnaars, Steven P. (1994): *Managing Imitation Strategies. How Later Entrants Seize Markets from Pioneers*. New York (*Pioniere überflügeln. Neue Produktideen aufgreifen, perfektionieren und vermarkten*. Freiburg im Breisgau 1995)

Schumpeter, Joseph A. (1934): *The Theory of Economic Development*. Cambridge, MA (*Theorie der wirtschaftlichen Entwicklung. Eine Untersuchung über Unternehmergewinn, Kapital, Kredit, Zins und den Konjunkturzyklus*. Berlin 1993)

Schumpeter, Joseph A. (1975): *Capitalism, Socialism and Democracy*. New York (*Kapitalismus, Sozialismus und Demokratie*. Tübingen 1993)

Screen Source (2002): »US Movie Theater Facts«. http://www.amug.org/~scrnsrc/theater_facts.html, Zugriff 20. August 2002

Sloan, Alfred P. (1965): *My Years with General Motors*. London (*Meine Jahre mit General Motors*. München 1965)

Standard Industrial Classification Manual (1987): Paramus, NJ
Tellis, Gerard J.; Golder, Peter N. (2002): *Will and Vision.* New York
Thibault, John W.; Walker, Laurens (1975): *Procedural Justice. A Psychological Analysis.* Hillsdale, NJ
Tufte, Edward R. (1982): *The Visual Display of Quantitative Information.* Cheshire, CT
United Nations Statistics Division (2002): *The Population and Vital Statistics Report*
United States Air Force (2002): »JSF Program Whitepaper«. http://www.jast.mil, Zugriff 21. November 2003
White, Harrison C. (1981): »Where Do Markets Come From?«. In: *American Journal of Sociology* 87, S. 517–547
White, Lawrence J. (1971): *The Automotive Industry after 1945.* Cambridge, MA
White, Roderick E. (1986): »Generic Business Strategies, Organizational Context and Performance: An Empirical Investigation«. In: *Strategic Management Journal* 7, S. 217–231
Wilson, James Q.; Kelling, George L. (1982): »Broken Windows«. In: *Atlantic Monthly*, März, Bd. 249, Nr. 3, S. 29
Zook, Chris (2004): *Beyond the Core. Expand Your Market Without Abandoning Your Roots.* Boston (Mit Franz-Josef Seidensticker: *Die Wachstumsformel. Vom Kerngeschäft zu neuen Chancen.* München 2004)

Register

[yellow tail] 30 ff., 195 f., 205 ff.

Accenture 127
Alternativbranchen 27 f., 30 f., 46 ff.
ALTO 123, 204
Anerkennung 171
Annahme der Idee 113, 130
Apple Computer 72 f., 119, 189 ff., 204 f.
ASAP 130 f.
Asymmetrische Einflussfaktoren 142 ff.
Aufgliederung 155
Ausrichtung, strategische 177, 179 ff.

Benchmarking 13, 27, 29
Berkshire Hathaway 47
Beschäftigte 129 f.
Bewusstseinshürde 143 ff.
Big Bertha 98
Blauer Ozean 4 ff.
– Auswirkungen 6 f.
– Bedeutung 7 f.
Bloomberg, Michael 60, 83 f., 123
Bogdan, Christopher 175 f.
BOI-Index 132, 135
Branchen
– Audio/Video 72 ff., 113 f., 132
– Aufzug 168
– Auto 57, 117 f., 122 f., 187 ff.
– Bau 57
– Beleuchtung 123
– Bus 62 f.
– Chemikalien 123
– Computer 120
– Einzelhandel 125, 193
– Fast Food 101
– Finanzdienstleistungen 69 ff.
– Fitness 53 ff.
– Fluggesellschaften 36 ff., 47 ff., 79, 84, 120, 123 ff.
– Friseur 66
– Gentechnik 131
– Golf 97 ff.
– Haushaltsgeräte 64 f., 123
– Internet 119, 193
– Kaffee 70
– Kino 61 f., 193
– Kosmetik 66, 192
– Kühlmittel 162 f.
– Luft-/Raumfahrt 105 ff.
– Mobilfunk 50 f., 133
– Mode 56 f.
– Pharmazie 58 ff.
– Polizei 140 f., 145 ff.
– Schulverpflegung 122
– Software 52, 119, 123, 127, 130, 196
– Spendenorganisation 182
– Uhren 66, 126
– Unterhaltung 3 f., 9, 12, 14, 17, 122
– Versicherungen 70
– Wein 23 ff.
– Werbung 103
– Zement 67 f.
Bratton, Bill 140 f., 144 ff., 204
Bus 63

Callaway Golf 97 f., 100 f.
Capgemini 127
Casella Wines 28 ff., 196, 204, 206
CD-i 113 f., 132
Cemex 67 ff.
Champion Enterprises 57
Chancenmaximierung 17
Charles Schwab 70
Chatter 197
Chrysler 204

Cirque du Soleil 3 f., 9 ff., 17, 35 ff.,
    122, 125, 191, 196, 207
Cisco Systems 73
CNN 11, 74, 93, 192
Comic Relief 182 ff., 191, 205 f.
Compaq 10 f.
Consigliere 157, 159
Curves 53, 55 f., 196

Daimler Benz 206
Differenzierung 206
Direct Line Group 70
Divergenz 36 ff.
DuPont 123
Dyson 65, 123, 207

eBay 119
Elco 166 ff.
Eliminierung 29 ff., 38
Engagement 34, 161 ff.
Engel 157 f.
Erneuerung 191, 194 ff.
ERSK-Quadrat 34 f., 89
– Cirque du Soleil 35 f.
– EFS 88
– [yellow tail] 35
Erster auf dem Markt 205 f.
Esserman, Dean 150
European Financial Services (EFS) 79 ff.
Extreme, Konzentration auf 159 f.
F-35 107 f., 174 ff.
Finanzdienstleistungen 83 f.
Finanznachrichten 60, 83
Fokus 36 ff.
Force.com 197
Ford 11, 117 f., 122 ff.
Freemium 128

General Electric (GE) 141
General Motors (GM) 11
Geschäftspartner 130
Gewinn 6 f.
Gewinnproposition 179 ff., 208
Globalisierung 7
Gosse, fahren in der elektrischen 144

Hayek, Nicolas 126
HBO 74
Hewlett-Packard (HP) 9 f.
Hürden in der Organisation 139 ff., 157 ff.

IBM 119, 128
IKEA 125, 127
iMac 198 f., 204 f.
i-Modus 50 f., 133 ff.
Innovation 207 f.
Insulin 58, 60
Intel 120
Internet 134 f.
Intuit 52, 191 f., 205
iPad 198, 200, 205
iPhone 52, 198, 200, 205
iPod 72 f., 190, 198, 200, 205
Iridium 114, 132 f., 207
iTunes 72 f., 189 ff., 198, 200, 205

JCDecaux 102 ff., 120, 191, 205
Joint Strike Fighter (JSF) 105, 107

Käufergruppen 58, 61
Käufer/Kunde
– Erfahrungszyklus des 114 ff.
– Nutzen für den 111, 113 ff., 128
– Nutzen-Hebel 115
– unzufriedener 146 f.
Käufer-Nutzen-Matrix 115, 117 f.
Kaufmotiv, funktionales/emotionales 66 f., 70
Kerngeschäft 204
Kinepolis 193
Komplementärprodukt/-dienstleistung 61 ff.
Konkurrenz 3 ff., 9, 11 ff., 18, 23 ff., 27, 45 f.
Kosteninnovation 125 ff.
Kostenreduzierung 206 f.
Kostenstruktur 29 f.
Kreierung 30 f., 34, 38

Laliberté, Guy 3
Lexus 57
Lockheed Martin 108, 174 ff.
Lubber 162
Lycra 123

Management durch Rampenlicht 154 ff.
Maple, Jack 149
Marketing 208 f.
Marktnische 208 f.
Massachusetts Bay Transportation Authority (MBTA) 145
Merrill Lynch 130
Microsoft 135, 192, 200
Migrant 92 f.
Modell T 117 f., 122 f., 125
Monsanto 131
Motivationshürde 139, 141, 152, 155
Motorola 114, 132 f., 207

NABI 62 f.
Nachahmung 119 f., 123, 191 ff.
Nachfrage 97 ff., 108, 111
Nachrichten 74, 93
Napster 72 f., 189 f.
National Business Aviation Association 48
Netflix 130
NetJets 47 ff.
New Flyer 62
New York City Police Department (NYPD) 140 f., 145, 149, 153 ff., 204
New York Transit Police 145, 148 ff.
Nichtkunden 27, 97 ff., 203, 204
– baldige 100 ff.
– größtes Reservoir der 108 f.
– sich verweigernde 102 ff.
– unentdeckte 104, 106
Nintendo 204, 210
North American Industry Classification Standard (NAICS) 6
Novo Nordisk 58 ff.
NTT DoCoMo 50 ff., 133 ff.

Nutzen für den Käufer 111 ff., 128
– Hebel 115
– Hindernis 117 f.
Nutzeninnovation 11 f., 15, 17, 114, 128
Nutzen-Kosten-Zusammenhang 12 ff.
Nutzenkurve 26 ff., 51, 58 ff., 78 ff., 139, 194
– Interpretation der 40
Nutzenproposition 179 ff., 208

Öffentlichkeit 131
Oracle 127

Partnerschaften 126, 128
Patrimonio-Hoy-Programm 68 f.
Pentagon 105, 108, 174 ff.
Pfizer 70
Philips Electronics 64 f., 113 f., 123, 132, 204
Pionier 91, 93, 120
PMS-Quadrat 91, 93 f., 198 f.
Politische Hürde 139, 142, 156, 159
Polo Ralph Lauren 57
Preiskorridor der Masse 121, 123
Preis, strategischer 111 ff., 119 ff., 128, 207
– Innovation 128
Pret A Manger 100 ff., 120
Propositionen, strategische 179 ff., 191, 209
Proposition, menschliche 179 ff., 208
Prozessgerechtigkeit 155, 162 ff.
– E-Prinzipien 165 f.
– externe Stakeholder 174 ff.

QB (Quick Beauty) House 66 ff.
Quicken 52, 191 f., 205

Ralph Lauren 56
Rationalisierung 125, 127 f.
Red Nose Day 183 ff., 206
Red Ocean Traps 203 ff.
Reduzierung 29, 31 ff., 38
Ressourcenhürde 139, 141, 147 ff.
– Abziehen von 149

- Tauschhandel 150
- Umlenkung von 148 ff.
Ringling Bros. and Barnum & Bailey 3, 39
Risikominimierung 18, 45
Roter Ozean 4 ff., 11, 16
- Nutzenkurve 41

Salesforce.com 11, 191, 196 f., 205
Samsung Electronics 89 ff.
SAP 123, 127, 130
Schlüsselfigur 153 f., 156
Siedler 92
Slice-Sharing 127
Slogan, überzeugender 36 ff.
Sony 72
Southwest Airlines 11, 36 ff., 52, 123 ff., 192, 207
Standard Industrial Classification (SIC) 6
Starbucks 11, 70, 205, 207
Steigerung 30, 34, 38
Straßenmöbel 102 f.
Strategien zur Eroberung blauer Ozeane (SEOs) 5 f., 179
- Analysetools/-formate 23, 34 f., 42
- Formulierung/Umsetzung 17, 20, 23
- Gesamtbild 77 ff., 94
- Gewinnmodell 129
- Hürden in der Organisation 139 ff., 157 ff.
- Index 132 f., 135
- Integration der Umsetzung 161 ff.
- Nachhaltigkeit/Erneuerung 193, 195
- Nutzenkurve 40
- Prinzipien 17
- strategische Abfolge 111 f., 124
Strategieplan 77
- Grenzen sprengen 94
Strategische Gruppen in Branchen 53 f., 57
Strategische Kontur 24 f., 27, 40, 195
- Anfertigung der 79, 81, 85, 89
- benutzte Sprache 42
- Cirque du Soleil 39

- Curves 55 f.
- EFS 82, 87
- Einsatz 89 f.
- NABI/Linienbusse 64
- NetJets 50
- New York Transit Police 151
- QB House 67
- Southwest Airlines 37
- Visualisierung 89, 91
- Weg zum Gesamtbild 78 f.
- Weinbranche 25 f.
- [yellow tail] 31
Suchpfade 45 f., 50, 53, 56 ff., 65, 71, 73
Swatch 66, 126, 207

Tata Motors 188
Tata Nano 187 ff.
Tata, Ratan 188
Technologie, neue 205
Teufel 157 f.
The Body Shop 66, 192, 195
The Home Depot 52, 125
The Vanguard Group 70
Thibault, John W. 163
Timesharing 47
Timoney, John 157
Tipping-Point-Führung 140 ff.
Toyota 57
Trend, nachhaltiger 71, 73
Twitter 193, 201

Überangebot 41
Umgestaltung der Marktgrenzen 45, 48, 74
Umsatz 6 f.
Unternehmen, herausragendes/ visionäres 8 f., 12

Value Innovation Program (VIP) Center 90
Verdrängung 210
Vertrauen 161, 165, 168 ff.
Viagra 70, 210
Vier-Aktionen-Format 28 ff., 36
Virgin Atlantic Airways 120, 204

Visualisierung der Strategie 80, 83, 86 ff.
- Aufbruch 80, 83, 86
- auf Unternehmensebene 89, 91
- Entdeckungen 83 f.
- Kommunikation 88 f.
- strategische Optionen 85 ff.

Walker, Laurens 163
Wal-Mart 125, 193

Welch, Jack 141
Wettbewerb 7 f., 16, 42, 74, 209 f.
Widersprüche, strategische 41
Wii 201, 204, 210

Yun, Jong-Yong 90

Zerstörung, schöpferische 210 f.
Zielkosten 112 f., 124 ff.

Über die Autoren

W. **Chan Kim** ist Co-Direktor des INSEAD Blue Ocean Strategy Institute und hat den Bruce D. Henderson Chair der Boston Consulting Group für Strategie und internationales Management am INSEAD, Frankreich, inne. INSEAD ist die weltweit zweitgrößte Business School. Bevor der in Korea geborene Kim ans INSEAD kam, war er Professor an der Business School der University of Michigan. Er war Mitglied im Aufsichtsrat sowie Berater vieler multinationaler Unternehmen in Europa, den USA und der Region Asien-Pazifik und ist Mitglied des Weltwirtschaftsforums in Davos und EU-Berater.

Seine zahlreichen Artikel und Aufsätze zur Strategie und zum Management multinationaler Unternehmen erschienen unter anderem in folgenden Zeitschriften: *Academy of Management Journal, Management Science, Organization Science, Strategic Management Journal, Administrative Science Quarterly, Journal of International Business Studies, Harvard Business Review und Sloan Management Review.* Laut dem *Journal of International Management* ist er einer der einflussreichsten wissenschaftlichen Autoren der Welt zum Thema globale Strategie. Er hat außerdem zahlreiche Artikel in der *Financial Times*, dem *Wall Street Journal*, dem *Wall Street Journal Europe*, der *New York Times* und dem *Asian Wall Street Journal* publiziert.

Er ist Mitautor von *Der Blaue Ozean als Strategie. Wie man neue Märkte schafft, wo es keine Konkurrenz gibt*, München, Wien 2005. Von dem Buch wurden mehr als 3,5 Millionen Stück verkauft. Es wurde in rekordverdächtigen 43 Sprachen publiziert, ist auf allen Kontinenten ein Bestseller und hat zahlreiche Preise gewonnen. So wurde es auf der Frankfurter Buchmesse 2005 als bestes Businessbuch des Jahres ausgezeichnet, von Amazon.com als »Top Ten Business Book of 2005« ausgewählt und von der *China Morning Post* zusammen mit *Wohlstand der Nationen* von Adam Smith und *Chancen, die ich meine* von Milton Friedman zu den einflussreichsten Büchern in der Geschichte der Volksrepublik China erklärt.

Kim belegt zusammen mit seiner Kollegin Renée Mauborgne auf der Thinkers50-Liste der Managementvordenker der Welt den zweiten Platz, und die beiden erhielten wegen des großen Einflusses, den ihre Forschungen weltweit auf die Unternehmensberatungsbranche haben, den Carl S. Sloane Award for Excellence von der Association of Management Consulting Firms.

Kim bekam außerdem 2011 den Thinkers50 Strategy Award, wurde von der Zeitschrift *Fast Company* 2011 für die Leadership Hall of Fame ausgewählt und war beim MBA-Ranking des Jahres 2013 unter den fünf besten Buisness-School-Professoren.

Er erhielt 2008 den Nobels Colloquia Prize for Leadership on Business and Economic Thinking und bekam den Eldridge Haynes Prize, der von der Academy of International Business und dem Eldridge Haynes Memorial Trust of Business International für die beste Publikation im Bereich International Business verliehen wird. Auch wurde er 2009 in der Kategorie »Stratégie d'entreprise« mit dem Prix des Dirigeants Commerciaux de France 2009 ausgezeichnet. Das Wirtschaftsmagazin *L'Expansion* bezeichnete ihn und seine Kollegin Renée Mauborgne als »Nummer eins der Gurus der Zukunft«; die Londoner *Sunday Times* nannte die beiden »zwei der intelligentesten europäischen Denker im Businessbereich« und schrieb: »Kim und Mauborgne bieten eine große Herausforderung für die Art, wie Manager über Strategien denken und diese umsetzen«. Der *Observer* bezeichnete Kim und Mauborgne als »die nächsten großen Gurus, die in der Businesswelt einschlagen werden«, und sie wurden von The Case Centre mit mehreren Preisen ausgezeichnet: dem für die »All-Time Top 40 Bestselling Cases« im Jahr 2014, dem für den »Best Overall Case« aller wissenschaftlichen Disziplinen 2009 und dem »Best Case in Strategy« im Jahr 2008.

Schließlich ist W. Chan Kim Mitbegründer des Blue Ocean Strategy Network (BOSN), einer globalen Community zur Anwendung der gleichnamigen Strategie und der von ihm und Renée Mauborgne geschaffenen Konzepte. Dem BOSN gehören Akademiker, Berater, Geschäftsführer und Regierungsmitarbeiter an.

Renée Mauborgne ist INSEAD Distinguished Fellow und Professorin für Strategie an der INSEAD, der zweitgrößten Business School der Welt. Sie ist außerdem Co-Direktorin des INSEAD Blue Ocean Strategy Institute. Die in den USA geborene Wirtschaftswissenschaftlerin ist Mitglied des Board of Advisors on Historically Black Colleges and Universities von Präsident Obama und Mitglied des Weltwirtschaftsforums in Davos.

Ihre zahlreichen Artikel und Aufsätze zur Strategie und zum Management multinationaler Unternehmen erschienen unter anderem in folgenden Zeitschriften: *Academy of Management Journal, Management Science, Organization Science, Strategic Management Journal, Administrative Science Quarterly, Journal of International Business Studies, Harvard Business Review und Sloan Management Review*. Sie schreibt auch für Zeitungen wie das *Wall*

Street Journal, das *Wall Street Journal Europe*, die *New York Times* und die *Financial Times*.

Sie ist Mitautorin von *Der Blaue Ozean als Strategie. Wie man neue Märkte schafft, wo es keine Konkurrenz gibt*, München, Wien 2005. Von dem Buch wurden mehr als 3,5 Millionen Stück verkauft. Es wurde in rekordverdächtigen 43 Sprachen publiziert, ist auf allen Kontinenten ein Bestseller und hat zahlreiche Preise gewonnen. So wurde es auf der Frankfurter Buchmesse 2005 als bestes Businessbuch des Jahres ausgezeichnet. Es wurde von Amazon.com als »Top Ten Business Book of 2005« ausgewählt und von der *China Morning Post* zusammen mit *Wohlstand der Nationen* von Adam Smith und *Chancen, die ich meine* von Milton Friedman zu den einflussreichsten Büchern in der Geschichte der Volksrepublik China erklärt.

Renée Mauborgne belegt auf der Thinkers50-Liste der Managementvordenker der Welt mit dem zweiten Platz den höchsten Rang, den je eine Frau auf der Liste erreichte. Im Jahr 2014 erhielt sie zusammen mit ihrem Kollegen W. Chan Kim den Carl S. Sloane Award for Excellence von der Association of Management Consulting Firms. Sie wurde außerdem 2011 mit dem Thinkers50 Strategy Award ausgezeichnet und 2011 von der Zeitschrift Fast Company für die Leadership Hall of Fame ausgewählt. 2012 wurde sie von fortune.com zu einem der 50 besten Business-School-Professoren gekürt, und beim MBA-Ranking des Jahres 2013 war sie unter den fünf besten Buisness-School-Professoren.

Sie erhielt 2008 den Nobels Colloquia Prize for Leadership on Business and Economic Thinking und bekam den Eldridge Haynes Prize, der von der Academy of International Business und dem Eldridge Haynes Memorial Trust of Business International für die beste Publikation im Bereich International Business verliehen wird. Auch wurde sie 2009 in der Kategorie »Stratégie d'entreprise« mit dem Prix des Dirigeants Commerciaux de France 2009 ausgezeichnet. Das Wirtschaftsmagazin *L'Expansion* bezeichnete sie und ihren Kollegen W. Chan Kim als »Nummer eins der Gurus der Zukunft«; die Londoner *Sunday Times* nannte die beiden »zwei der intelligentesten europäischen Denker im Businessbereich« und schrieb: »Kim und Mauborgne bieten eine große Herausforderung für die Art, wie Manager über Strategien denken und diese umsetzen«, und der *Observer* bezeichnete Kim und Mauborgne als »die nächsten großen Gurus, die in der Businesswelt einschlagen werden«.

Im Jahr 2007 erhielt Mauborgne den Asia Brand Leadership Award, und sie wurde mit mehreren Preisen von The Case Centre ausgezeichnet, unter anderem dem für die »All-Time Top 40 Bestselling Cases« im Jahr 2014, dem für den »Best Overall Case« aller wissenschaftlichen Disziplinen 2009 und dem »Best Case in Strategy« im Jahr 2008.

Schließlich ist sie Mitbegründerin des Blue Ocean Strategy Network (BOSN), einer globalen Community zur Anwendung der gleichnamigen Strategie und der von ihr und W. Chan Kim geschaffenen Konzepte. Dem BOSN gehören Akademiker, Berater, Geschäftsführer und Regierungsmitarbeiter an.